应用型大学计

数据库技术应用教程

（SQL Server 2012版）

刘志丽 张媛媛 主 编

赵 玮 于洪霞 副主编

清华大学出版社

北 京

内 容 简 介

本书采用任务驱动、案例教学法，以 SQL Server 2012 为平台，主要介绍数据库与表、创建与管理、数据表基本操作、T-SQL 语言、视图、索引、存储、触发器、数据库安全管理、数据备份、数据恢复、数据导入导出、日常维护、综合应用实例分析等数据库基础知识，并通过指导学生实训加强实践从而强化技能培养。

本书具有知识系统、案例丰富、语言简洁、突出实用性、适用范围广及便于学习掌握等特点，既可作为应用型大学本科及高职高专院校信息管理、工商管理、电子商务等专业教学的首选教材，也可用于广大企事业单位 IT 从业人员的职业教育和在职培训，并为社会数据库技术爱好者和程序员实际工作提供有益的参考。

图书在版编目（CIP）数据

数据库技术应用教程：SQL Server 2012 版/刘志丽，张媛媛主编.—北京：清华大学出版社，2015
（2023.1 重印）

（应用型大学计算机专业系列教材）

ISBN 978-7-302-39910-0

Ⅰ.①数… Ⅱ.①刘…②张… Ⅲ.①关系数据库系统－高等学校－教材 Ⅳ.①TP311.13

中国版本图书馆 CIP 数据核字（2015）第 085550 号

责任编辑：王剑乔
封面设计：常雪影
责任校对：刘　静
责任印制：宋　林

出版发行：清华大学出版社
网　　　址：http://www.tup.com.cn，http://www.wqbook.com
地　　　址：北京清华大学学研大厦 A 座　　　　　邮　　编：100084
社　总　机：010-83470000　　　　　　　　　　　邮　　购：010-62786544
投稿与读者服务：010-62776969，c-service@tup.tsinghua.edu.cn
质量反馈：010-62772015，zhiliang@tup.tsinghua.edu.cn
课件下载：http://www.tup.com.cn，010-83470410
印　装　者：涿州市般润文化传播有限公司
经　　　销：全国新华书店
开　　　本：185mm×260mm　　　　印　张：16　　　　字　　数：367 千字
版　　　次：2015 年 7 月第 1 版　　　　　印　　次：2023 年 1 月第 6 次印刷
定　　　价：49.00 元

产品编号：064704-02

编审委员会

PREFACE

　　微电子技术、计算机技术、网络技术、通信技术、多媒体技术等高新科技日新月异的飞速发展和普及应用,不仅有力地促进了各国经济发展、加速了全球经济一体化的进程,而且促动当今世界迅速跨入信息社会。以计算机为主导的计算机文化,正在深刻地影响人类社会的经济发展与文明建设;以网络为基础的网络经济,正在全面地改变传统的社会生活、工作方式和商务模式。当今社会,计算机应用水平、信息化发展速度与程度,已经成为衡量一个国家经济发展和竞争力的重要指标。

　　目前我国正处于经济快速发展与社会变革的重要时期,随着经济转型、产业结构调整、传统企业改造,涌现了大批电子商务、新媒体、动漫、艺术设计等新型文化创意产业,而这一切都离不开计算机,都需要网络等现代化信息技术手段的支撑。处于网络时代、信息化社会,今天人们所有工作都已经全面实现了计算机化、网络化,当今更加强调计算机应用与行业、与企业的结合,更注重计算机应用与本职工作、与具体业务的紧密结合。当前,面对国际市场的激烈竞争、面对巨大的就业压力,无论是企业还是即将毕业的学生,学习掌握好计算机应用技术已成为求生存、谋发展的关键技能。

　　没有计算机就没有现代化! 没有计算机网络就没有我国经济的大发展! 为此,国家出台了一系列关于加强计算机应用和推动国民经济信息化进程的文件及规定,启动了"电子商务、电子政务、金税"等具有深刻含义的重大工程,加速推进"国防信息化、金融信息化、财税信息化、企业信息化、教育信息化、社会管理信息化",因而全社会又掀起新一轮计算机学习应用的热潮,此时,本套教材的出版具有特殊意义。

　　针对我国应用型大学"计算机应用"等专业知识老化、教材陈旧、重理论轻实践、缺乏实际操作技能训练的问题,为了适应我国国民经济信息化发展对计算机应用人才的需要,为了全面贯彻国家教育部关于"加强职业教育"精神和"强化实践实训、突出技能培养"的要求,根据企业用人与就业岗位的真实需要,结合应用型大学"计算机应用"和"网络管理"等专业的教学计划及课程设置与调整的实际情况,我们组织北京联合大学、陕西理工学院、北方工业大学、华北科技学院、北京财贸职业学院、山东滨州职业学院、山西大学、首钢工学院、包头职业技术学院、北京科技大学、广东理工学院、北京城市学院、郑州大学、北京朝阳社区学院、哈尔滨师范大学、黑龙江工商大学、北京石景山社区学院、海南职业学院、北京西城经济科学大学等全国 30 多所高校及高职院校的计算机教师和具有丰富实践经验的企业人士共同撰写了此套教材。

　　本套教材包括《计算机基础》《操作系统》《网络系统集成》《Web 设计原理》《中小企业网站建设与管理》等 12 本书。在编写过程中,全体作者注意自觉坚持以科学发展观为统领,严守统一的创新型案例教学格式化设计,采取任务制或项目制写法;注重校企结合,贴近行业企业岗位实际,注重实用性技术与应用能力的训练培养,注重实践技能应用与工作背景紧密结合,同时也注重计算机、网络、通信、多媒体等现代化信息技术的新发展,具有集成性、系统性、针对性、实用性、易于实施教学等特点。

本套教材不仅适合应用型大学及高职高专院校计算机应用、网络、电子商务等专业学生的学历教育,同时也可作为工商、外贸、流通等企事业单位从业人员的职业教育和在职培训,对于广大社会自学者也是有益的参考学习读物。

系列教材编委会
2015 年 5 月

在互联网日益被人们接受的今天，Internet 使数据库技术、知识、技能的重要性得到了充分的发挥，数据库应用涉及社会生活的各个方面。数据库技术是现代信息科学与技术的重要组成部分，是计算机数据处理与信息管理系统的核心。数据库技术具有强大的事务处理功能和数据分析能力，可有效减少数据存储冗余、实现数据共享、保障数据安全以及高效地检索数据和处理数据。

SQL Server 数据库是跨平台的网络数据库管理系统，SQL Server 2012 是一个功能完备的数据库管理系统，提供了完整的数据库创建、开发和管理功能。因其功能强大、操作简便，日益被广大企事业数据库用户所喜爱。该系统在网络开发、网络系统集成、网络应用中发挥重要的作用，并伴随因特网的广泛应用而得以迅速普及。

"SQL Server 数据库"是计算机专业重要的课程，也是计算机网络及软件相关专业中常设的一门专业课；当前学习 SQL Server 数据库程序设计知识、掌握数据库开发应用的关键技能，已经成为网站及网络信息系统从业工作的先决和必要条件。

目前我国正处于经济改革与社会发展的重要关键时期，随着国民经济信息化、企业信息技术应用的迅猛发展，面对 IT 市场的激烈竞争，面对就业上岗的巨大压力，无论是即将毕业的计算机应用、网络专业学生，还是从业在岗的 IT 工作者，努力学好、用好 SQL Server 数据库，真正掌握现代化编程工具，对于今后的发展都具有特殊意义。

本书作为应用型大学本科及高职高专院校计算机应用专业的特色教材，全书共 12 章，以学习者应用能力培养提高为主线，坚持以科学发展观为统领，严格按照国家教育部关于"加强职业教育、突出实践技能培养"的要求，根据应用型大学教学改革的需要，依照数据库程序设计学习应用的基本过程和规律，采用"任务驱动、案例教学"写法，突出"实例与理论的紧密结合"、循序渐进地进行知识要点讲解。

本书以 SQL Server 2012 为平台，主要介绍数据库与表、创建与管理、数据表基本操作、T-SQL 语言、视图、索引、存储、触发器、数据库安全管理、数据备份、数据恢复、数据导入导出、日常维护等数据库基础知识，并通过综合应用实例分析，指导学生实训，加强实践，强化技能培养。

由于本书融入 SQL Server 数据库程序设计的最新实践教学理念，力求严谨、注重与时俱进，具有知识系统、案例丰富、语言简洁、突出实用性、适用范围广及便于学习掌握等特点。

本书由李大军筹划并具体组织，刘志丽和张媛媛主编，刘志丽统改稿，赵玮、于洪霞为副主编，由具有丰富教学实践经验的孙岩教授审定，董铁教授复审。编者分工如下：牟惟仲编写序言,范晓莹编写第1章,刘志丽编写第2章、第4章,赵玮编写第3章、第11章,唐宏维编写第5章、第9章,张媛媛编写第6章、第10章,金颖编写第7章,李妍编写第8章,于洪霞编写第12章,王冰、温志华编写附录;华燕萍、李晓新负责文字修改、版式调整、制作教学课件等。

在本书编写过程中,参阅了国内外有关SQL Server 2012数据库设计应用的最新书刊及相关网站资料,并得到业界专家教授的具体指导,在此一并致谢。为方便教学,本书配有电子课件,读者可以从清华大学出版社网站(www.tup.com.cn)免费下载。

因编者水平有限,书中难免存在疏漏和不足,恳请专家、同行和读者予以批评指正。

编　者

2015 年 5 月

目 录

CONTENTS

第 1 章

数据库系统概述

引言

信息社会中,信息正在以惊人的速度增长,如何有效地管理信息,避免淹没在信息的海洋中成为摆在人们面前急需解决的问题。随着计算机在信息处理领域的广泛应用,数据库技术得到了快速发展,互联网技术的普及更加速了其发展的步伐,应用于社会生活的方方面面。

本章主要内容是数据库基本概念、数据库设计与 SQL Server 2012 简介。

1.1 数据库基本概念

数据库技术是计算机技术的重要分支,是计算机数据处理与信息管理的核心,具有强大的数据分析与处理能力。下面首先介绍数据库的基本概念,这些概念将贯穿数据处理的整个过程。

1.1.1 基本概念

1. 数据、信息与数据处理

数据(Data)是对客观事物特征的符号化表示,是数据库存储的基本对象。数据不仅包括数字,还有多种表现形式,如文字、图形、图像、声音等。例如,"90""北京"都是数据,"90"表示某门课程的成绩,或是某人的体重等信息;"北京"表示某人的籍贯。

信息是经过加工处理并对人类决策产生影响的数据,如各门课程的平均分 90 分可以作为评定奖学金的依据。数据是信息的载体,是信息的表现形式。信息是对数据语义的解释,是经过加工处理后的有用数据。

数据处理是对数据的加工与整理,包括对数据的采集、整理、分类、存储、检索、维护、传输等操作。

数据、信息、数据处理三者之间的关系如图 1-1 所示。

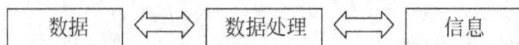

图 1-1　数据、信息、数据处理三者之间的关系

2. 数据库

数据库(DataBase,DB)即数据的仓库,是相互关联的数据的集合。数据库不仅存储数据,还存储数据间的联系。数据库中的数据按一定的组织形式存放在计算机的存储介质上,具有较小的冗余度、较高的数据独立性、共享性与安全性,并能保证数据的一致性与完整性。

3. 数据库管理系统

数据库管理系统(DataBase Management System,DBMS)是位于用户与操作系统之间的数据管理软件,它为用户或应用程序提供操作数据库的接口,包括数据库的建立、使用与维护等。目前常见的大中型数据库管理系统有甲骨文公司的 Oracle、IBM 公司的 DB2、微软公司的 SQL Server、Sybase 公司的 Sybase 等,小型的数据库管理系统有微软公司的 Access、Visual Foxpro 等。

4. 数据库应用系统

数据库应用系统(DataBase Application System,DBAS)是指使用数据库的各类系统,如以数据库为基础的面向内部业务与管理的学生管理系统、图书管理系统、会员管理系统等管理信息系统,以及面向外部提供信息服务的电子政务系统、电子商务系统等开放式信息系统。

5. 数据库系统

数据库系统(DataBase System,DBS)是引入数据库技术的计算机系统。数据库系统由硬件、软件(操作系统、数据库管理系统、数据库应用系统)、数据库与人员(数据库管理员 DBA、用户)组成。数据库系统的组成如图 1-2 所示。

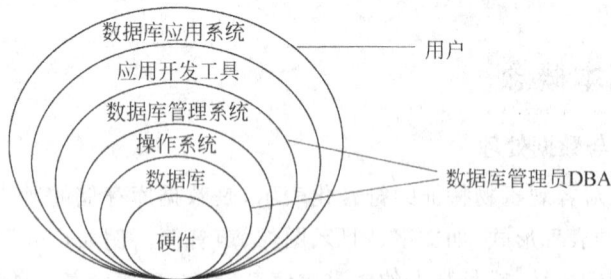

图 1-2　数据库系统的组成

1.1.2　数据库技术的发展

数据库技术是应数据管理任务的需要而产生的,是伴随计算机软件、硬件技术的发

展,以及数据处理量的日益增大而发展的。这就好比一次捕鱼的过程,鱼可看作待处理的数据,当捕鱼的环境发生变化,如由盆、池塘、湖发展为大海时,捕鱼的方式必然发生根本变化。自计算机诞生后,数据管理技术的发展经历了人工管理、文件系统、数据库系统 3 个阶段。

1. 人工管理阶段（20 世纪 50 年代中期以前）

在这一阶段计算机刚刚出现不久,主要用于科学计算。硬件方面,外存储设备只有磁带机、纸带机、卡片机,没有磁盘等直接存取设备。软件方面,没有操作系统与数据管理软件。数据依赖于特定的应用程序,当数据有所改变时程序要随之改变,数据缺乏独立性,不同应用程序间不能共享数据,造成数据冗余。数据处理方式采用批处理,处理结果不保存,不能重复使用。人工管理阶段的示意图如图 1-3 所示。

图 1-3　人工管理阶段

2. 文件系统阶段（20 世纪 50 年代后期到 60 年代中期）

在这一阶段计算机不仅用于科学计算,还用于信息管理。硬件方面,有了磁盘、磁鼓等直接存取设备。软件方面,出现了操作系统与高级语言。操作系统中的文件系统将数据组织成数据文件存储在磁盘上。数据文件可以脱离应用程序而存在,应用程序通过文件名对数据进行访问,应用程序与数据之间具有一定的独立性。但数据文件间缺乏联系,每个应用程序都有对应的数据文件,这样就有可能使同样的数据存在于多个文件中,造成数据冗余。在进行数据更新时,也可能使同一数据在不同文件中有不同的结果,造成数据的不一致。文件系统阶段的示意图如图 1-4 所示。

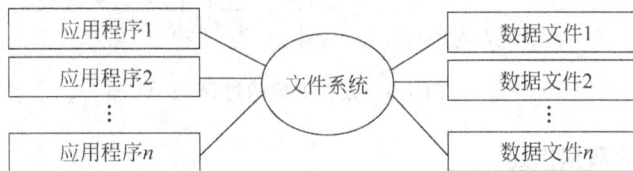

图 1-4　文件系统阶段

3. 数据库系统阶段（20 世纪 60 年代后期）

在这一阶段计算机在信息管理领域普遍应用,处理的数据量急剧增加。硬件方面取得了重要进展,大容量、快速存取的磁盘进入市场,并且价格大大降低。应用的需求促使软件环境不断改善,数据库管理系统应运而生。数据库系统克服了文件系统的不足,利用数据库管理系统实现数据的统一管理,数据不再面向某个应用程序,而是面向整个系统,具有整体的结构性,数据与应用程序间相互独立,数据彼此联系,共享性高,冗长余度小,保证了数据的一致性、完整性与安全性。

数据库系统阶段的示意图如图1-5所示。

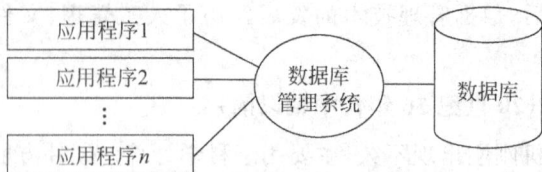

图1-5 数据库系统阶段

20世纪60年代诞生的数据库技术标志数据管理技术产生了质的飞跃。随着计算机技术与网络通信技术的发展,数据库系统结构由主机/终端的集中式结构发展到网络环境的分布式结构,Internet环境下的浏览器/服务器结构与移动环境下的动态结构,产生了分布式数据库系统、多媒体数据库系统、面向对象数据库系统、专家数据库系统等,以满足不同应用的需求,适应不同的应用环境。

1.1.3 数据模型

数据库中的数据是对现实世界中事物特征的一种抽象。将现实世界中客观存在的事物如一个人或事物之间的联系,以数据的形式存储到计算机的数据库中,显示为一条记录,经历了对事物特征的抽象、概念化到计算机数据库中的具体表现的逐级抽象过程,即由现实世界抽象为信息世界(也称为概念世界)中的概念模型,再转换为机器世界(也称为数据世界)中某一个DBMS所支持的数据模型,这一过程如图1-6所示。

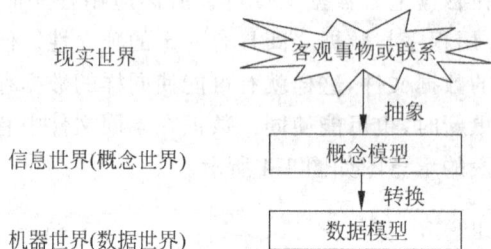

图1-6 数据处理的过程

1. 信息世界的数据描述

(1) 实体(Entity)。实体是指客观存在并相互区别的事物。实体可以是具体的对象,也可以是抽象的对象,如一个学生、一门课程、一本书、一个部门、一个比赛项目、一张账单等都是实体。

(2) 属性(Attribute)。描述实体的特征称为实体的属性。如学生实体的属性有学号、姓名、性别、出生日期、联系电话等,图书实体的属性有图书编号、书名、作者、出版社、价格等。

(3) 实体型(Entity Type)。实体名与实体属性的集合表示一种实体类型,称为实体型。如学生实体的实体型表示为学生(学号,姓名,性别,出生日期,联系电话)。

(4) 实体集(Entity Set)。同型实体的集合称为实体集。如所有学生构成学生实体集、所有图书构成图书实体集。

(5) 联系(Relationship)。实体间的对应关系称为实体间的联系,反映现实世界中事物之间的联系。两个实体间的联系称为二元联系,二元联系可以分为3种类型:一对一联系(1∶1)、一对多联系(1∶N)和多对多联系(M∶N)。

① 一对一联系(1∶1)。实体集 A 中的每一个实体最多只与实体集 B 中的一个实体相联系;反之亦然。如一个学校只有一个正校长,而一个正校长只在一个学校任职,则学校与正校长之间就是一对一联系。

② 一对多联系(1∶N)。实体集 A 中的每一个实体在实体集 B 中都有 $N(N \geqslant 0)$ 个实体与之联系;反之,实体集 B 中的每一个实体在实体集 A 中最多只有一个实体与之联系。如一个系部有多名教师,而一名教师只属于一个系部,则系部与教师之间就是一对多联系。

③ 多对多联系(M∶N)。实体集 A 中的每一个实体在实体集 B 中都有 $N(N \geqslant 0)$ 个实体与之联系;反之,实体集 B 中的每一个实体在实体集 A 中也有 $M(M \geqslant 0)$ 个实体与之联系。如一个读者可以借阅多本图书,而一本图书也可以被多个读者借阅,则读者与图书之间就是多对多联系。

二元联系的类型如图 1-7 所示。

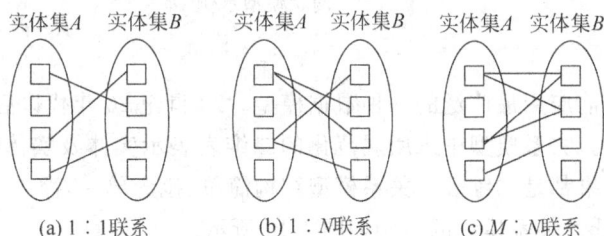

图 1-7　二元联系的类型

2. 3种常见的数据模型

数据模型是 DBMS 中数据的存储结构,DBMS 根据数据模型对数据进行存储与管理。在数据库的发展过程中,常见的数据模型有层次模型、网状模型与关系模型。

1) 层次模型

层次模型是数据库系统中最早出现的一种数据模型。它以倒立的树状层次结构表示实体及实体之间的联系。树状结构中的每个结点代表一个实体,结点之间的连线表示实体间的一对多联系。

树状结构中最上方的结点称为根结点,有且仅有一个根结点,其他结点有且仅有一个父结点,没有子结点的结点称为叶结点。层次模型结构简单、清晰,查询效率高,但对多对多的联系表示方法不自然,对插入、删除操作的限制多,实现复杂。层次模型的示例如图 1-8 所示。

2) 网状模型

网状模型是对层次模型的发展,能够更直接地描述现实世界的多对多联系,层次模型可以看作网状模型的一个特例。网状模型允许多个结点没有父结点,也允许一个结点有多个父结点。网状模型具有良好的性能,存取效率较高,但结构比较复杂,用户不易掌握。网状模型的示例如图 1-9 所示。

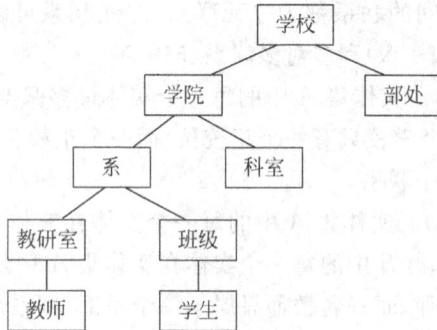

图 1-8　层次模型示例

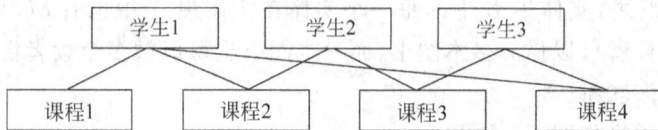

图 1-9　网状模型示例

3) 关系模型

关系模型是目前应用最广泛的一种数据模型。20 世纪 80 年代以后推出的 DBMS 几乎都支持关系模型。关系模型中采用规范化的二维表表示实体及实体间的联系,关系模型的操作对象与结果都是二维表。关系模型结构简单、概念单一,插入、修改、删除操作方便,但查询效率较低。关系模型的示例如图 1-10 所示。

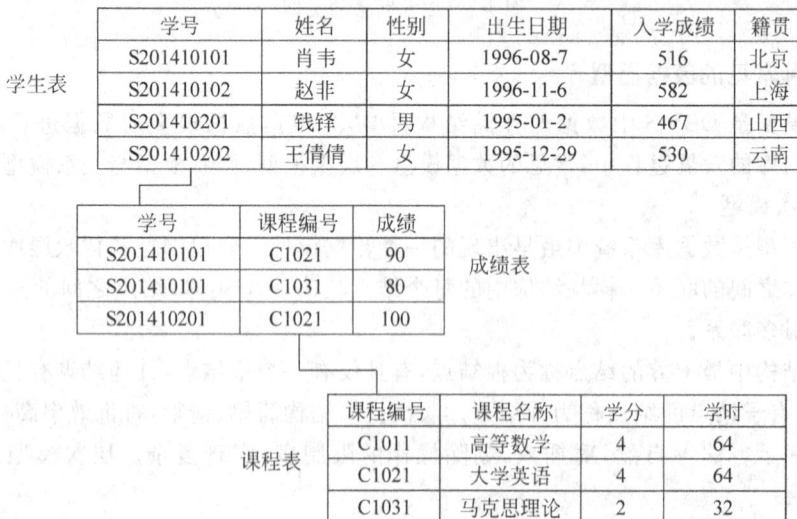

学生表

学号	姓名	性别	出生日期	入学成绩	籍贯
S201410101	肖韦	女	1996-08-7	516	北京
S201410102	赵非	女	1996-11-6	582	上海
S201410201	钱铎	男	1995-01-2	467	山西
S201410202	王倩倩	女	1995-12-29	530	云南

成绩表

学号	课程编号	成绩
S201410101	C1021	90
S201410101	C1031	80
S201410201	C1021	100

课程表

课程编号	课程名称	学分	学时
C1011	高等数学	4	64
C1021	大学英语	4	64
C1031	马克思理论	2	32

图 1-10　关系模型示例

1.1.4 关系数据库

应用支持不同数据模型的 DBMS 开发的数据库应用系统相应地称为层次数据库、网状数据库与关系数据库。关系数据库基于关系模型，是当今最流行的数据库。

1. 关系的术语

(1) 关系。一个关系就是一张规范化的二维表，每个关系都有一个关系名，即表名。

(2) 属性。二维表中的列称为属性或字段，每一列的标题称为属性名或字段名，列的值称为属性值或字段值。

(3) 关系模式。关系模式是对关系的描述，由关系名与组成该关系的所有属性名构成，表示为关系名(属性名 1，属性名 2，……，属性名 n)，关系模式表现一个二维表的结构。

(4) 元组。二维表中的行称为元组或记录，即一个实体各个属性值的集合，元组表现一个二维表中的数据。

(5) 域。属性的取值范围称为该属性的域。如性别的取值范围为"男"或"女"、成绩的取值范围为 0～100。

(6) 主关键字(主码，Primary key)。在一个关系中，能够唯一标识一个元组的属性或属性组合称为该关系的关键字或码。在一个关系中可以存在多个关键字或码，均可称为该关系的候选关键字或候选码，从中选择一个可作为该关系的主关键字或主码。如学生表中的学号、身份证号都可以唯一地标识一个元组，从中选择学号作为主关键字。

(7) 外关键字(外码，Foreign key)。一个关系中的属性或属性组合是另一个关系的主关键字或候选关键字时，称该属性或属性组合为当前关系的外关键字或外码。通过外关键字可实现两个表的联系。

关系的术语示例如图 1-11 所示。

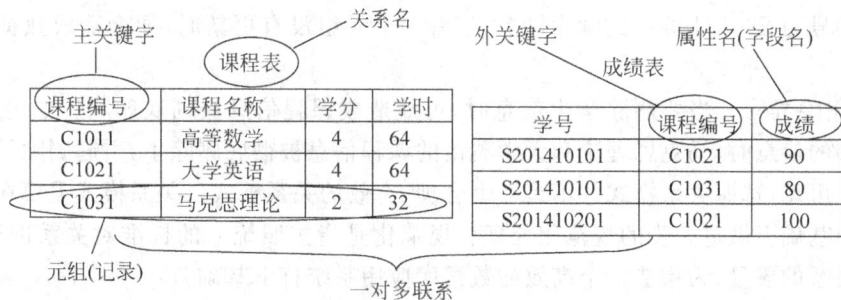

关系模式：课程表(课程编号,课程名称,学分,学时)，成绩表(学号,课程编号,成绩)

图 1-11 关系的术语示例

2. 关系的特点

关系模型中的关系需要具备以下特点。

(1) 关系中的每一列都是不可再分的基本属性。

(2) 每列具有相同的数据类型、相同的域。

（3）每一列的标题不能相同，即属性名不能重复。

（4）任意两行的内容不能完全相同，即元组不能重复。

（5）没有行序与列序。

3. 关系模式的规范化

关系模式是否具备以上的关系特点就可以了呢？设有选课关系模式，选课(学号，课程编号，姓名，性别，班级，班主任，课程名称，学分，成绩)，由于成绩由学号与课程编号所决定，则该关系模式的主关键字为"学号，课程编号"。该关系模式的具体数据如表 1-1 所示。

表 1-1   "选课"表

学　号	课程编号	姓名	性别	班级	班主任	课程名称	学分	成绩
S201410101	C1021	肖韦	女	141 班	张平	大学英语	4	90
S201410101	C1031	肖韦	女	141 班	张平	马克思理论	2	80
S201410201	C1011	钱铎	男	142 班	赵新朋	高等数学	4	85
S201410201	C1021	钱铎	男	142 班	赵新朋	大学英语	4	100
S201410201	C1041	钱铎	男	142 班	赵新朋	计算机应用基础	3	83

从表 1-1 中的数据可见，该关系存在以下问题。

① 数据冗余。如果一个学生选修了多门课程，这个学生的信息(学号，姓名，性别，……)就会重复多次。同样，如果一门课程有多人选修，则课程信息(课程编号，课程名称，学分)也将重复多次。

② 插入异常。由于主关键字(学号，课程编号)的值不能为空，当添加一个没有选课的学生信息时就会引起插入异常。同样，当添加一门无人选修的新课时也会出现同样的问题。

③ 更新异常。由于存在数据冗余，当更新信息时，需要将所有重复的信息同时更新，如更新学号为 S201410201 的学生姓名，当有一个元组没有更新时，便会造成数据不一致的现象。

④ 删除异常。当要删除学生信息时，可能造成课程信息被彻底删除。如表 1-1 中，删除肖伟的信息时，马克思理论和大学英语的课程信息被彻底删除了，引起删除异常。

由此可见，选课关系模式并不是一个合理、有效的关系模式。关系模式需要在满足关系特点的基础上做进一步的规范化处理。规范化是指按照统一的标准对关系进行优化，以提高关系的质量，为构造一个高效的数据库应用系统打下基础。

关系模式的规范化可以分为几个等级，每一个等级称为一个范式，如第一范式(1NF)、第二范式(2NF)、第三范式(3NF)……每一范式比前一范式的要求更为严格，即范式之间存在 1NF⊇2NF⊇3NF…的关系。通常满足第三范式即可。

（1）第一范式(First Normal Form,1NF)。

第一范式是最基本的要求，即关系模式的所有属性都是不可再分的数据项。如果关系模式 R 的所有属性都是不可再分的，则称 R 满足第一范式，记做 $R \in 1NF$。满足第一范式的关系称为规范化关系；否则称为非规范化关系。非规范化关系示例如表 1-2 所示。

表 1-2 非规范化关系示例

用户名	地　　址			支付方式	...
	地址 1	地址 2	地址 3		
...	...	...	...	...	...

（2）第二范式（Second Normal Form，2NF）。

如果一个关系模式 R 满足第一范式，且每个非主属性完全函数依赖于主关键字，则称 R 满足第二范式，记做 $R \in 2NF$。

第二范式要求实体的非主属性完全依赖于主关键字。完全依赖是指不能存在仅依赖主关键字一部分的属性，如果存在，这个属性和主关键字的这一部分应该分离出来形成一个新的实体，新实体与原实体之间是一对多的关系。

例如，在选课（学号，课程编号，姓名，性别，班级，班主任，课程名称，学分，成绩）关系模式中，成绩属性完全依赖于主关键字（学号，课程编号），姓名、性别、班级、班主任属性依赖于主关键字中的学号，即存在部分依赖，课程名称、学分属性依赖于主关键字中的课程编号，也存在部分依赖。所以选课关系模式不满足第二范式，可分解如下。

学生（学号，姓名，性别，班级，班主任）

课程（课程编号，课程名称，学分）

选课（学号，课程编号，成绩）

以上 3 个关系模式均满足第二范式，但学生关系模式仍存在数据冗余，如一个班级有多名学生时，班主任的信息就会重复多次。

（3）第三范式（Third Normal Form，3NF）。

如果关系模式 R 满足第二范式，且每个非主属性都不传递函数依赖于 R 的主关键字，则称 R 满足第三范式，记做 $R \in 3NF$。

第三范式要求实体的非主属性不传递依赖于主关键字。传递依赖指的是如果存在“$A \rightarrow B \rightarrow C$”的决定关系，则 C 传递依赖于 A。

例如，在学生（学号，姓名，性别，班级，班主任）关系模式中，存在学号→班级→班主任的决定关系，所以学生关系模式不满足第三范式，可分解如下。

学生（学号，姓名，性别，班级）

班级（班级，班主任）

将关系模式分解到第三范式，可以在相当程度上减轻数据冗余。但在实际设计中，完全消除冗余是很难做到的，有时为了提高数据检索等处理效率，也允许存在适当的冗余。

4. 关系运算

在对关系数据库进行访问，希望找到所需要的数据时，就要对关系进行运算。关系运算有两类：一类是传统的集合运算；另一类是专门的关系运算。关系运算的操作对象是关系，结果也是关系。

1）传统的集合运算

传统的集合运算包括并（∪）、交（∩）、差（—）与广义笛卡儿积（×）4 种。并、交、差运算要求参加运算的两个关系具有相同的关系模式,即具有相同的结构。设有两个关系 R 与 S,分别存放选修大学英语与马克思理论课程的学生信息,则 R 与 S 并、交、差的集合运算示例如图 1-12 所示。

R

学号	姓名	性别
S201410101	肖韦	女
S201410201	钱铎	男

S

学号	姓名	性别
S201410101	肖韦	女
S201410202	王倩倩	女

$R \cap S$

学号	姓名	性别
S201410101	肖韦	女

$R \cup S$

学号	姓名	性别
S201410101	肖韦	女
S201410201	钱铎	男
S201410202	王倩倩	女

$R - S$

学号	姓名	性别
S201410201	钱铎	男

图 1-12　R 与 S 并、交、差的集合运算示例

如果关系 R_1 有 m 列,关系 R_2 有 n 列,则 R_1 与 R_2 的广义笛卡儿积记做 $R_1 \times R_2$,是一个含有 $m+n$ 列的关系。若 R_1 有 k_1 个元组,R_2 有 k_2 个元组,则 $R_1 \times R_2$ 共有 $k_1 \times k_2$ 个元组。设 R_1、R_2 分别存放学生信息与课程信息,则 R_1 与 R_2 的广义笛卡儿积表示所有可能的选课情况,如图 1-13 所示。

R_1

课程编号	课程名称
C1011	高等数学
C1021	大学英语
C1031	马克思理论

R_2

学号	姓名	性别
S201410101	肖韦	女
S201410201	钱铎	男

$R_1 \times R_2$

学号	姓名	性别	课程编号	课程名称
S201410101	肖韦	女	C1011	高等数学
S201410101	肖韦	女	C1021	大学英语
S201410101	肖韦	女	C1031	马克思理论
S201410201	钱铎	男	C1011	高等数学
S201410201	钱铎	男	C1021	大学英语
S201410201	钱铎	男	C1031	马克思理论

图 1-13　R_1 与 R_2 的广义笛卡儿积运算示例

2) 专门的关系运算

专门的关系运算有选择、投影与连接。

(1) 选择。从一个关系中找出满足条件的元组的操作称为选择。选择是从行的角度进行的运算,其结果是原关系的一个子集。如在图 1-10 所示的学生表中选择所有入学成绩大于 500 分的学生信息,运算结果如表 1-3 所示。

表 1-3　选择运算结果

学　　号	姓名	性别	出生日期	入学成绩	籍贯
S201410101	肖韦	女	1996-08-7	516	北京
S201410102	赵非	女	1996-11-6	582	上海
S201410202	王倩倩	女	1995-12-29	530	云南

（2）投影。从一个关系中选择若干属性组成新的关系称为投影。投影是从列的角度进行的运算。其结果所包含的属性个数比原关系少，或者排列顺序不同。如在图 1-10 所示的学生表中查看所有学生的学号、姓名、入学成绩，运算结果如表 1-4 所示。

表 1-4　投影运算结果

学　　号	姓　　名	入学成绩
S201410101	肖韦	516
S201410102	赵非	582
S201410201	钱铎	467
S201410202	王倩倩	530

（3）连接。将两个关系按一定条件进行横向结合，生成新的关系称为连接。连接运算中，将两个关系的对应属性值相等作为连接条件进行的连接称为等值连接。去除重复属性的等值连接称为自然连接。自然连接是最常用的连接运算。如在图 1-10 所示的课程表与成绩表以课程编号相等作为连接条件进行的连接运算，自然连接的结果如表 1-5 所示。

表 1-5　自然连接结果

课程编号	课程名称	学分	学时	学号	成绩
C1021	大学英语	4	64	S201410101	90
C1031	马克思理论	2	32	S201410101	80
C1021	大学英语	4	64	S201410201	100

通过以上几种关系运算或关系运算的组合就可以实现对关系数据库中数据的查询操作了。

1.2　数据库设计

数据库设计是创建数据库应用系统的核心，是指对于一个给定的应用环境，构造最优的数据库模式，建立数据库及其应用系统，使之能够有效地存储数据，满足不同用户的应用需求。数据库设计的过程是一项系统工程，必须采用规范化的设计方法。

1.2.1　数据库设计的步骤

规范化的数据库设计通常分为以下 6 个阶段。

1. 需求分析

需求分析是对数据库应用系统的应用领域进行详细调查，了解用户的各种要求，包括信息要求、处理要求、安全性要求与完整性要求，如需要存储哪些数据、实现什么功能、用户的权限以及对存储数据的约束条件等。在充分调查的基础上进行深入分析，描述数据与处理之间的联系，确定数据库设计的基本思路，形成需求分析报告。

2. 概念结构设计

概念结构设计是在需求分析报告的基础上对现实世界进行首次的抽象,将现实世界中事物及事物间的联系抽象为信息世界中的概念模型,即确定实体、属性及实体间的联系。概念模型不依赖于软件、硬件结构,独立于具体的 DBMS,避开了数据库在计算机上的具体实现细节,集中于重要的信息组织结构。

概念模型主要用于设计人员与用户之间的交流,强调语义表达,易于用户理解,并便于更改,通常采用 E-R(Entity-Relationship,实体-联系)模型来描述。

3. 逻辑结构设计

逻辑结构设计是实现从信息世界到机器世界的转换,即将概念结构设计阶段形成的 E-R 模型转换为某一 DBMS 所支持的数据模型(如关系模型)的过程,该数据模型是可被 DBMS 处理的数据库的逻辑结构。关系数据库的逻辑结构由一组关系模式组成,并可应用关系规范化理论对关系模式进行优化。

4. 物理结构设计

物理结构设计是为逻辑结构设计阶段所形成的数据模型选取一个最适合应用环境的物理结构(包括存储结构和存取方法)。物理结构设计与具体的硬件环境及所采用的 DBMS 密切相关。通常基本的存储结构已由具体的 DBMS 所确定,设计人员主要考虑存储空间、存取时间、存取路径、维护代价等,并设计索引等存取方法。

5. 数据库实施

数据库实施是将前面各个阶段的设计结果借助 DBMS 与其他应用开发工具(如 ASP. NET 或 PHP 等)实现的过程,具体包括建立数据库结构、装载初始数据、编制与调试应用程序、数据库试运行等。数据库试运行的结果如果不满足最初的设计目标,就需要返回进行修改;否则便可正式投入使用。

6. 数据库的运行与维护

数据库应用系统试运行合格后即可投入使用,进入运行与维护阶段。由于物理存储的不断变化、用户需求的调整及一些不可预测的事故等原因,需要对数据库系统进行不断地调整与修改,包括数据库的转储与恢复、数据库的安全性与完整性控制、数据库性能的监督、分析与改进以及数据库的重组织与重构造,以保证系统的运行性能与效率。

下面对概念结构设计与逻辑结构设计通过实例进行讲解。

1.2.2　数据库设计实例

1. 概念结构设计实例

概念结构设计也就是 E-R 模型的设计。

1) E-R 模型

E-R 模型体现实体、属性及实体间的联系之间的关系。

E-R 模型的构成规则如下。

① 用矩形框表示实体,在框内写入实体名。

② 用菱形框表示实体间的联系,在框内写入联系名。

③ 用椭圆形框表示属性,在框内写入属性名,并在主码下画一下划线。

④ 用无向边将实体与属性、实体与联系相连,并在实体与联系间的无向边旁标明联系的类型,如两个实体是一对多的联系,则在一方实体的无向边旁标上 1,在多方实体的无向边旁标上 N。

⑤ 联系本身也可以有属性。

2) 概念结构设计实例

【例 1-1】 设有学生管理数据库,规则如下:一个班级(班级编号,班级名称,人数)有若干名学生(学号,姓名,性别,出生日期,籍贯),一名学生只属于一个班级,一个班级有一名班长,一名学生可以选修若干门课程(课程编号,课程名称,学分,学时),一门课程可以有若干学生选修,每名学生选修一门课程有一个成绩。根据该规则绘制出 E-R 模型。

由该规则可以识别 4 个实体:班级、学生、班长、课程,实体间的联系构成局部 E-R 模型,如图 1-14 所示。

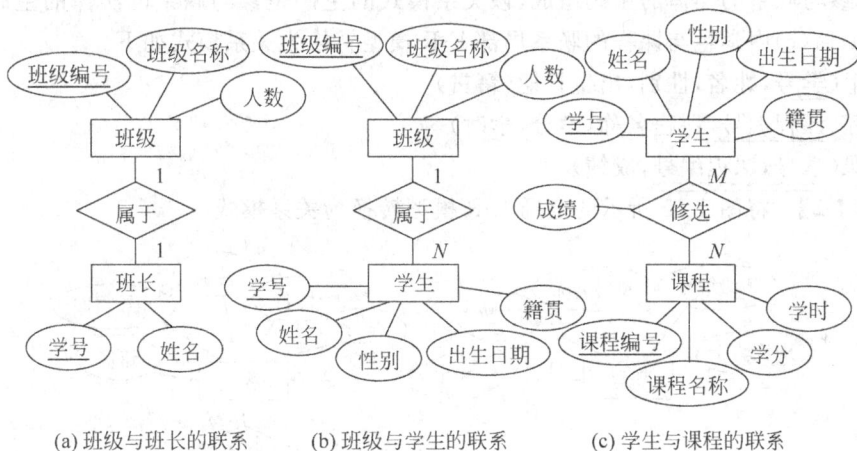

(a) 班级与班长的联系   (b) 班级与学生的联系   (c) 学生与课程的联系

图 1-14 局部 E-R 模型

由于班长实体是学生实体的一个子集,为避免数据冗余,将班长实体去除,转换为班级实体的一个属性,即班长学号。将修改后的局部 E-R 模型合并为全局 E-R 模型,如图 1-15 所示。

2. 逻辑结构设计实例

关系数据库的逻辑结构设计就是将 E-R 模型转换为关系模式的过程。在将 E-R 模型转换为关系模式的过程中,每一个实体转换为一个关系模式,实体的属性就是关系模式的属性,实体的主码就是关系模式的主码。实体间的联系类型不同,转换为关系模式的方法也不同。

1) 实体间的联系为 1∶1

若实体间的联系为 1∶1,则联系不单独生成新的关系模式,将一方的主码添加到另一方中,作为另一方的外码,成为联系两表的属性,若联系有属性则一并加入。如将图 1-14(a)中班级与班长的联系局部 E-R 模型转换为关系模式如下。

班级(<u>班级编号</u>,班级名称,人数,<u>学号</u>)

班长(<u>学号</u>,姓名)

或

班级(<u>班级编号</u>,班级名称,人数)

班长(<u>学号</u>,姓名,<u>班级编号</u>)

2) 实体间的联系为 1∶N

若实体间的联系为 1∶N,则联系不单独生成新的关系模式,将一方的主码添加到多方中,作为多方的外码,成为联系两表的属性,若联系有属性则一并加入。如将图 1-14(b)中班级与学生的联系局部 E-R 模型转换为关系模式如下。

班级(<u>班级编号</u>,班级名称,人数)

学生(<u>学号</u>,姓名,性别,出生日期,籍贯,<u>班级编号</u>)

3) 实体间的联系为 M∶N

若实体间的联系为 M∶N,则联系单独生成新的关系模式,该关系模式的属性由联系的属性、参与联系的实体的主码组成,该关系模式的主码是参与联系的实体的主码组合。如将图 1-14(c)中学生与课程的联系局部 E-R 模型转换为关系模式如下。

学生(<u>学号</u>,姓名,性别,出生日期,籍贯)

课程(<u>课程编号</u>,课程名称,学分,学时)

修课(<u>学号</u>,<u>课程编号</u>,成绩)

【例 1-2】 将图 1-15 所示的全局 E-R 模型转换为关系模式。

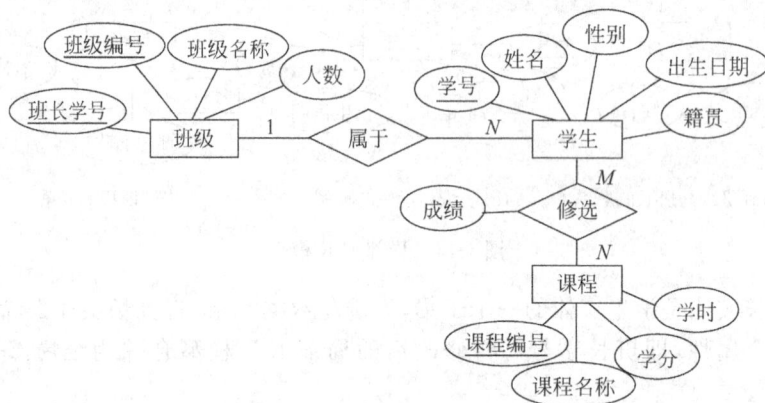

图 1-15　全局 E-R 模型

转换后的关系模式如下。

班级(<u>班级编号</u>,班级名称,人数,<u>班长学号</u>)

学生(<u>学号</u>,姓名,性别,出生日期,籍贯,<u>班级编号</u>)

课程(<u>课程编号</u>,课程名称,学分,学时)

修课(<u>学号</u>,<u>课程编号</u>,成绩)

关系模式生成后可应用关系规范化理论进行优化,使其满足 3NF,并进行物理结构设计,之后便可以在所选用的 DBMS 中实现了。

1.3 初识 SQL Server 2012

SQL Server 是 Microsoft 公司的关系型数据库管理系统,最初由 Microsoft、Sybase 和 Ashton-Tate 3 家公司共同开发,于 1988 年推出了第一个 OS/2 版本。1995 年推出的 SQL Server 6.0 是第一个完全由 Microsoft 公司开发的版本,之后 Microsoft 不断对 SQL Server 的功能进行扩充,先后于 1996 年推出了 SQL Server 6.5,1998 年推出了 SQL Server 7.0;2000 年推出了 SQL Server 2000;2005 年推出了 SQL Server 2005;2008 年推出了 SQL Server 2008;2012 年推出了 SQL Server 2012。

1.3.1 SQL Server 2012 简介

SQL Server 2012 由 Microsoft 公司于 2012 年 3 月正式发布,作为新一代的数据平台产品,SQL Server 2012 不仅延续现有数据平台的强大能力,全面支持云技术与平台,并且能够快速构建相应的解决方案,实现私有云与公有云之间数据的扩展与应用的迁移。

根据不同的用户类型与使用需求,Microsoft 公司推出了多种不同的 SQL Server 2012 版本,主要有企业版(Enterprise)、商业智能版(Business Intelligence)、标准版(Standard)、Web 版(Web)、开发版(Developer)、精简版(Express)。其中精简版是具有核心的数据库功能,为了学习、创建桌面应用和小型服务器应用而发布的免费版。

1.3.2 SQL Server 2012 的安装

安装 SQL Server 2012 程序之前需要检查当前的计算机是否符合以下的软件、硬件环境要求。

① 软件环境。支持的操作系统有 Windows 7、Windows Server 2008 R2、Windows Server 2008 Service Pack 2 和 Windows Vista Service Pack 2。

② 硬件环境。SQL Server 2012 支持 32 位操作系统,至少 1GHz 或同等性能的兼容处理器,建议使用 2GHz 及以上处理器的计算机;支持 64 位操作系统、1.4GHz 或速度更快的处理器。最低支持 1GB,建议使用 2GB 或更大的 RAM,至少 2.2GB 可用硬盘空间。

不同版本的 SQL Server 2012 的安装过程基本相似,下面以 SQL Server 2012 企业版为例介绍在 32 位 Windows 7 操作系统上安装 SQL Server 2012 的过程。

(1) 双击安装文件夹下的 setup.exe 文件,打开"SQL Server 安装中心",便开始 SQL Server 2012 的安装。单击左侧的"安装"选项,本例介绍全新安装的过程,所以在右侧选择第一项"全新 SQL Server 独立安装或向现有安装添加功能";如果是对原来系统进行升级,请选择右侧的"从 SQL Server 2005、SQL Server 2008 或 SQL Server 2008 R2 升级",如图 1-16 所示。

(2) 进入安装程序支持规则界面,自动检测系统的安装环境,以减少安装过程中报错的概率。需要确保所有规则通过后,再单击"确定"按钮继续安装,如图 1-17 所示。

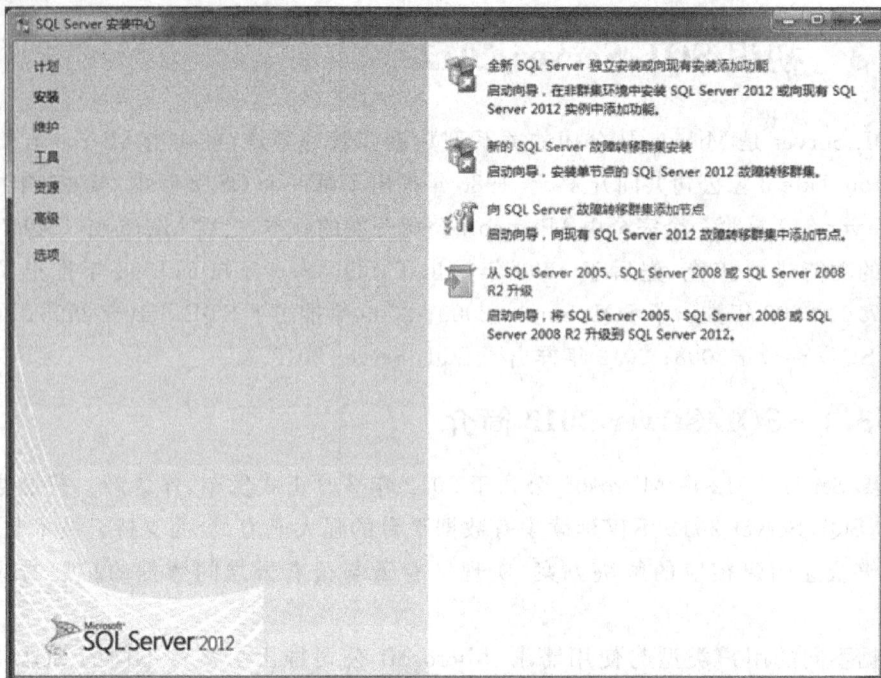

图 1-16　安装中心界面

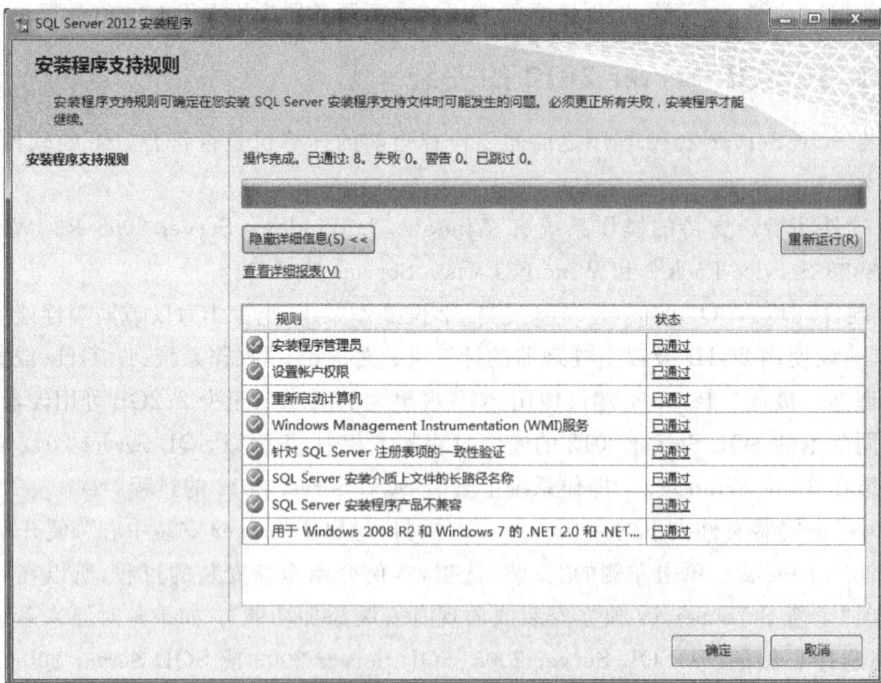

图 1-17　安装程序支持规则界面

（3）为 SQL Server 2012 指定版本或输入产品密钥。本例指定企业版的免费 Evaluation 版，Evaluation 版具有 SQL Server 的全部功能，有 180 天的试用期，如图 1-18 所示。

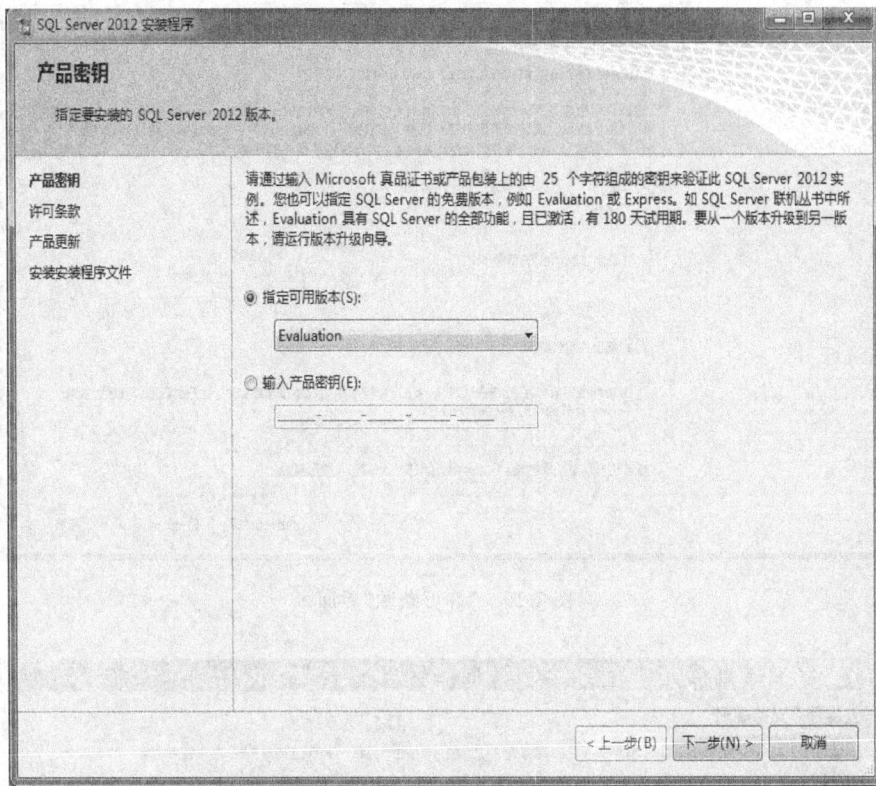

图 1-18 产品密钥界面

（4）在"许可条款"界面勾选"我接受许可条款"复选框，如图 1-19 所示，单击"下一步"按钮进入产品更新界面，并继续安装。再次进入安装程序支持规则检查，系统在检索的过程中提出一个警告，建议在问题解决后再继续安装；但如果系统允许，也可以跳过继续安装，如图 1-20 所示。

（5）在"设置角色"界面中选择默认的"SQL Server 功能安装"，在接下来的"功能选择"界面，单击"全选"按钮选择全部功能或根据需要选择部分功能，并检查或修改程序的安装目录，本例选择全部功能与默认的安装目录，如图 1-21 所示。

（6）在"安装规则"界面再次检查安装环境，通过后继续进行安装，如图 1-22 所示。在"实例配置"界面为实例命名，本例选择默认实例与路径，如图 1-23 所示。由于 SQL Server 2012 支持在同一台计算机上安装与运行多个实例，SQL Server 客户端应用程序通过指定实例名称访问数据库服务器，所以在应用中最好避免使用默认实例名。

（7）在"磁盘空间要求"界面对所需磁盘空间与可用磁盘空间进行比较，如图 1-24 所示。单击"下一步"按钮进入服务器配置界面，为所有服务指定合法的账户，如图 1-25 所示。

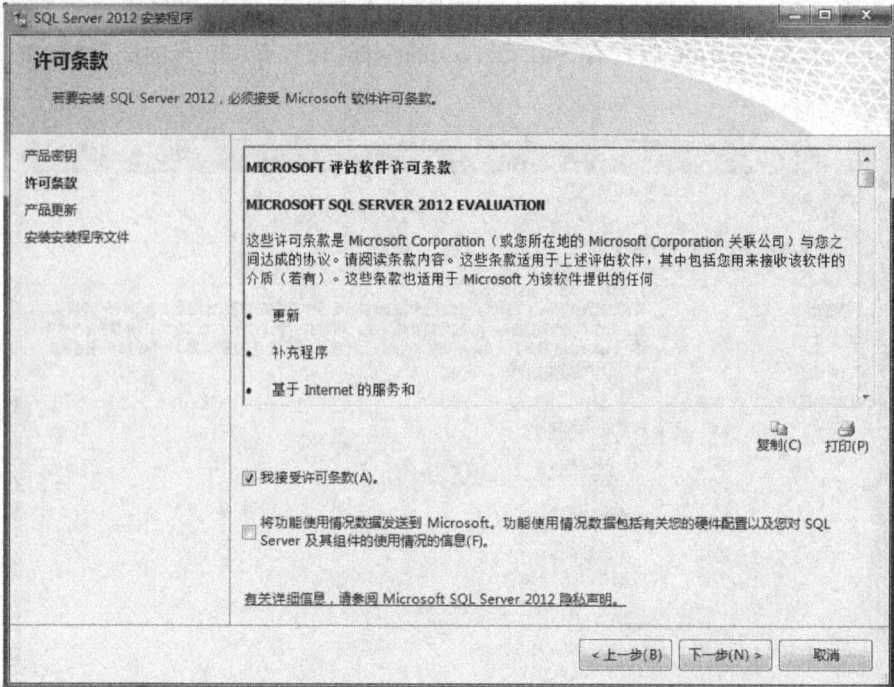

图 1-19　"许可条款"界面

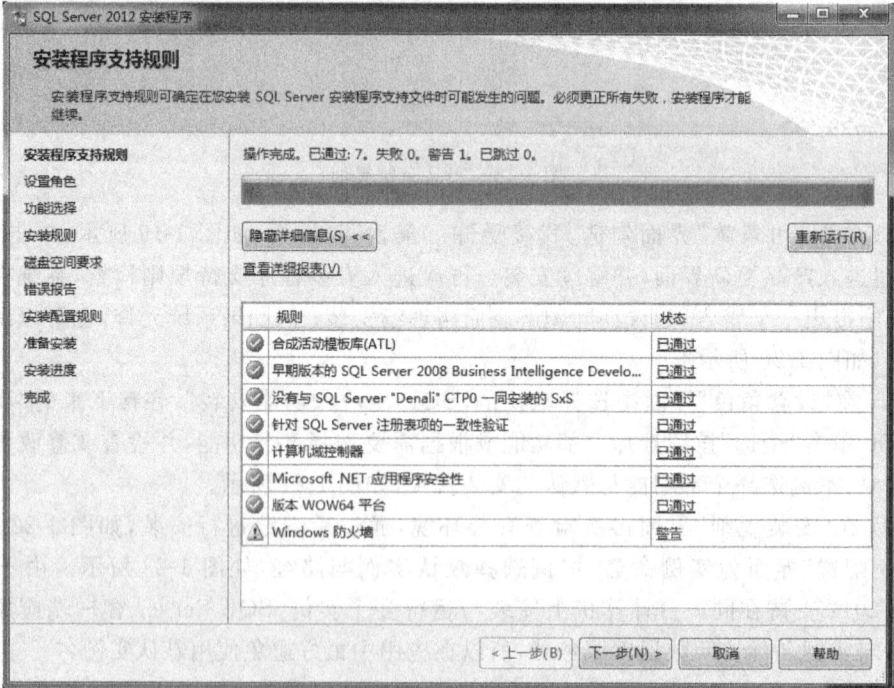

图 1-20　"安装程序支持规则"界面

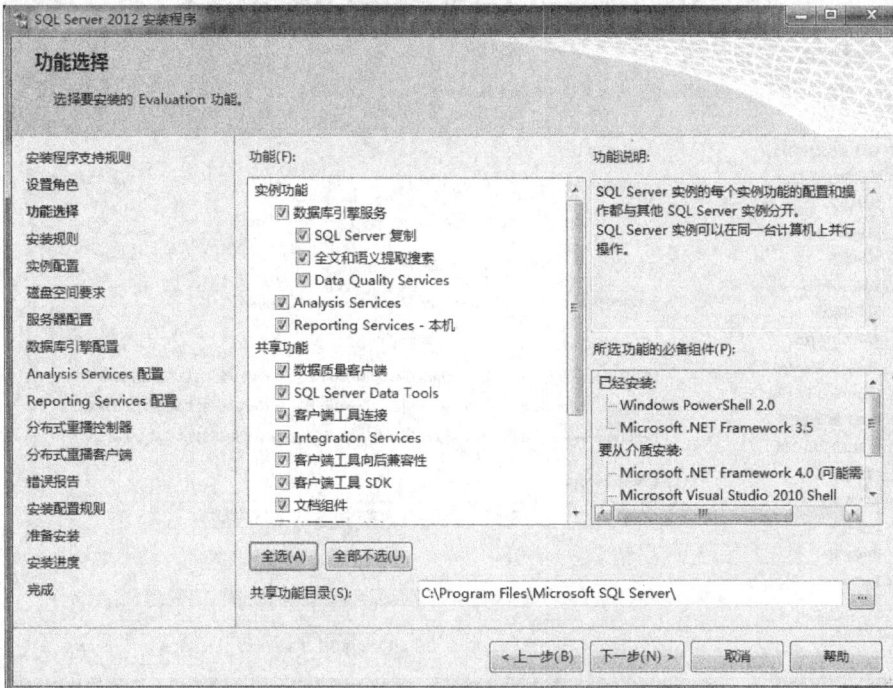

图 1-21　"功能选择"界面

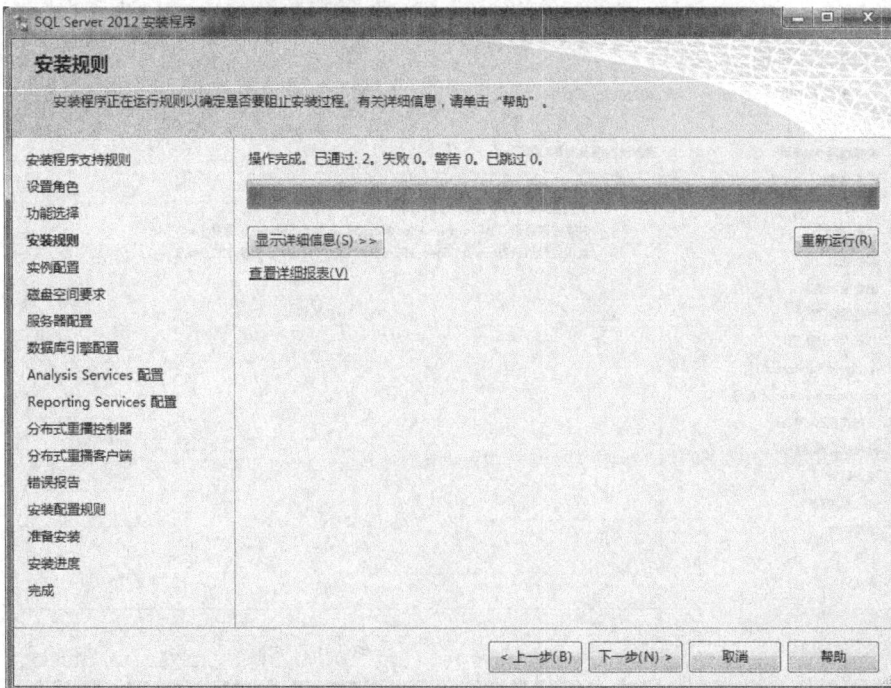

图 1-22　"安装规则"界面

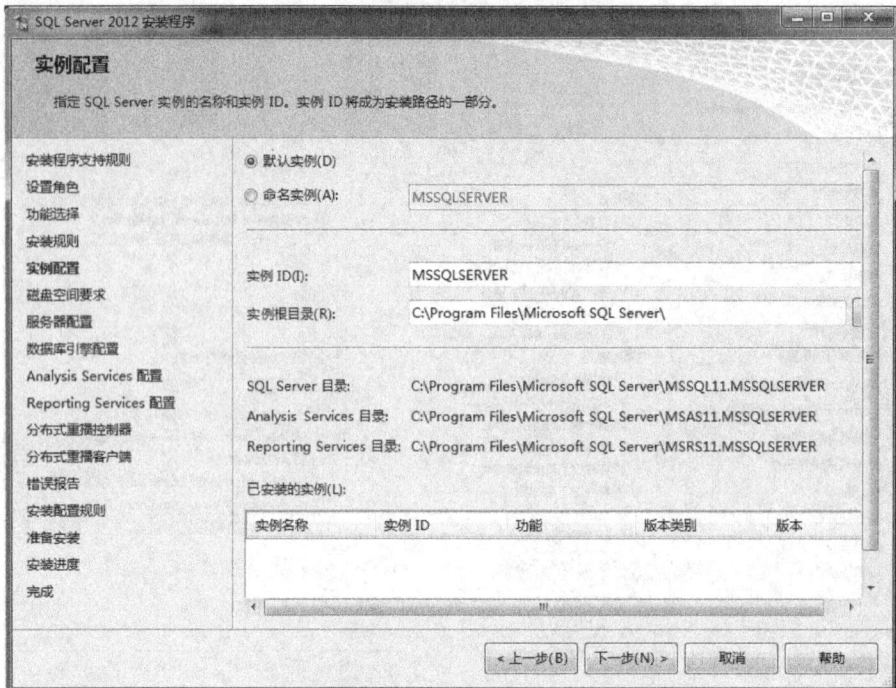

图 1-23 "实例配置"界面

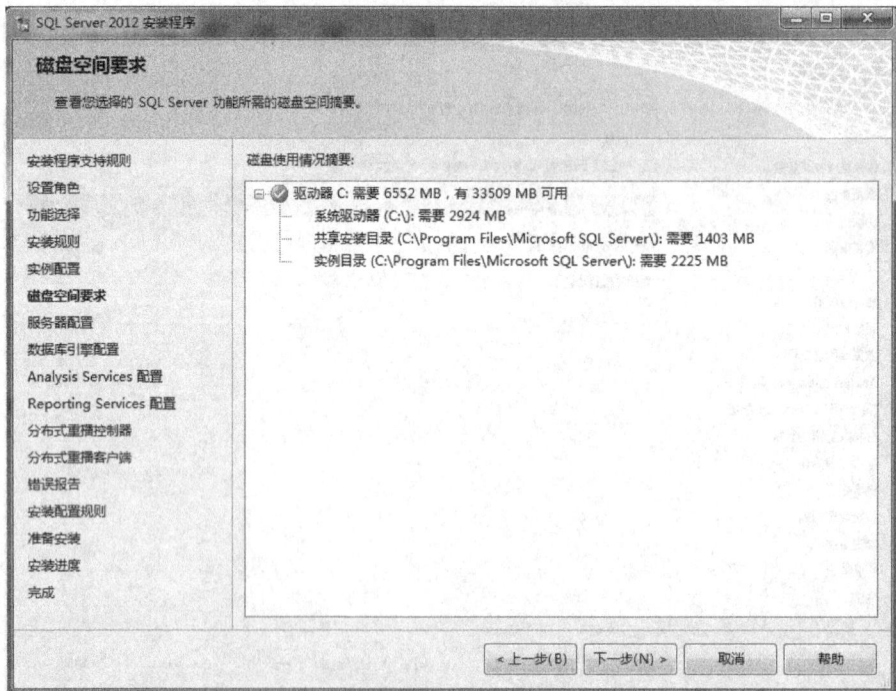

图 1-24 "磁盘空间要求"界面

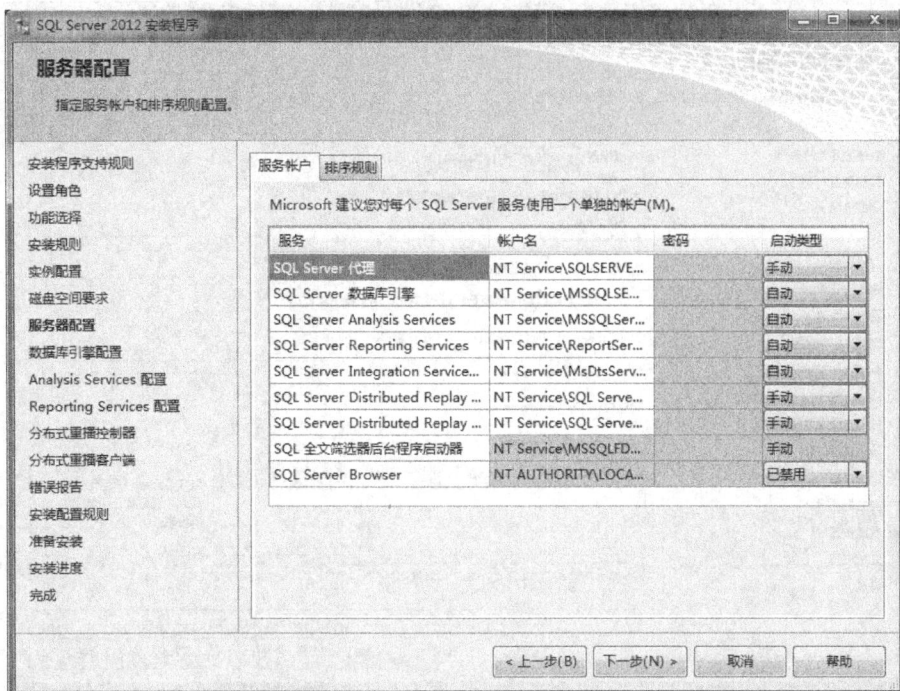

图 1-25 "服务器配置"界面

（8）在数据库引擎配置界面为数据库引擎指定身份验证模式、管理员与密码。SQL Server 提供两种身份验证模式，分别是 Windows 身份验证模式和混合模式（SQL Server 身份验证和 Windows 身份验证）。

① Windows 身份验证模式。用户一旦登录 Windows 就可以连接数据库。

② 混合模式。既可以使用 Windows 身份验证，也可以使用 SQL Server 身份验证连接数据库，并可为 SQL Server 系统管理员账户提供一个密码。sa（System Administrator）是默认的 SQL Server 超级管理员账户，对 SQL Server 具有完全的管理权限。

本例中设置身份验证模式为混合模式，并为系统管理员（sa）账户设置密码，单击"添加当前用户"按钮将当前用户设置为管理员，如图 1-26 所示。

（9）在"Analysis Services 配置"界面中单击"添加当前用户"按钮为服务设置管理员，如图 1-27 所示。在"Reporting Services 配置"界面中选择默认的"安装和配置"单选按钮，如图 1-28 所示。

（10）在"分布式重播控制器"界面中单击"添加当前用户"按钮为服务设置管理员，如图 1-29 所示。单击"下一步"按钮进入"分布式重播客户端"界面，选择默认设置，如图 1-30 所示。

（11）在接下来的"错误报告"界面中，可选择是否将错误报告发送给 Microsoft 公司，如图 1-31 所示。单击"下一步"按钮进入"安装配置规则"界面，再次进行规则验证，如图 1-32 所示，全部通过后单击"下一步"按钮进入"准备安装"界面，显示所有的配置

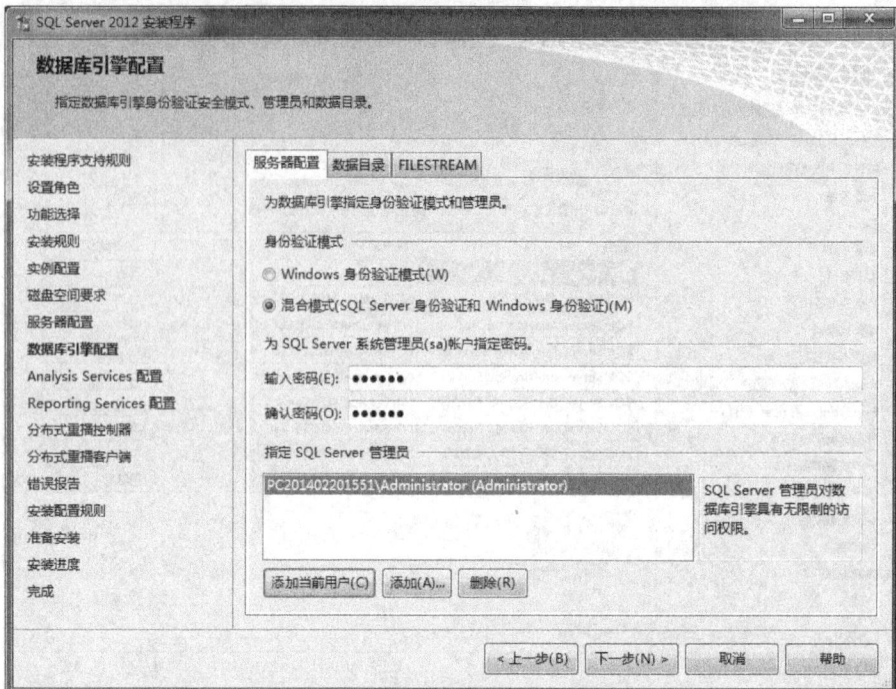

图 1-26　"数据库引擎配置"界面

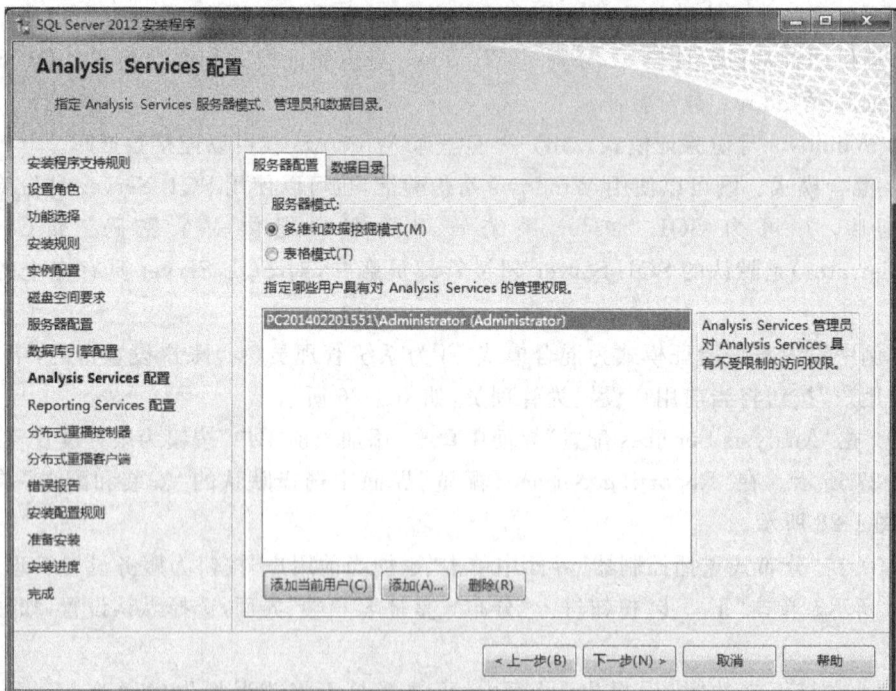

图 1-27　"Analysis Services 配置"界面

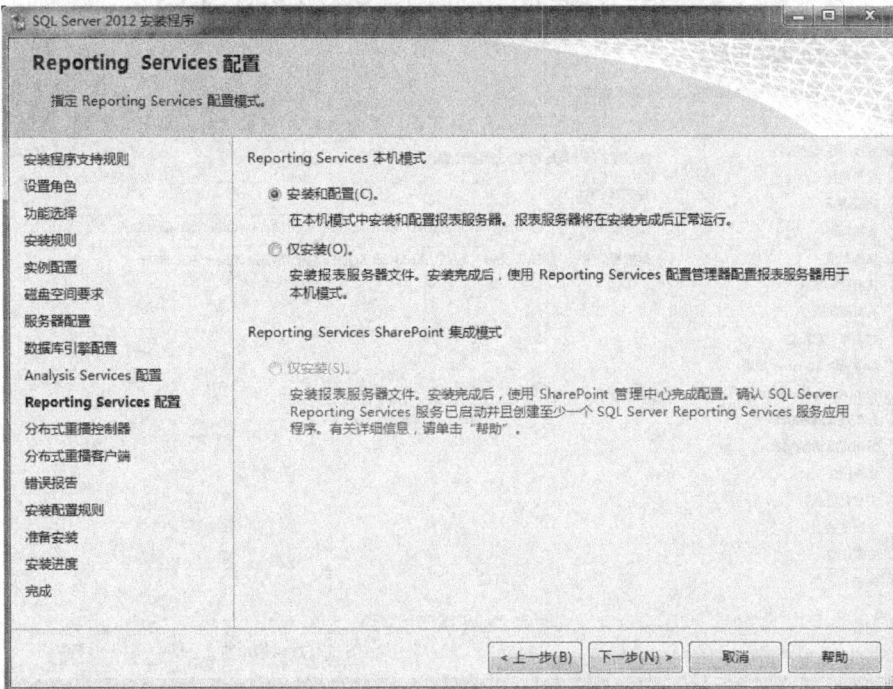

图 1-28 "Reporting Services 配置"界面

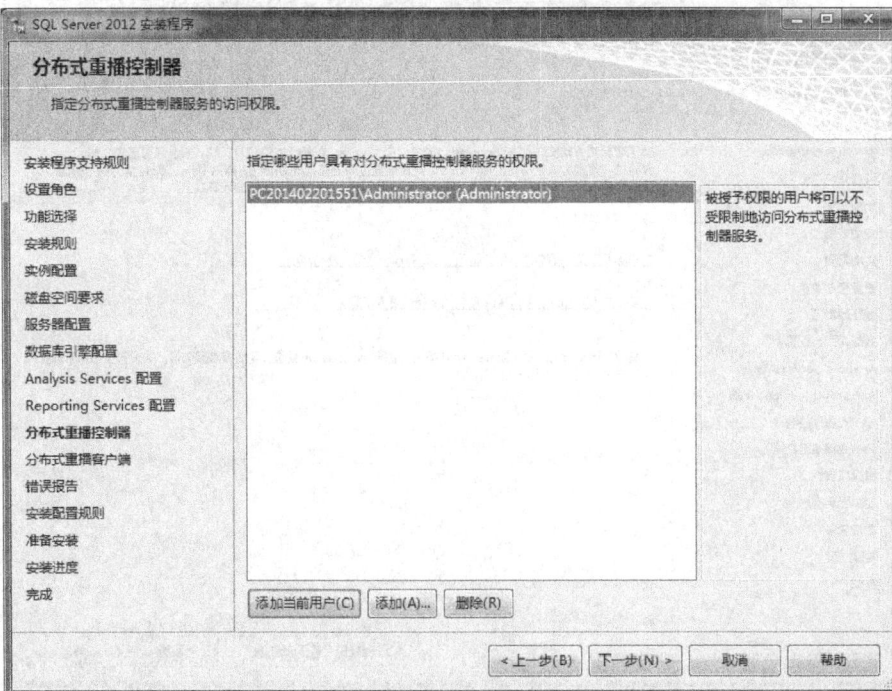

图 1-29 "分布式重播控制器"界面

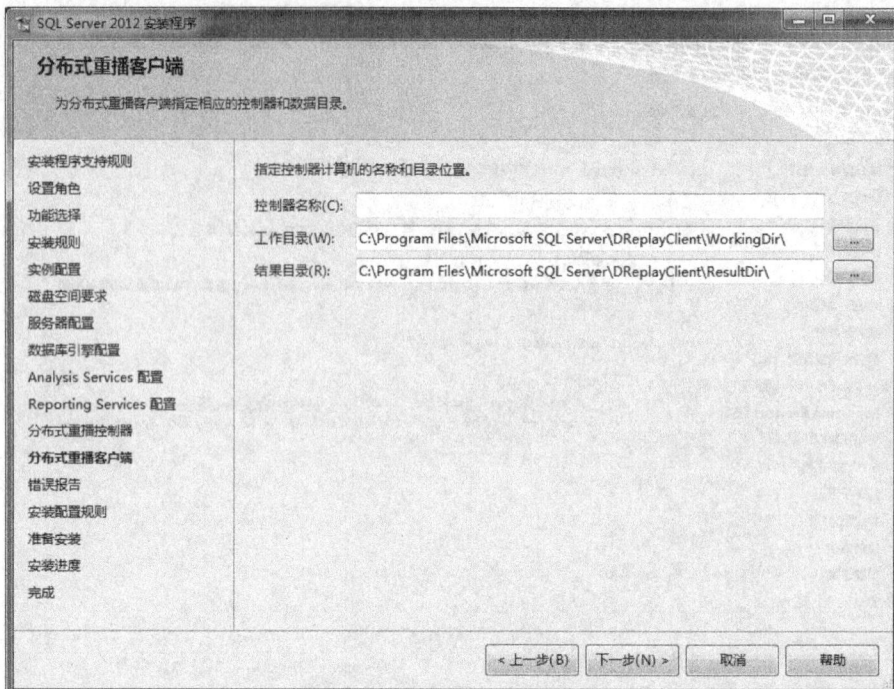

图 1-30 "分布式重播客户端"界面

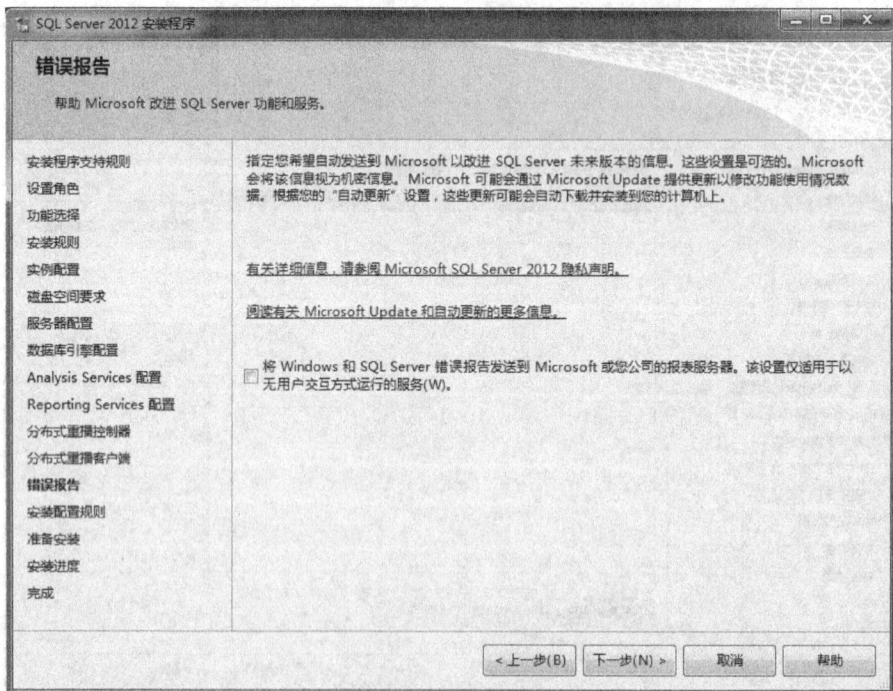

图 1-31 "错误报告"界面

信息,如图 1-33 所示,单击"安装"按钮,显示"安装进度"界面,如图 1-34 所示,安装进度根据硬件环境的差异会有所不同,大约持续 30 分钟。

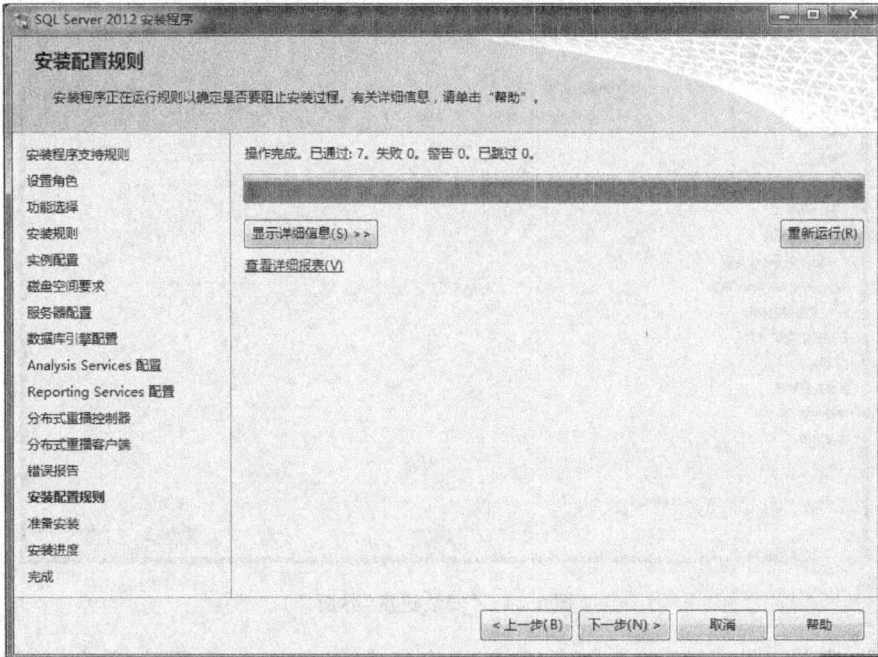

图 1-32 "安装配置规则"界面

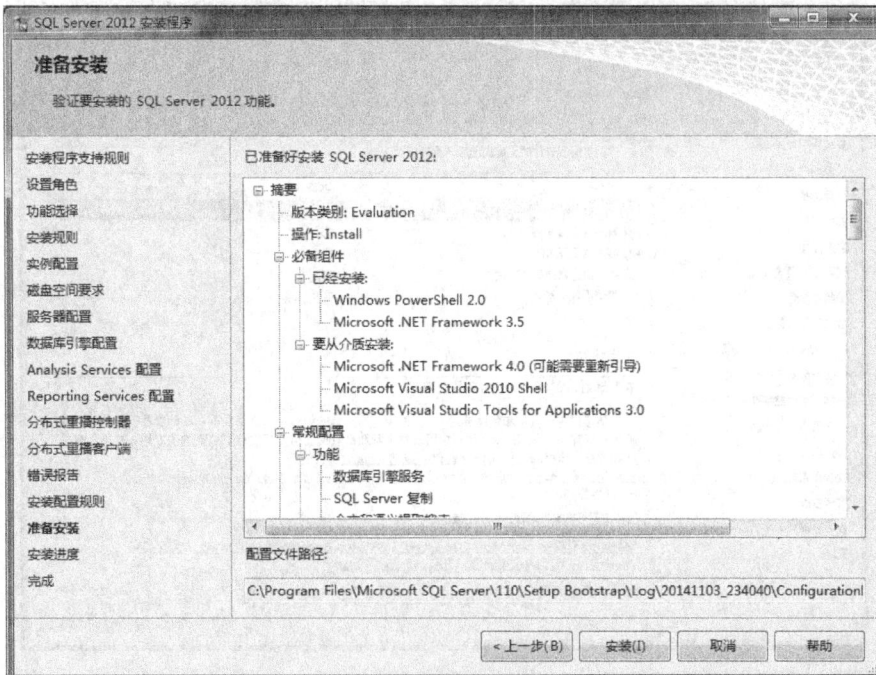

图 1-33 "准备安装"界面

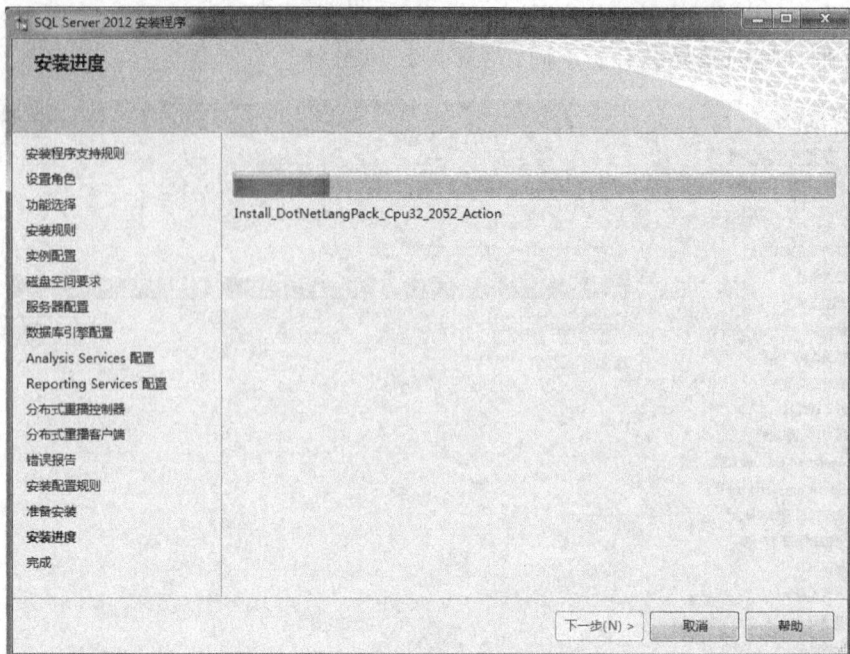

图 1-34 "安装进度"界面

（12）安装完成后显示"完成"界面，表示安装成功，如图 1-35 所示，单击"关闭"按钮完成 SQL Server 2012 的安装。

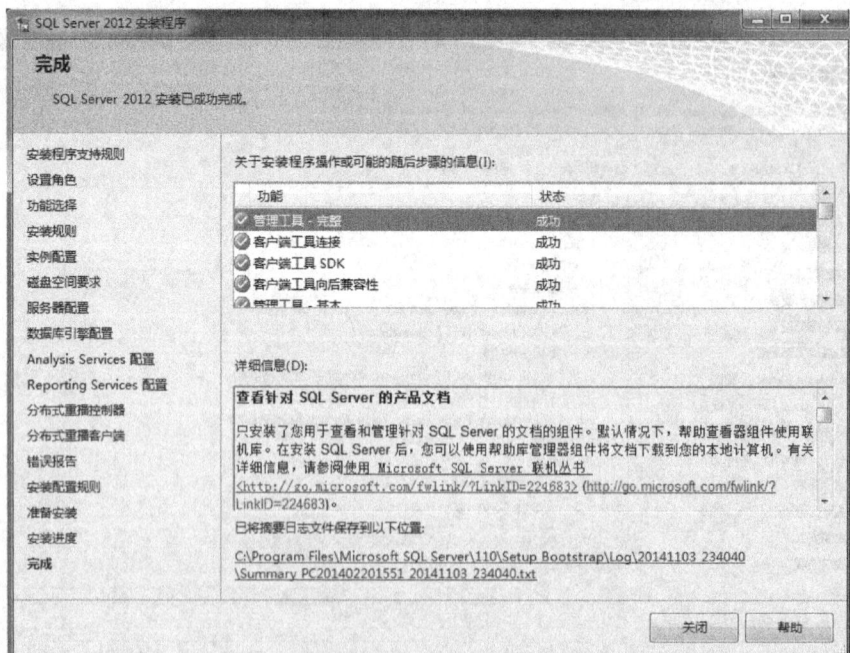

图 1-35 "完成"界面

1.3.3　SQL Server 2012 常用管理工具

SQL Server 2012 安装完成后,在"开始"→"所有程序"→Microsoft SQL Server 2012 下会提供很多管理工具,如图 1-36 所示,用于实现对系统快速、高效的管理。

1. SQL Server Management Studio(SSMS)

SQL Server Management Studio(SSMS)是一个高度集成的管理平台,用于访问、配置、控制、管理和开发 SQL Server 的所有组件。SSMS 将多样化的图形工具与多种功能齐全的脚本编辑器组合在一起,提供了可视化的管理开发环境,可为各种技术级别的开发人员和管理员提供对 SQL Server 的访问。同时在单独的 SSMS 控制台中支持注册多个 SQL Server,从而实现对多个 SQL Server 实例的管理。

2. SQL Server 配置管理器

SQL Server 配置管理器用于管理与 SQL Server相关的服务,如 SQL Server 代理、Analysis Services、Reporting Services 等,设置服务的启动、停止、暂停

图 1-36　SQL Server 2012 管理工具

等,查看或更改服务使用账户与服务属性,并用于配置和管理已安装客户端以及服务器端通信协议。

3. 数据库引擎优化顾问

数据库引擎优化顾问用于检查指定数据库中处理查询的方式,并提供修改物理结构的建议,如添加、修改、删除索引、索引视图与分区等,从而改善查询处理性能、优化数据库的结构。

4. SQL Server Profiler

SQL Server Profiler 是一个图形化的工具,用于监视、检查和记录数据库的使用情况。SQL Server Profiler 可以将捕获的来自服务器的数据库事件保存在一个跟踪文件中,并对文件进行分析,或在诊断某个问题时对文件进行重放。

1.4　实训

(1) 设有关系模式 R(学号,姓名,性别,房间号,床位数,住宿费,楼栋号,楼栋区域,管理员),该模式用于管理学生的住宿信息。如果规定每名学生只能住在一个房间中,一个房间可以住多名学生,每个房间有确定的床位数与住宿费,每栋楼有多个房间,有确定的楼栋区域与管理员。依据该规则完成下列问题。

① 说明关系模式 R 是否满足 3NF,并说明理由。

② 将关系模式 R 进行规范化处理,使其满足 3NF。

③ 在分解后的每一个关系模式中标明主码与外码,并说明关系模式间的联系类型。

(2) 设计一个美发店会员信息管理数据库,管理规则如下。

① 每名会员有会员编号、会员姓名、联系电话、会员等级、账户余额、注册日期等信息。每名业务员有业务员编号、业务员姓名、类型、基本工资、进店日期等信息。

② 会员可以进行多次充值,每次充值需要确定充值金额、充值日期,产生一个充值编号。

③ 每名业务员可以为多名会员服务,每名会员也可以接受多名业务员的服务。会员每次消费后产生一个消费编号,有消费日期与金额。

依据以上规则绘制 E-R 模型,并转换为关系模式,对关系模式进行规范化处理。

(3) 检查系统的软件、硬件配置,安装 SQL Server 2012。

小结

本章主要介绍了数据库基本概念、数据库设计与 SQL Server 2012 简介。主要内容如下。

(1) 数据、数据库、数据库管理系统、数据库系统的基本概念。

(2) 数据库技术的发展经历了人工管理阶段、文件系统阶段、数据库系统阶段。

(3) 3 种常见的数据模型有层次模型、网状模型、关系模型。

(4) 现实世界、信息世界、机器世界的信息描述如表 1-6 所示。

表 1-6　现实世界、信息世界、机器世界的信息描述

现 实 世 界	信 息 世 界	机 器 世 界
事物	实体	记录/元组
事物的特征	属性	属性/字段
若干特征刻画的事物	实体型	关系模式
同类事物的集合	实体集	关系/表

(5) 两个实体间的联系类型有一对一、一对多、多对多联系。

(6) 关系模式的规范化通常满足第三范式(3NF)即可。

(7) 关系运算有两类:一类是传统的集合运算(包括并、交、差与广义笛卡儿积);另一类是专门的关系运算(选择、投影、连接)。

(8) 规范化的数据库设计通常分为 6 个阶段,即需求分析、概念结构设计、逻辑结构设计、物理结构设计、数据库实施、数据库的运行与维护。

(9) SQL Server 2012 是 Microsoft 公司的关系型数据库管理系统,具有企业版、商业智能版、标准版、Web 版、开发版、精简版等多个版本,本章详细介绍了其安装过程。

思考与习题

1. 什么是数据库？列举几种常用的数据库管理系统。
2. 举例说明生活中都用到了哪些数据库应用系统及其对生活的影响。
3. 关系模型中关系的特点有哪些？
4. 实体间的联系类型有哪几种，分别举例说明。
5. 简单描述关系模式规范化中 1NF、2NF、3NF 的基本要求。
6. 启动 SQL Server 2012 的常用管理工具，熟悉其应用环境。

第 2 章

数据库的创建与管理

引 言

　　创建和管理数据库是进行数据管理的基础。

　　本章主要内容是 SQL Server 数据库、数据库的创建与数据库的管理。

2.1 SQL Server 数据库

　　数据库(DB)是一个长期存储在计算机内的、有组织的、能共享的、统一管理的数据集合,是 SQL Server 2012 服务器管理的基本单位。在 SQL Server 2012 中包含多种类型的数据库对象,主要包括表、视图、索引、存储过程、触发器和约束等。数据管理通过创建和操作这些数据库对象完成。在后续章节依次对这些数据库对象进行介绍。

2.1.1 SQL Server 数据库类型

　　SQL Server 2012 中的数据库分为系统数据库和用户数据库。

　　系统数据库存储有关 SQL Server 的系统信息,它们是 SQL Server 2012 管理数据库的依据。如果系统数据库遭到破坏,SQL Server 不能正常启动。系统数据库包括以下几个数据库。

　　(1) master 数据库。master 数据库用于保存 SQL Server 的所有系统信息,包括登录账户、系统配置、其他数据库和数据库文件的位置。

　　(2) model 数据库。model 数据库是一个模板数据库。在创建数据库的时候,SQL Server 便以 model 数据库为模板,将其全部的内容复制到新建的数据库中。如果在 model 数据库中添加了新的对象,那么在以后创建一个新的数据库时,都会将 model 数据库中新添加的对象包含进去。

　　(3) msdb 数据库。msdb 数据库是 SQL Server 代理程序的专用数据库,用于保存警报、作业、记录操作以及相关的调度信息。

（4）tempdb 数据库。tempdb 数据库用于保存所有的临时表、临时存储过程和 SQL Server 当前使用的数据表。tempdb 数据库是全局资源，所有连接到系统的用户的临时表和存储过程都存储在这个数据库中。tempdb 数据库的大小将根据需要自动增加，但是在 SQL Server 数据库服务器每次启动时都将要重新创建这个数据库，使得 tempdb 数据库恢复原来的状态，即恢复为默认的大小。tempdb 数据库重新创建的时候会把所有的内容都删除掉。

在创建数据对象的时候，最好不要在 master、model、msdb 和 tempdb 等系统数据库中创建，这样可能对系统数据库造成某种破坏，为以后的数据库管理工作带来不便。

2.1.2 SQL Server 数据库文件

文件是数据库的物理体现，每个 SQL Server 数据库至少具有两个操作系统文件：一个数据文件和一个日志文件。数据文件包含数据和对象；日志文件包含恢复数据库中的所有事务所需的信息。为了便于分配和管理，可以将数据文件集合起来放到文件组中。

SQL Server 2012 所使用的文件包括三类文件。

（1）主数据文件（Primary database file），也称主文件，主要用来存储数据库的启动信息、部分或全部数据，是数据库的关键文件。同时，主数据文件是数据库的起点，包含指向数据库中其他文件的指针。每个数据库都有一个主数据文件，其文件扩展名是.mdf。

（2）次要数据文件（Secondary database file），也称辅助数据文件，用于存储主数据文件中未存储的剩余数据和数据库对象。一个数据库可以没有，也可以有多个次要数据文件，其文件扩展名是.ndf。

（3）日志文件（Loggint database file），存放用来恢复数据库所需的事务日志信息。每个数据库必须有一个或多个日志文件，其文件扩展名是.ldf。

为了有效存储和管理数据，可以建立文件组将数据文件集合起来，以便于管理、数据分配和放置。

SQL Server 2012 所使用的文件组包括以下几个。

（1）主文件组。主文件组在创建数据库时自动生成，主要包含主数据文件，默认名称是 PRIMARY。所有系统表都被分配到主文件组中。

（2）用户定义文件组。用户首次创建数据库或以后修改数据库时明确创建的文件组。

（3）默认文件组。如果在数据库中创建对象时没有指定对象所属的文件组，对象将被分配给默认文件组。不管何时，只能将一个文件组指定为默认文件组。如果没有指定默认文件组，则将主文件组作为默认文件组。

文件组中只能包含数据文件，日志文件是不属于任何文件组的。

2.2 数据库的创建

在 SQL Server 2012 中创建数据库有两种方法：一种是使用 SQL Server 对象资源管理器创建数据库；另一种是使用 T-SQL 语句创建数据库。

2.2.1　使用 SQL Server 对象资源管理器创建数据库

【例 2-1】　使用"对象资源管理器"创建 StudentManageDB 数据库,存储在 D:\下,主数据文件名为 StudentManageDB.mdf,初始大小为 5MB,最大文件大小不受限制,文件增量以 10MB 增长;日志文件名为 StudentManageDB_log.ldf,初始大小为 2MB,最大文件大小不受限制,文件增量以 10%增长。

使用"对象资源管理器"创建数据库的操作步骤如下。

(1) 选择"开始"→"所有程序"→ Microsoft SQL Server 2012→ SQL Server Management Studio,启动 SSMS,如图 2-1 所示,并连接到 SQL Server 服务器。

(2) 在"对象资源管理器"的树形目录中,右击"数据库"结点,在弹出的快捷菜单中选择"新建数据库"命令,如图 2-2 所示。

图 2-1　启动 SSMS　　　　图 2-2　创建数据库

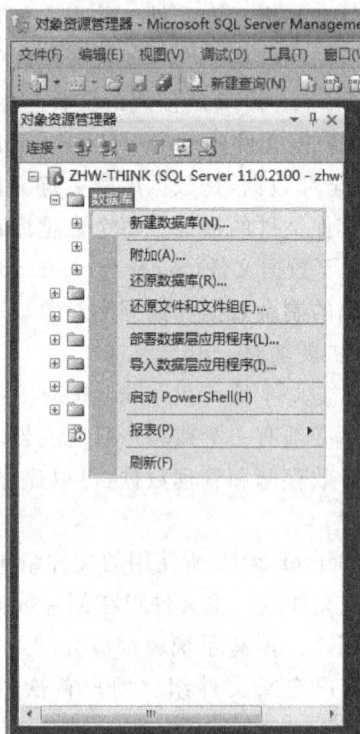

(3) 在弹出的"新建数据库"对话框中,选择"常规"选项页,选择合适的路径,并在"数据库名称"文本框中输入要创建的数据库的名称,此处输入 StudentManageDB,在"所有者"文本框中输入新建数据库的所有者,此处采用默认值,如图 2-3 所示。

(4) 在图 2-3 所示的"数据库文件"列表框中包括两行:一行是主数据文件;另一行是日志文件。通过单击下面的"添加"或"删除"按钮,可以添加或者删除相应的数据文件或日志文件。

StudentManageDB 数据库只有一个主数据文件,初始大小为 5MB,可以单击"自动增长/最大大小"列右侧的按钮,在弹出的对话框中进行设置,将文件增长设置为每次以 10MB 的量增长,最大文件大小为无限制,即可不断自动增长,直到占满整个磁盘。使用同样的方法设置日志文件的初始大小为 2MB,每次以 10% 的量增长,最大文件大小为无限制,如图 2-4 所示。

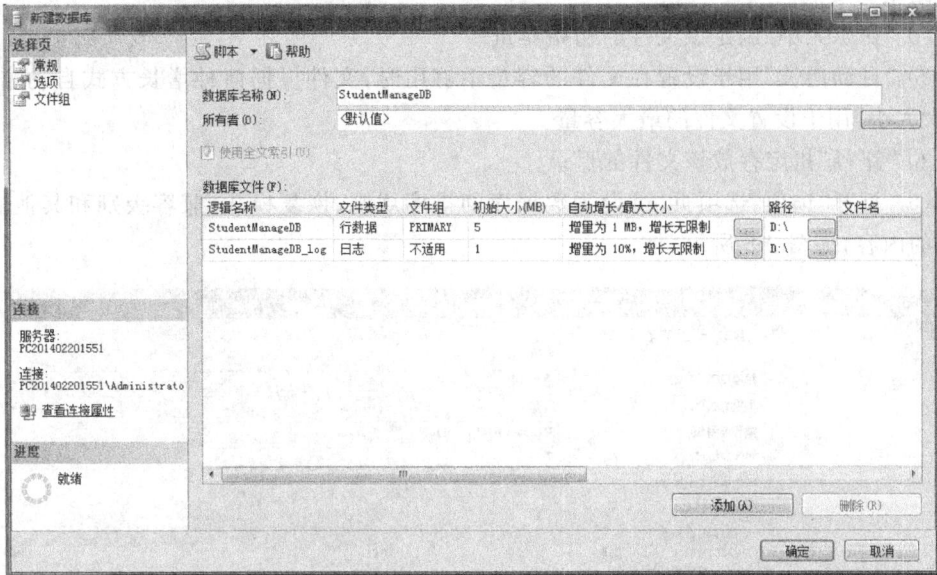

图 2-3　创建数据库

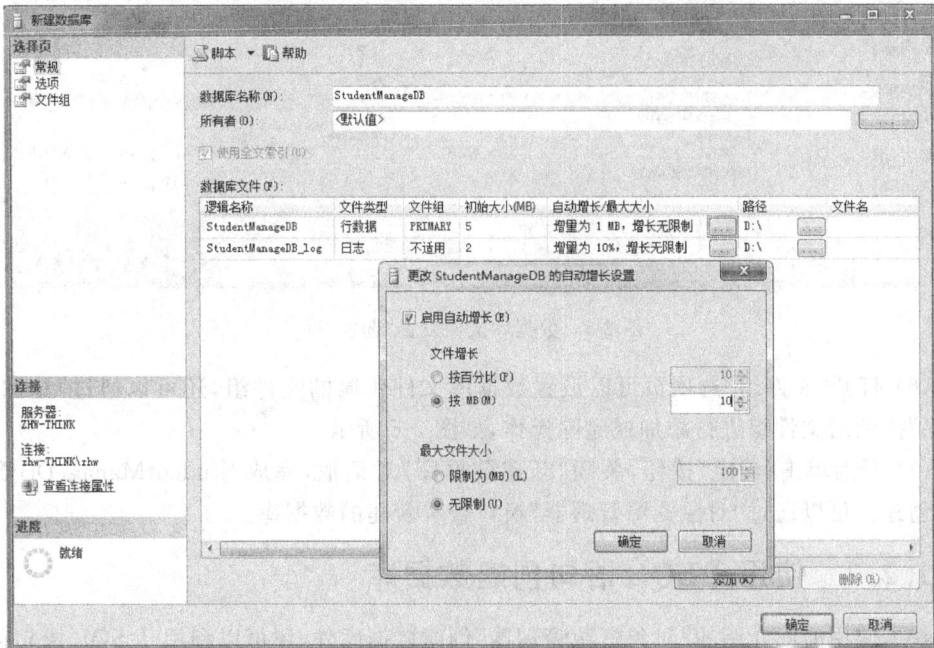

图 2-4　数据库文件设置

该"数据库文件"列表框中各属性值的说明如下。

① "逻辑名称"指定该文件的文件名。

② "文件类型"用于区别当前文件是数据文件还是日志文件。

③ "文件组"显示当前数据库文件所属的文件组。一个数据库文件只能存在于一个文件组里。

④ "初始大小"制定该文件的初始容量。

⑤ "自动增长"用于设置在文件的容量不够用时,文件根据何种增长方式自动增长。"最大大小"用于设置文件的最大容量。

⑥ "路径"指定存放该文件的目录。

(5) 打开"选项"选项页,可设置数据库的排序规则、恢复模式、兼容级别和其他需要设置的内容,如图 2-5 所示。

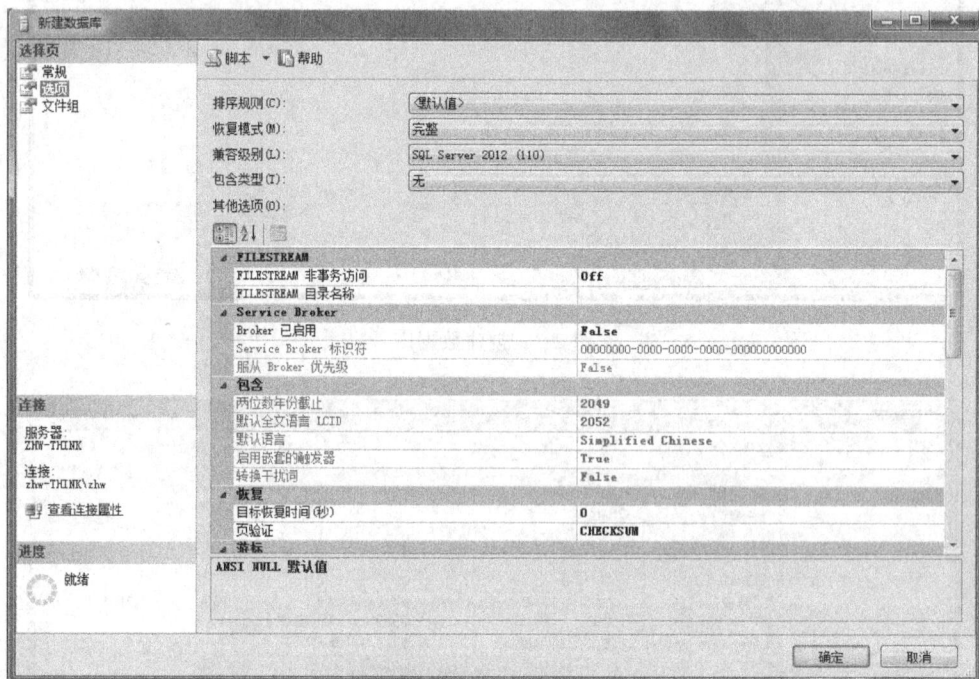

图 2-5   数据库文件设置"选项"页

(6) 打开"文件组"选项页可以设置数据库文件所属的文件组,还可以通过"添加"或"删除"按钮对文件组进行添加或删除操作,如图 2-6 所示。

(7) 最后单击"确定"按钮,关闭"新建数据库"对话框,完成 StudentManageDB 数据库的创建。可以通过"对象资源管理器"窗口查看新建的数据库。

2.2.2　使用 T-SQL 语句创建数据库

除了使用前面介绍的"对象资源管理器"创建数据库外,还可以利用 T-SQL 语句创建数据库,创建时使用 CREATE DATABASE 语句。该语句的语法格式如下:

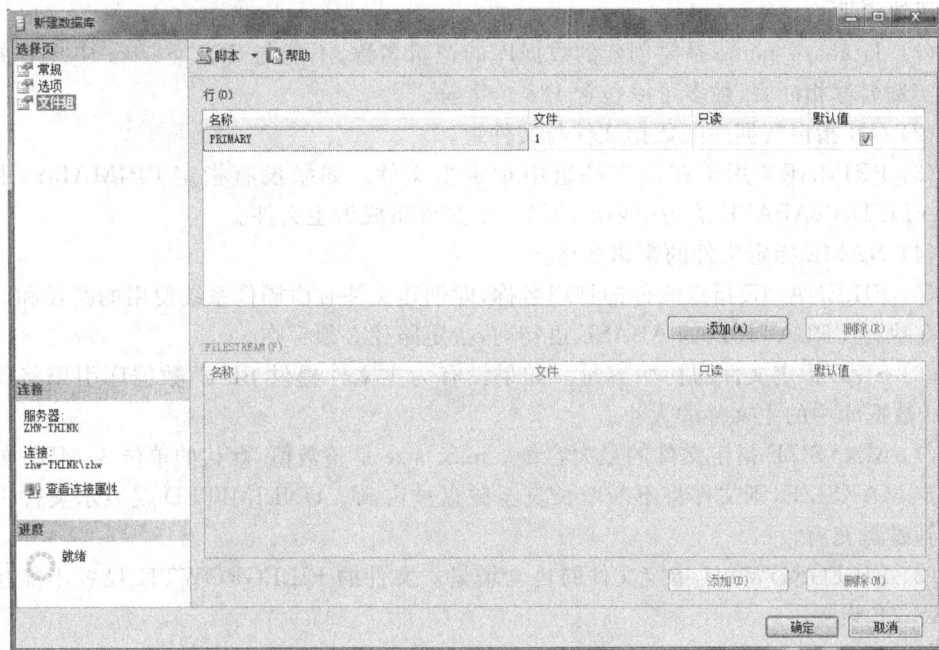

图 2-6　数据库文件设置"文件组"页

```
CREATE DATABASE < database_name >
[ON [PRIMARY]
[< filespec > [,...n]]
[,< filegroup > [,...n]]
]
[[LOG ON {< filespec > [,...n]}]
```

其中，

```
< filespec >::=
{
(NAME = logical_file_name,
FILENAME = 'os_file_name'
[,SIZE = size[KB|MB|GB|TB]]
[,MAXSIZE = {max_size[KB|MB|GB|TB]|UNLIMITED}]
[,FILEGROWTH = growth_increment[KB|MB|GB|TB| % ]]
)[,...n]
}
< filegroup >::=
{FILEGROUP filegroup_name
< filespec > [,...n]
}
```

使用 CREATE DATABASE 语句创建数据库还可以选择以下简单的方式：

```
CREATE DATABASE < database_name >
```

语法说明:

(1) database_name 是要创建的数据库的逻辑名称,不能与 SQL Server 中现有的数据库实例名称相冲突,最多可以包含 128 个字符。

(2) ON 指定数据库的数据文件与文件组。

(3) PRIMARY 用于在主文件组中指定主文件。如果没有指定 PRIMARY,那么 CREATE DATABASE 语句中列出的第一个文件将成为主文件。

(4) NAME 指定文件的逻辑名称。

(5) FILENAME 指定文件的物理名称,即创建文件时由操作系统使用的路径和文件名。在执行 CREATE DATABASE 语句前,指定路径必须存在。

(6) SIZE 指定文件的初始容量。如果没有为主文件提供 SIZE,数据库引擎将使用 model 数据库中的主文件的大小。

(7) MAXSIZE 指定文件的最大容量。max_size 是整数值,默认的单位为 MB。如果不指定 MAXSIZE,则文件将不断增长直至磁盘被占满。UNLIMITED 就表示文件一直增长到磁盘充满。

(8) FILEGROWTH 指定文件的自动增量。文件的 FILEGROWTH 设置不能超过 MAXSIZE 设置。

【例 2-2】 使用 T-SQL 语句创建 TeacherManageDB 数据库,存储在 D:\teacher 下,主数据文件名为 TeacherManageDB. mdf,初始大小为 5MB,最大文件大小为 100MB,文件增量以 5MB 增长;日志文件名为 TeacherManageDB_log. ldf,初始大小为 1MB,最大文件大小为不受限制,文件增量以 10% 增长。

图 2-7 新建查询按钮

其步骤如下。

(1) 打开 SSMS 并连接到 SQL Server 服务器。

(2) 单击 SSMS 窗口左上部分的"新建查询"按钮,如图 2-7 所示,打开新的"查询"窗口。

(3) 在查询窗口中,输入以下语句:

```
CREATE DATABASE TeacherManageDB
ON
(    NAME = 'TeacherManageDB',
     FILENAME = 'D:\teacher\TeacherManageDB.mdf',
     SIZE = 5MB,
     MAXSIZE = 100MB,
     FILEGROWTH = 5MB
)
LOG ON
(    NAME = 'TeacherManageDB_log',
     FILENAME = 'D:\teacher\TeacherManageDB_log.ldf',
     SIZE = 1MB,
     MAXSIZE = UNLIMITED,
     FILEGROWTH = 10 % )
```

(4) 单击工具栏中的"执行"命令,或按 F5 键,执行创建数据库的命令,完成 TeacherManageDB 数据库的创建,如图 2-8 所示。

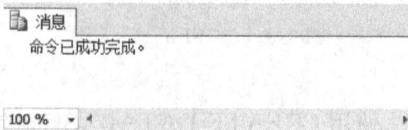

图 2-8 执行结果界面

【例 2-3】　应用简单方式,使用 T-SQL 语句创建 TeacherManageDB1 数据库,所有参数均采用默认值。

在查询窗口中,输入以下语句:

```
CREATE DATABASE TeacherManageDB1
```

语句执行后创建了数据库 TeacherManageDB1。

2.3　数据库的管理

2.3.1　修改与查看数据库

1. 查看数据库

当数据库建立完成后,可以使用"对象资源管理器"和 T-SQL 语句查看数据库的基本信息并进行维护。

1) 使用"对象资源管理器"查看数据库信息

在"对象资源管理器"中,找到要查看信息的数据库,右击该数据库名称,然后在弹出的快捷菜单中选择"属性"命令,打开相应"数据库属性"对话框,如图 2-9 所示。

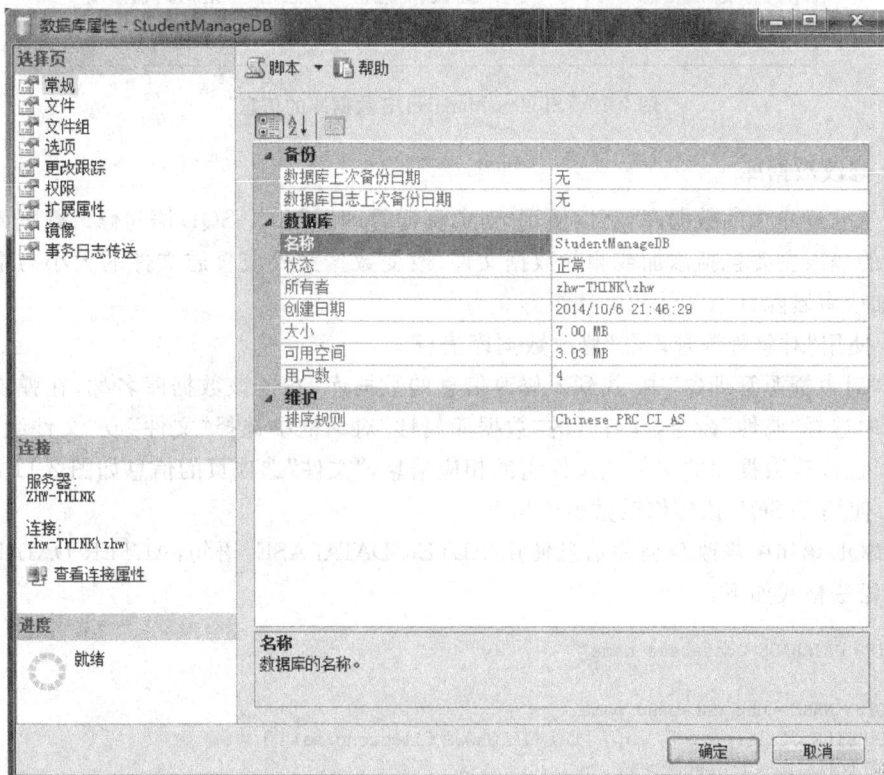

图 2-9　"数据库属性"对话框

在"数据库属性"对话框中,用户可以选择"常规""文件""文件组""选项"或"权限"等选项页,查看数据库的相关信息,并可以修改相应的信息。

2)使用 T-SQL 语句查看数据库信息

在 T-SQL 语言中,有很多种查看数据库信息的语句,其中最常用的方法是执行系统存储过程 sp_helpdb,其语法格式如下:

```
sp_helpdb [<database_name>]
```

如果要查看 StudentManageDB 数据库的信息,需要在查询窗口中输入下列语句:

```
sp_helpdb StudentManageDB
```

语句运行结果如图 2-10 所示。

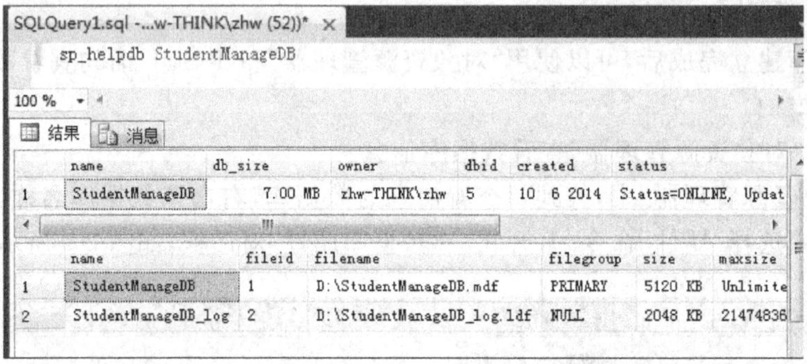

图 2-10　StudentManageDB 数据库的信息

2. 修改数据库

对于已经建立的数据库,可以使用"对象资源管理器"和 T-SQL 语句修改数据库。对数据库的修改主要包括添加或删除数据文件、改变数据文件或日志文件的大小与增长方式,添加或者删除日志文件和文件组等。

1)使用"对象资源管理器"修改数据库信息

在"对象资源管理器"中,找到要修改信息的数据库,右击该数据库名称,在弹出的快捷菜单中选择"属性"命令,在打开的"数据库属性"对话框中选择"文件"或"文件组"选项页,便可以修改数据库的文件或文件组的相应信息,"文件"选项页的信息如图 2-11 所示。

2)使用 T-SQL 语句修改数据库信息

T-SQL 语句中修改数据库信息使用 ALTER DATABASE 语句,ALTER DATABASE语句的语法格式如下:

```
ALTER DATABASE <database_name>
{
MODIFY NAME = new_database_name
|ADD FILE <filespec> [,...n] [ TO FILEGROUP filegroup_name ]
|ADD LOG FILE <filespec> [,...n ]
|ADD FILEGROUP filegroup_name
|REMOVE FILE logical_file_name
|REMOVE FILEGROUP filegroup_name
```

```
|MODIFY FILE <filespec>
|MODIFY FILEGROUP filegroup_name NAME = new_filegroup_name
}
}
```

其中，

```
<filespec>::=
{
(NAME = logical_file_name,
[,NEWNAME = new_logical_name]
[,FILENAME = 'os_file_name']
[,SIZE = size[KB|MB|GB|TB]]
[,MAXSIZE = {max_size[KB|MB|GB|TB]|UNLIMITED}]
[,FILEGROWTH = growth_increment[KB|MB|GB|TB|%]]
)[,...n]
}
```

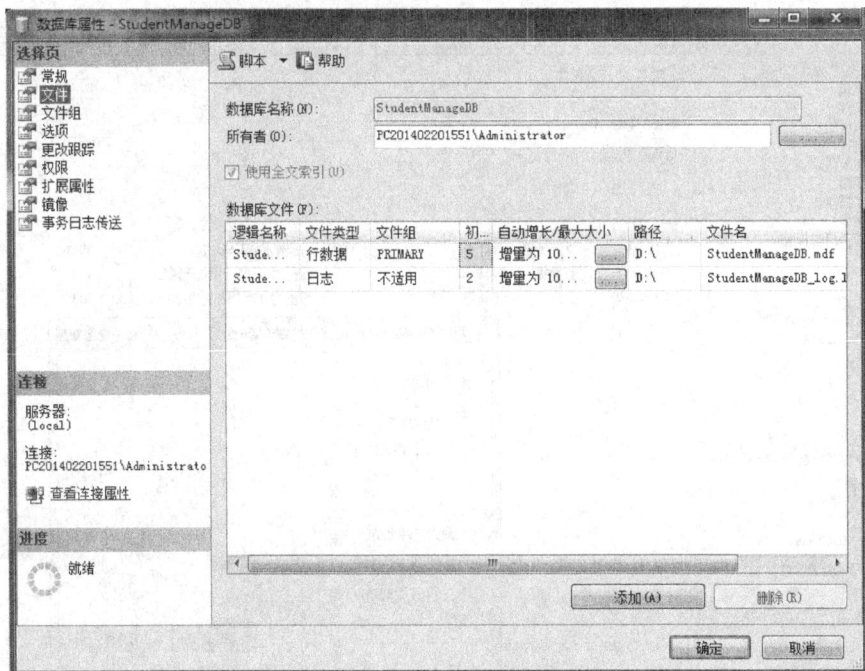

图 2-11 "文件"选项页的信息

语法说明：

(1) database_name 是要修改的数据库的名称。

(2) MODIFY NAME 用于修改数据库的名称，指定新的数据库名称。

(3) ADD FILE 添加关联的<filespec>列表定义的数据文件。

(4) TO FILEGROUP 指定文件添加到的文件组。

(5) ADD LOG FILE 添加关联的<filespec>列表定义的日志文件。

(6) REMOVE FILE 删除 logical_file_name 指定的文件。

（7）REMOVE FILEGROUP 删除 filegroup_name 指定的文件组。

（8）MODIFY FILE 修改关联的＜filespec＞列表定义的文件。

（9）MODIFY FILEGROUP filegroup_name NAME＝ new_filegroup_name 为文件组 filegroup_name 指定新的名称。

【例 2-4】 在"对象资源管理器"中将 StudentManageDB 数据库主数据文件的初始大小修改为 11MB，并修改最大文件大小为 40MB。

其步骤如下。

（1）选择 StudentManageDB 数据库并右击，在弹出的快捷菜单中选择"属性"命令，打开"数据库属性"对话框，单击"文件"选项页。

（2）单击 StudentManageDB"数据库文件"行的"初始大小"列下的文本框，输入 11。

（3）单击"自动增长/最大大小"列右侧的按钮，弹出"更改 StudentManageDB 的自动增长设置"对话框，如图 2-12 所示。在"最大文件大小"中选中"限制为（MB）（L）"单选按钮，在文本框中输入值 40，修改后单击"确定"按钮。

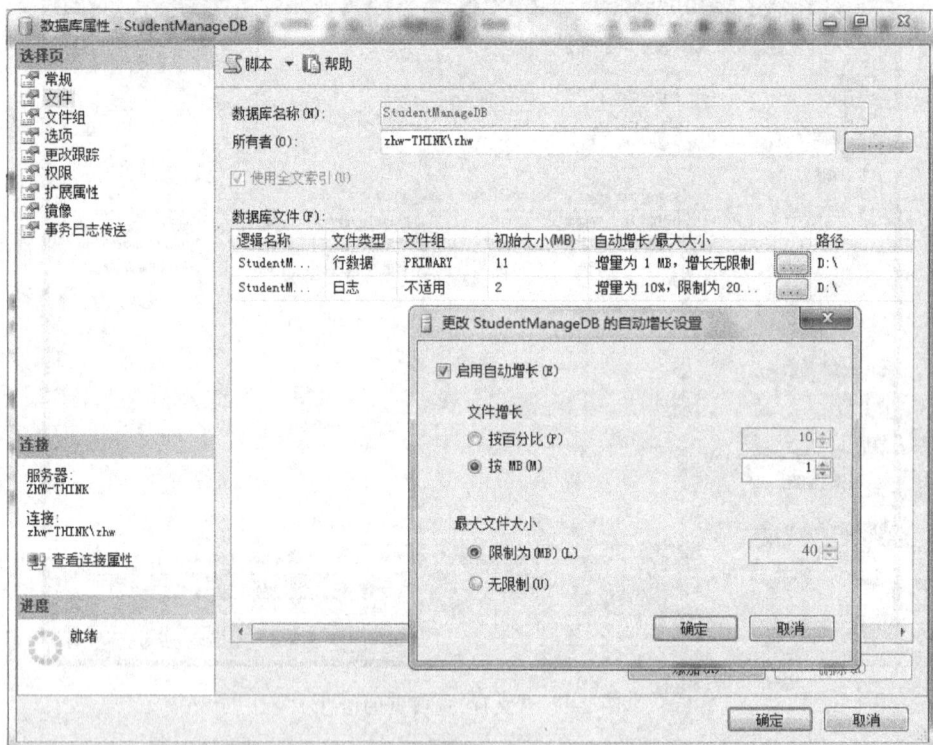

图 2-12　修改 StudentManageDB 数据库

【例 2-5】 使用 T-SQL 语句向 StudentManageDB 数据库中添加一个文件组 Studentgroup，并向 Studentgroup 文件组中添加一个次要数据文件 StudentManageDB2. ndf，存储在 D:\下，初始大小为 1MB，最大文件大小为 10MB，文件增量以 1MB 增长。

```
ALTER DATABASE StudentManageDB
ADD FILEGROUP Studentgroup
```

```
GO
ALTER DATABASE StudentManageDB
ADD FILE
(
  NAME = StudentManageDB2,
  FILENAME = 'd:\StudentManageDB2.ndf',
  SIZE = 1MB,
  MAXSIZE = 10MB,
  FILEGROWTH = 1MB
) TO FILEGROUP Studentgroup
```

【例 2-6】 使用 T-SQL 语句将 StudentManageDB 数据库主数据文件的容量缩减至 25MB。

在查询窗口中,输入以下语句:

```
ALTER DATABASE StudentManageDB
MODIFY FILE
(
NAME = StudentManageDB,
MAXSIZE = 25MB
)
```

【例 2-7】 使用 T-SQL 语句将 StudentManageDB 数据库中次要数据文件 StudentManageDB2.ndf 的名称改为 StudentManageDB1.ndf。

```
ALTER DATABASE StudentManageDB
MODIFY FILE
(
  NAME = StudentManageDB2,
  NEWNAME = StudentManageDB1
)
```

【例 2-8】 使用 T-SQL 语句删除次要数据文件 StudentManageDB1.ndf,并删除文件组 Studentgroup。

```
ALTER DATABASE StudentManageDB
REMOVE FILE StudentManageDB1
GO
ALTER DATABASE StudentManageDB
REMOVE FILEGROUP Studentgroup
```

删除文件组时必须先删除文件组中的文件,包含文件的文件组无法删除。

2.3.2 删除数据库

当一个数据库已经不再使用时,可以将其从 SQL Server 中删除。可以使用"对象资源管理器"和 T-SQL 语句两种方式删除数据库。

1. 使用"对象资源管理器"删除数据库

【例 2-9】 使用"对象资源管理器"删除 TeacherManageDB1 数据库。

其步骤如下：在"对象资源管理器"的树形目录中右击"数据库"结点下要删除的数据库 TeacherManageDB1，在弹出的快捷菜单中选择"删除"命令，将弹出"删除数据库"对话框，单击"确定"按钮，即可完成指定数据库的删除。

2. 使用 T-SQL 语句删除数据库

在 T-SQL 语言中，使用 DROP DATABASE 语句删除数据库，其语法结构如下：

```
DROP DATABASE < database_name > [,...n ]
```

【例 2-10】　使用 T-SQL 语句删除 TeacherManageDB 数据库。

```
DROP DATABASE TeacherManageDB
```

2.3.3　分离与附加数据库

1. 分离数据库

当要移动数据库文件的位置时，首先需要分离数据库。执行分离数据库只是删除数据库在 SQL Server 中的定义，并不会删除数据库存储在磁盘上的数据库文件。

【例 2-11】　使用"对象资源管理器"分离 StudentManageDB 数据库。

其步骤如下。

（1）在"对象资源管理器"的树形目录中，右击要分离的数据库 StudentManageDB，在弹出的快捷菜单中选择"任务"→"分离"命令，如图 2-13 所示。

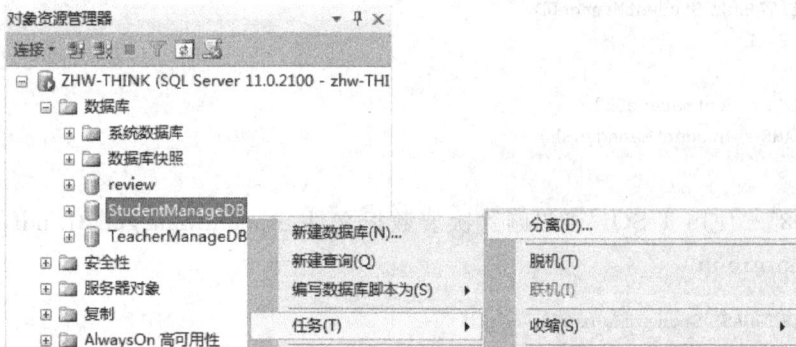

图 2-13　分离数据库

（2）在弹出的"分离数据库"对话框中，单击"确定"按钮，即可使 StudentManageDB 数据库从 SQL Server 中分离。

2. 附加数据库

数据库从 SQL Server 中分离后，可以将数据库文件重新附加给 SQL Server，这样数据库就能再次在 SQL Server 中使用。

【例 2-12】　使用"对象资源管理器"附加 StudentManageDB 数据库。

其步骤如下。

（1）在"对象资源管理器"的树形目录中，右击"数据库"结点，在弹出的快捷菜单中选择"附加"命令。

（2）在弹出的"附加数据库"对话框中，单击"要附加的数据库"文本框下的"添加"按钮，选取所要附加的数据库的主数据文件所在的路径 D：\，选择数据文件 StudentManageDB.mdf，单击"确定"按钮，如图 2-14 所示。

图 2-14　"附加数据库"对话框

2.4　实训

（1）使用 T-SQL 语句创建名为 address_manage_DB 数据库，存储在 D:\下。主数据文件名为 address_manage_DB.mdf，初始大小为 5MB，增量为 1MB，增长无限制；日志文件名为 address_manage_DB_log.ldf，初始大小为 2MB，增量为 10%，限制为 2097152MB。

(2) 使用 T-SQL 语句查看 address_manage_DB 数据库的信息。

(3) 使用 T-SQL 语句将 address_manage_DB 数据库中的主数据文件的初始大小由原来的 5MB 扩充为 10MB,日志文件的初始大小由原来的 2MB 扩充为 4MB。

(4) 使用 T-SQL 语句向 address_manage_DB 数据库中添加一个次要数据文件 address_manage_DB2.ndf,初始大小为 5MB,最大文件大小为 20MB,文件增量以 10MB 增长。

(5) 使用 T-SQL 语句删除次要数据文件 address_manage_DB2.ndf。

(6) 使用"对象资源管理器"分离 address_manage_DB 数据库,并移动数据库的位置。

(7) 使用"对象资源管理器"附加 address_manage_DB 数据库。

(8) 使用 T-SQL 语句删除 address_manage_DB 数据库。

小结

本章主要讲述了 SQL Server 数据库的基本知识、数据库创建与管理。主要内容如下。

(1) SQL Server 2012 用文件来存放数据库,即将数据库映射到操作系统文件上。数据库文件有 3 类:主数据文件、次要数据文件和日志文件。

(2) SQL Server 2012 数据库中的数据在逻辑上被组织成一系列对象,包括表 (table)、视图(view)、索引(index)、存储过程(stored procedure)、触发器(trigger)和约束 (constraint)等。

(3) SQL Server 2012 有 master 数据库、tempdb 数据库、model 数据库和 msdb 数据库 4 个系统数据库。

(4) 可以使用"对象资源管理器"和 T-SQL 语句两种方式创建、查看、修改和删除数据库。

(5) 创建、修改、删除数据库的语句分别为 CREATE DATABASE、ALTER DATABASE、DROP DATABASE。

思考与习题

1. SQL Server 数据库类型包括哪些?
2. SQL Server 系统数据库包括哪些? 其作用分别是什么?
3. SQL Server 数据库文件类型有哪些?
4. 简述使用 T-SQL 语句创建、修改、删除数据库的语法规则。

第 3 章

数据表的创建与管理

引言

> 表是数据库的重要对象。为了在数据库中存储数据,首先需要建立表结构;然后输入数据,并可以对表的结构和数据进行修改和操作。在建立表结构之前,先要对表中的数据类型有所了解。
>
> 本章主要内容是表结构与数据类型、表的创建与管理、数据完整性。

3.1 表结构与数据类型

3.1.1 数据类型

在 SQL Server 中,数据类型是一种属性,决定了数据的存储格式以及数据所占用的空间。SQL Server 2012 提供的常用系统数据类型可以分为以下几类。

1. 字符数据类型

(1) char(n)。固定长度的非 Unicode 字符数据类型。n 用于定义字符数据的长度,n 的取值范围为 1～8000。存储大小为 nB。

(2) varchar(n)。可变长度的非 Unicode 字符数据类型。n 表示字符串可达到的最大长度。n 的取值范围为 1～8000。存储大小为所输入字符的实际长度＋2B。

(3) text。长度可变的非 Unicode 字符数据类型,字符串最大长度为 $2^{31}-1(2147483647)$B,用于存储大量的字符数据。

(4) nchar(n)。固定长度的 Unicode 字符数据类型。n 用于定义字符数据的长度,n 的取值范围为 1～4000。存储大小为 nB 的 2 倍。当排序规则代码页使用双字节字符时,存储大小仍然为 nB。

(5) nvarchar(n)。可变长度的 Unicode 字符数据类型。n 表示字符串可达到的最大长度。n 的取值范围为 1～4000。存储大小(以 B 为单位)是所输入字符实际长度的

2 倍＋2B。

(6) ntext。长度可变的 Unicode 字符数据类型,字符串最大长度为 $2^{30}-1$(1073741823)个字节。存储大小是所输入字符长度的两倍(以 B 为单位)。

char、varchar、text 与 nchar、nvarchar、ntext 的使用相似,只是采用的字符集不同,前者采用的是 ASCII 字符集,后者采用的是 Unicode 字符集。

2. 精确数值数据类型

(1) bit,取 0、1 或 Null,存储空间为 1B。

(2) tinyint,取 0~255 之间的整数,存储空间为 1B。

(3) smallint,取 -2^{15}~$2^{15}-1$ 之间的整数,存储空间为 2B。

(4) int,取 -2^{31}~$2^{31}-1$ 之间的整数,存储空间为 4B。

(5) bigint,取 -2^{63}~$2^{63}-1$ 之间的整数,存储空间为 8B。

(6) numeric(p,s)或 decimal(p,s),取 $-10^{38}+1$~$10^{38}-1$ 之间的数值,存储空间最多为 17B,可存储小数点右边或左边的变长位数。p(precision)为总位数;s(scale)是小数点右边的位数。

(7) money,取 -2^{63}~$2^{63}-1$ 之间的数据,存储空间为 8B。

3. 近似数值数据类型

(1) float,取 $-1.79E+308$~$1.79E+308$ 之间的数值,存储空间为 8B。

(2) real,取 $-3.40E+38$~$3.40E+38$ 之间的数值,存储空间为 4B。

4. 二进制数据类型

(1) binary(n)。长度为 nB 的固定长度二进制数据,其中 n 的取值范围为 1~8000。存储大小为 nB。

(2) varbinary(n)。可变长度二进制数据。n 的取值范围为 1~8000。存储大小为所输入数据的实际长度＋2B。

(3) image。用于存储照片、图片等,实际存储的是长度可变的二进制数据,为 0~$2^{31}-1$B。

5. 日期和时间数据类型

(1) Date。0001 年 1 月 1 日至 9999 年 12 月 31 日格式的数据,存储空间为 3B。

(2) Time。小时:分钟:秒.[n]格式的时间数据,n 是 0~7 位数据,范围为 0~9999999,表示秒的小数部分,存储空间为 3~5B。

(3) Datetime。1753 年 1 月 1 日至 9999 年 12 月 31 日格式的数据,精确到最近的 3.33ms,存储空间为 8B。

(4) Datetime2(n)。0001 年 1 月 1 日至 9999 年 12 月 31 日格式的数据,n 的取值范围为 0~7,指定小数秒的位数,存储空间为 6~8B。

(5) SmalldateTime。1900 年 1 月 1 日至 2079 年 6 月 6 日,精确到 1min 的数据,存储空间为 4B。

3.1.2　表结构的设计

数据库创建完成之后,需要决定进行数据存储的数据结构。在数据库中,需要创建表

进行数据存储。在创建表之前,需要确定表的下列特征:

① 表要包含的列;

② 每一列数据的数据类型和长度;

③ 哪些列允许空值。

在已经创建的 StudentManageDB 数据库中,需要创建 3 个表进行数据存储,3 个表的结构分别如表 3-1 至表 3-3 所示。

表 3-1 Student 表的结构

列　　名	数据类型	是否允许空	说　　明
Stu_Id	char(10)	否	学号,主键
Stu_Name	varchar(20)	否	姓名
Stu_Sex	char(2)	是	性别
Stu_Birthday	date	是	出生日期
Stu_MCCP	bit	是	是否党员
Stu_EnterScore	int	是	入学成绩
Stu_Major	varchar(20)	是	专业
Stu_NativePlace	varchar(10)	是	籍贯
Stu_Subsidy	money	是	补助
Stu_Remark	varchar(50)	是	备注

表 3-2 SC_result 表的结构

列　　名	数据类型	是否允许空	说　　明
Stu_Id	char(10)	否	学号
Cour_Id	char(5)	否	课程编号
Score	int	是	考试成绩

表 3-3 Course 表的结构

列　　名	数据类型	是否允许空	说　　明
Cour_Id	char(5)	否	课程编号,主键
Cour_Name	varchar(20)	否	课程名称
Cour_Credit	tinyint	是	学分
Cour_Period	smallint	是	学时

表结构说明如下。

(1) 表名:每个表都有一个名字,以标识该表。

(2) 列名:每个记录由若干个数据项(列)构成,使用列名标识记录的每个数据项。

(3) 数据类型:每个列都有其数据类型,即该列的取值类型。

(4) 是否允许空:空值(NULL)通常表示未知、不可用或将在以后添加的数据。若某列允许为空,输入数据时可以不输入,若不允许为空,则输入数据时必须输入。

如果在一个数据库中使用多张表进行数据存储,还需要通过建立表间关系来反映数据之间的联系。上述 3 个表间的关系如图 3-1 所示。

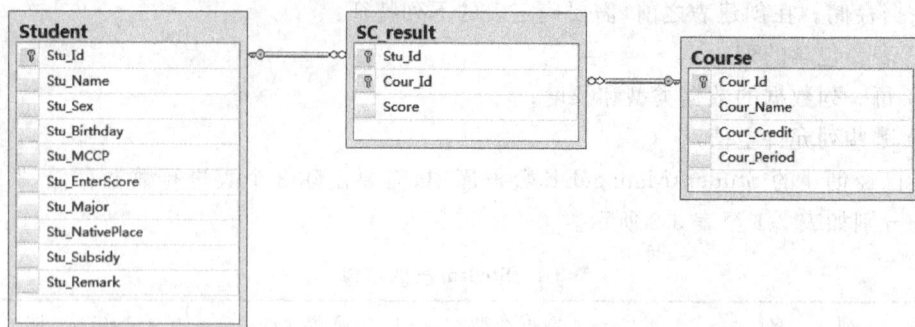

图 3-1　StudentManageDB 数据库中 3 个表间的关系

3.2　表的创建与管理

3.2.1　创建表

在 SQL Server 中,可以使用"对象资源管理器"和 T-SQL 语句两种方法创建表。

1. 使用"对象资源管理器"创建表

【例 3-1】　使用"对象资源管理器"在 StudentManageDB 数据库中创建表 Student,结构如表 3-1 所示。

其步骤如下。

(1) 启动 SSMS,在"对象资源管理器"中展开"数据库"结点下面的 StudentManageDB 数据库,右击"表"结点,在弹出的快捷菜单中选择"新建表"命令,如图 3-2 所示。

(2) 根据 Student 表的结构,在打开的"设计表"窗口中输入每一个列的列名、数据类型及相关信息,如图 3-3 所示。

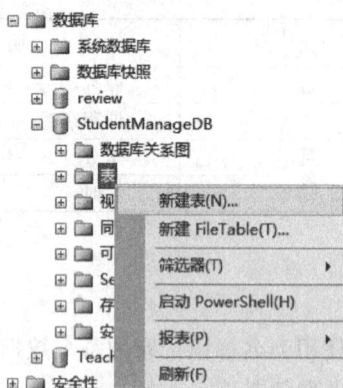

列名	数据类型	允许 Null 值
Stu_Id	char(10)	
Stu_Name	varchar(20)	
Stu_Sex	char(2)	☑
Stu_Birthday	date	☑
Stu_MCCP	bit	☑
Stu_EnterScore	int	☑
Stu_Major	varchar(20)	☑
Stu_NativePlace	varchar(10)	☑
Stu_Subsidy	money	☑
Stu_Remark	varchar(50)	☑

图 3-2　新建表　　　　　　　　　图 3-3　Student 表的设计窗口

(3) 在表中所有列定义完成后,单击工具栏上的保存按钮 ▣ ,在弹出的"选择名称"对话框中输入创建的表名 Student,如图 3-4 所示。单击"确定"按钮,完成创建表的操作。

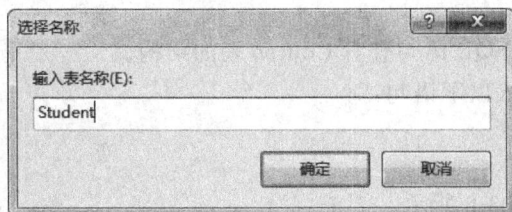

图 3-4 输入表名

2. 使用 T-SQL 语句创建表

使用 T-SQL 语言中的 CREATE TABLE 语句创建表，CREATE TABLE 语句的语法格式如下：

```
CREATE TABLE <table_name>
(
{<column_name> datatype [NOT NULL|NULL]}
[,...n]
)
```

语法说明：

（1）table_name 是所创建的表的名称，表名在一个数据库内必须唯一。

（2）column_name 是列名，列名在一个表内必须唯一。

（3）datatype 是该列的数据类型，对于需要给定数据最大长度的类型，在定义时要给出长度，如 char(10)。

（4）NOT NULL|NULL 指示该列是否允许输入空值，默认可以为空。

【例 3-2】 在 StudentManageDB 数据库中，使用 T-SQL 语句创建 Course 表，表结构如表 3-3 所示。

在新建查询窗口中，输入以下语句：

```
CREATE TABLE Course
(
Cour_Id char(5) NOT NULL,
Cour_Name varchar(20) NOT NULL,
Cour_Credit tinyint,
Cour_Period smallint
)
```

【例 3-3】 使用"对象资源管理器"查看 Student 表的结构。

其步骤如下。

（1）在"对象资源管理器"中找到"数据库"结点，选中 StudentManageDB 数据库。

（2）展开该数据库的"表"结点。

（3）右击 Student 表，在弹出的快捷菜单中选择"设计"命令，如图 3-5 所示，打开图 3-3 所

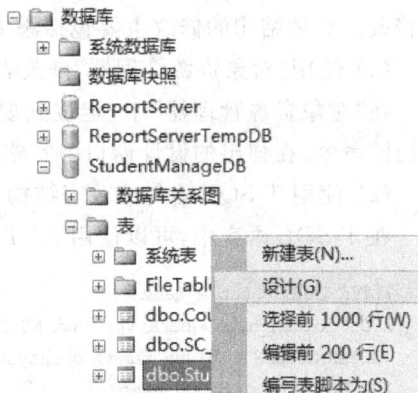

图 3-5 选择"设计"命令

示的 Student 表的结构。

【例 3-4】 使用 T-SQL 语句查看 Course 表的结构。

在查询窗口中,输入以下语句:

```
sp_help Course
```

语句执行结果如图 3-6 所示。

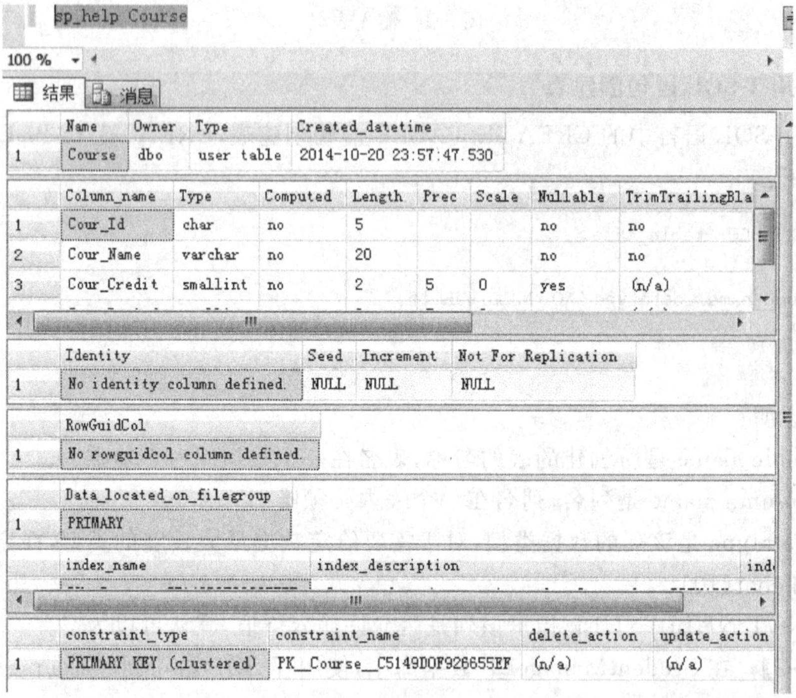

图 3-6　T-SQL 语句查看 Course 表的结构

3.2.2　修改表

表结构创建完成后,可以使用"对象资源管理器"和 T-SQL 语句两种方法对表结构进行修改。对表结构的修改主要包括添加列、修改列与删除列。

(1) 使用"对象资源管理器"修改表结构。

在"对象资源管理器"中,定位到要修改的"表"上并右击,在弹出的快捷菜单中选择"设计"命令,在弹出的设计窗口中实施修改表结构的操作。

(2) 使用 T-SQL 语句修改表结构。

在 T-SQL 语言中,可以使用 ALTER TABLE 命令修改表结构,语法格式如下:

```
ALTER TABLE <table_name>
ADD <column_name> datatype [NOT NULL|NULL] [,...n]
|ALTER COLUMN <column_name> datatype [NOT NULL|NULL]
|DROP COLUMN <column_name> [,...n]
```

语法说明：

（1）table_name 是要修改的表的名称。

（2）ADD 用于添加列。

（3）ALTER COLUMN 用于修改列的定义。

（4）DROP COLUMN 用于删除列。

1. 添加列

【例 3-5】 使用"对象资源管理器"在 Student 表中添加一个新列，列名为 Stu_Email，数据类型为 varchar(20)，允许空值。

其步骤如下。

（1）定位至 Student 表并右击，在弹出的快捷菜单中选择"设计"命令，打开 Student 表的设计窗口。

（2）在 Student 表的设计窗口中，根据要求添加新列 Stu_Email，并设置列的数据类型为 varchar(20)，允许空值，如图 3-7 所示。拖动列左侧的黑色 ▶ 可调整列的位置。

列名	数据类型	允许 Null 值
Stu_Id	char(10)	☐
Stu_Name	varchar(20)	☐
Stu_Sex	char(2)	☑
Stu_Birthday	date	☑
Stu_MCCP	bit	☑
Stu_EnterScore	int	☑
Stu_Major	varchar(20)	☑
Stu_NativePlace	varchar(10)	☑
Stu_Subsidy	money	☑
Stu_Remark	varchar(50)	☑
▶ Stu_Email	varchar(20)	☑

图 3-7 添加 Stu_Email 列

（3）单击"保存"按钮，保存对表结构的修改。

【例 3-6】 使用 T-SQL 语句在 Student 表中添加新列 Stu_Phone，数据类型为 char(11)，允许空值。

在查询窗口中，输入以下语句：

```
ALTER TABLE Student
ADD Stu_Phone char(11) NULL
```

2. 修改列

【例 3-7】 在 Student 表中，将 Stu_Email 列的数据类型修改为 varchar(30)。

其步骤如下。

（1）定位至 Student 表上并右击，在弹出的快捷菜单中选择"设计"命令，打开 Student 表的设计窗口。

（2）根据要求将 Stu_Email 列的数据类型修改为 varchar(30)，如图 3-8 所示。

（3）单击"保存"按钮，保存对表结构的修改。

图 3-8　修改 Stu_Email 列

【例 3-8】　使用 T-SQL 语句在 Student 表中将 Stu_Phone 列的数据类型修改为 char(12)。
在查询窗口中,输入以下语句:

```
ALTER TABLE Student
ALTER COLUMN Stu_Phone char(12) NULL
```

3. 删除字段

【例 3-9】　使用"对象资源管理器"在 Student 表中删除 Stu_Email 列。

其步骤如下。

(1) 在 Student 表的设计窗口中,选中 Stu_Email 列并右击,在弹出的快捷菜单中选
择"删除列"命令,如图 3-9 所示。

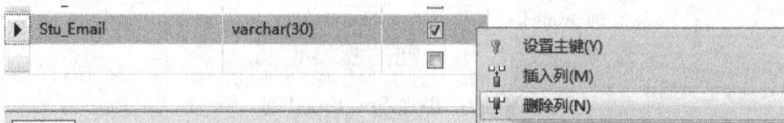

图 3-9　删除 Stu_Email 列

(2) 单击"保存"按钮,保存对表结构的修改。

【例 3-10】　使用 T-SQL 语句在 Student 表中删除 Stu_Phone 列。

在查询窗口中,输入以下语句:

```
ALTER TABLE Student
DROP COLUMN Stu_Phone
```

3.2.3　删除表

当不再需要某个表时,就可以将其删除。一旦删除了表,则该表的结构、数据、约束、
索引等都将永久地被删除。可以使用"对象资源管理器"与 T-SQL 语句两种方法删除表。

(1) 使用对象资源管理器删除表。

在"对象资源管理器"中展开指定的数据库和表,右击需要删除的表,从弹出的快捷菜

单中选择"删除"命令,在弹出的"删除对象"窗口中单击"确定"按钮即可删除表。

（2）使用 T-SQL 语句删除表。

T-SQL 语言中使用 DROP TABLE 语句删除指定的数据表,语法格式如下。

```
DROP TABLE <table_name>
```

使用该语句删除表后将无法恢复,请谨慎操作。

3.3 数据完整性

数据完整性是指数据的正确性、有效性和相容性。正确性是指数据的合法性;有效性是指数据是否属于所定义的有效范围;相容性是指描述同一实体的数据应该一致。数据库的完整性关系到数据库系统中的数据是否正确、可信和一致。

数据完整性一般分为三类:实体完整性、参照完整性与域完整性。

3.3.1 实体完整性

实体完整性将行定义为特定表的唯一实体,要求表中的每一行必须是唯一的,即要求表中的所有行都有一个唯一标识符。这个唯一标识符可能是一列,也可能是几列的组合。实现实体完整性的方法有 PRIMARY KEY 约束和 UNIQUE 约束。

1. PRIMARY KEY 约束

PRIMARY KEY 约束也称为主键约束。主键是表中的一个或多个字段,它的值用于唯一地标识表中的某一条记录。表中主键在所有行上必须取值唯一且不能为空值。通过主键可强制表的实体完整性,一个表只能有一个主键。当创建或更改表时可通过定义PRIMARY KEY 约束来创建主键。

1）使用"对象资源管理器"创建主键

【例 3-11】 将 Student 表中的 Stu_Id 列设置成为主键。

其步骤如下:在 Student 表的设计窗口中选中 Stu_Id 列并右击,在弹出的快捷菜单中选择"设置主键"命令,如图 3-10 所示,单击"保存"按钮。 

列名	数据类型	允许 Null 值
▶ Stu_Id	char(10)	□
Stu_Name	varchar(20)	□
Stu_Sex	char(2)	☑
Stu_Birthday	date	☑
Stu_MCCP	bit	☑
Stu_EnterScore	int	☑
Stu_Major	varchar(20)	☑
Stu_NativePlace	varchar(10)	☑
Stu_Subsidy	money	☑
Stu_Remark	varchar(50)	☑

设置主键(Y)
插入列(M)
删除列(N)
关系(H)...
索引/键(I)...
全文索引(F)...
XML 索引(X)...
CHECK 约束(O)...
空间索引(P)...

图 3-10 设置主键

设置了主键的列左侧会出现 ⚷ 标志,如图 3-11 所示。

列名	数据类型	允许 Null 值
⚷ Stu_Id	char(10)	☐
Stu_Name	varchar(20)	☐
Stu_Sex	char(2)	☑
Stu_Birthday	date	☑
Stu_MCCP	bit	☑
Stu_EnterScore	int	☑
Stu_Major	varchar(20)	☑
Stu_NativePlace	varchar(10)	☑
Stu_Subsidy	money	☑
Stu_Remark	varchar(200)	☑
Stu_Cournum	tinyint	☑

图 3-11 Stu_Id 列为主键

2) 使用 T-SQL 语句在定义表时创建主键

语法格式如下:

```
CREATE TABLE <table_name>
(
<column_name> datatype NOT NULL|NULL[,...n,]
CONSTRAINT <constraint_name>
PRIMARY KEY [CLUSTERED] (<column_name> ASC|DESC)
)
```

语法说明:

(1) <constraint_name>指定约束的名称。

(2) CLUSTERED 可以省略,系统自动为主键列建立聚集索引。

(3) ASC|DESC 指定列的排序方式,默认为升序排列,ASC 可省略。

【例 3-12】 使用 T-SQL 语句创建 SC_result,其结构如表 3-2 所示,将 Stu_Id、Cour_Id 列联合起来设置为主键。

在查询窗口中,输入以下语句:

```
CREATE TABLE SC_result
(
    Stu_Id char(10) NOT NULL,
    Cour_Id char(5) NOT NULL,
    Score int,
    CONSTRAINT pk_SC_result PRIMARY KEY(Stu_Id,Cour_Id)
)
```

3) 使用 T-SQL 语句在修改表时创建主键

语法格式如下:

```
ALTER TABLE <table_name>
ADD CONSTRAINT <constraint_name> PRIMARY KEY [CLUSTERED] (<column_name> ASC|DESC
```

【例 3-13】 使用 T-SQL 语句在 Course 表中将 Cour_Id 列设置为主键。

在查询窗口中,输入以下语句:

```
ALTER TABLE Course
ADD CONSTRAINT PK_Course PRIMARY KEY(Cour_Id)
```

4) 删除主键

当表中不需要指定主键约束时,可以删除主键。使用“对象资源管理器”删除主键时,可在表的设计窗口中选中主键列并右击,在弹出的快捷菜单中选择“删除主键”命令即可。T-SQL 语言中使用 DROP 语句删除主键约束与其他约束。

语法格式如下:

```
ALTER TABLE <table_name>
DROP CONSTRAINT <constraint_name>
```

【例 3-14】 使用 T-SQL 语句将 Course 表中的主键约束删除。

在查询窗口中,输入以下语句:

```
ALTER TABLE Course
DROP CONSTRAINT PK_Course
```

2. UNIQUE 约束

UNIQUE 约束也称为唯一约束,确保表中指定列中不出现重复值,即表中任意两行在该列上的值都不允许相同。它的功能及使用方法与 PRIMARY KEY 约束有类似的地方,两者都不允许所定义的列出现重复值,区别主要体现在以下几个方面。

(1) 一个表只能有一个 PRIMARY KEY 约束;一个表可以有多个 UNIQUE 约束。

(2) PRIMARY KEY 约束所定义的列不允许有空值;UNIQUE 约束所定义的列可以有空值。

(3) 对于 PRIMARY KEY 约束,系统自动产生聚集索引;而对于 UNIQUE 约束,系统自动产生非聚集索引。

1) 使用“对象资源管理器”创建与删除 UNIQUE 约束

【例 3-15】 使用“对象资源管理器”在 Course 表的 Cour_Name 列设置 UNIQUE 约束。

其步骤如下。

(1) 在 Course 表的设计窗口中,选中 Cour_Name 列并右击,在弹出的快捷菜单中选择“索引/键”命令,在弹出的“索引/键”对话框中单击“添加”按钮,保留默认设置,如图 3-12 所示。

(2) 在右侧窗口中,在“常规”区域中的“类型”栏中选择“唯一键”,单击“列”栏右侧的 ┉ 按钮,在打开的“索引列”对话框中选择 Cour_Name 列,并设置排序方式,如图 3-13 所示。

(3) 单击“确定”按钮,返回到“索引/键”对话框中,单击“关闭”按钮,如图 3-14 所示。

(4) 单击“保存”按钮,完成 Cour_Name 列上 UNIQUE 约束的设置。

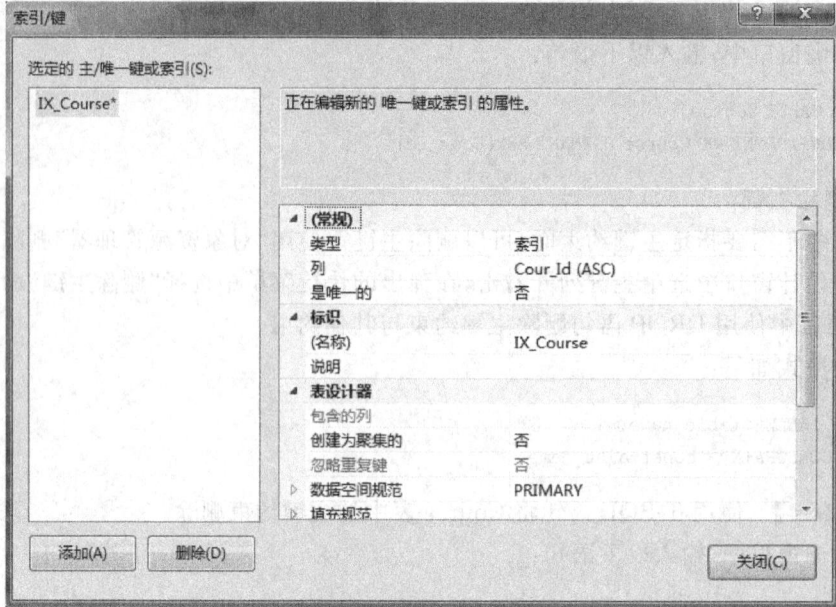

图 3-12　"索引/键"对话框

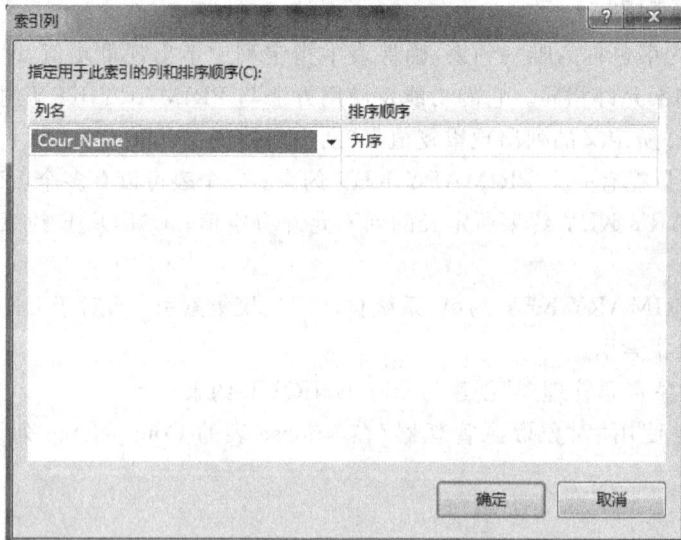

图 3-13　"索引列"对话框

删除 Cour_Name 列上 UNIQUE 约束的方法只需在图 3-14 所示对话框的左侧选择 IX_Course 约束，单击"删除"按钮即可。

2）使用 T-SQL 语句创建 UNIQUE 约束

在创建表时建立 UNIQUE 约束的语法格式如下：

```
CREATE TABLE <table_name>
  (
```

```
<column_name> datatype NOT NULL|NULL[,...n,]
CONSTRAINT <constraint_name>
UNIQUE [NONCLUSTERED] (<column_name> ASC|DESC)
)
```

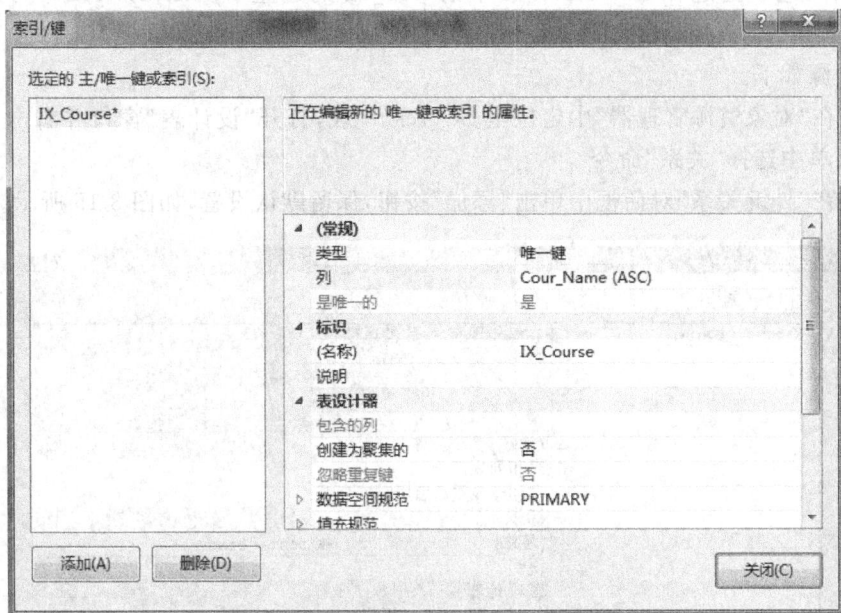

图 3-14 设置 Cour_Name 列为 UNIQUE 约束

在修改表时建立 UNIQUE 约束的语法格式如下：

```
ALTER TABLE <table_name>
ADD CONSTRAINT <constraint_name> UNIQUE [NONCLUSTERED] (<column_name> ASC|DESC
```

【例 3-16】 使用 T-SQL 语句修改 Course 表在 Cour_Name 列设置 UNIQUE 约束。
在查询窗口中，输入以下语句：

```
ALTER TABLE Course
ADD CONSTRAINT IX_Course UNIQUE (Cour_Name)
```

3.3.2 参照完整性

参照完整性是指在数据库内表与表之间数据的一致性。参照完整性基于主键(被参照表中)与外键(参照表中)之间或唯一键与外键之间的关系。通过外键将参照表和被参照表关联起来。

如果在被参照表中，某一记录被参照表中外键引用，则该记录就不能删除；若需要更改键值，那么在整个数据库中对该键值的所有引用都要进行一致的更改，以保证数据的参照完整性。可以通过定义 FOREIGN KEY 约束实施参照完整性。

FOREIGN KEY 约束也称为外键约束。一般表与表之间通过主键和外键进行连接，通过它可以强制表与表之间的参照完整性。在两个或两个以上相关联的表之间进行数据插入和删除操作时,需要建立约束,以保证主表与从表之间的参照完整性,即对主表进行主键约束,对从表进行外键约束。

1. 使用"对象资源管理器"创建或删除 FOREIGN KEY 约束

【例 3-17】 通过在 SC_result 表中的 Stu_Id 列建立 FOREIGN KEY 约束,实现 Student 表和 SC_result 表间的参照完整性。

其步骤如下。

(1) 在"对象资源管理器"中定位至 SC_result 表,打开"设计表"窗口并右击,在弹出的快捷菜单中选择"关系"命令。

(2) 在"外键关系"对话框中单击"添加"按钮,保留默认设置,如图 3-15 所示。

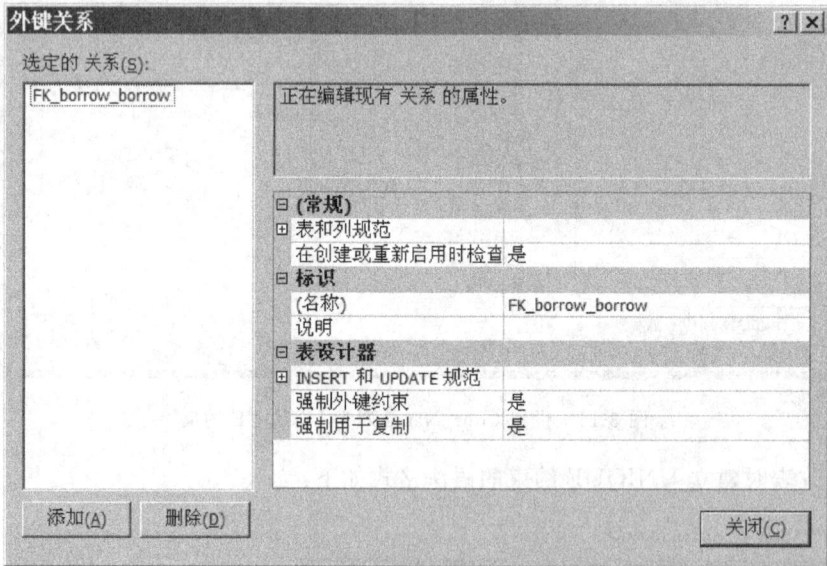

图 3-15 "外键关系"对话框

(3) 在右侧窗口中,单击"表和列规范",再单击右侧 按钮,打开"表和列"对话框。

(4) 在"表和列"对话框中,"主键表"下第一个下拉列表框中选择主键表 Student,第二个下拉列表框中选择主键 Stu_Id。"外键表"下第一个下拉列表框中选择外键表 SC_result,第二个下拉列表框中选择外键 Stu_Id,如图 3-16 所示。

(5) 单击"确定"按钮并保存,完成 Stu_Id 列 FOREIGN KEY 约束的设置。

删除 Stu_Id 列上 FOREIGN KEY 约束的方法只需在图 3-15 所示对话框的左侧选择约束名,单击"删除"按钮即可。

2. 使用 T-SQL 语句创建 FOREIGN KEY 约束

在创建表时建立 FOREIGN KEY 约束的语法格式如下:

```
CREATE TABLE < table_name >
 (
< column_name > datatype NOT NULL|NULL[ ,...n, ]
CONSTRAINT < constraint_name >
```

```
FOREIGN KEY (<column_name>)
REFERENCES <referenced_table_name> (<column_name>)
)
```

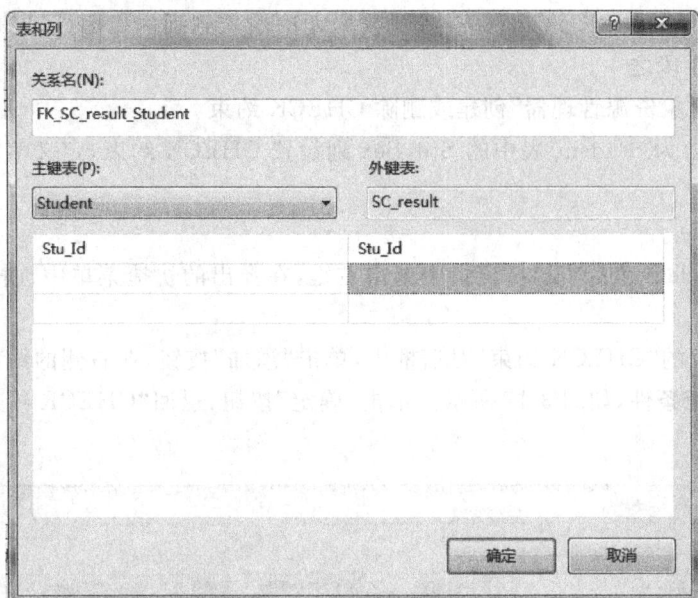

图 3-16 "表和列"对话框

在修改表时建立 FOREIGN KEY 约束的语法格式如下：

```
ALTER TABLE <table_name>
ADD CONSTRAINT <constraint_name> FOREIGN KEY (<column_name>)
REFERENCES <referenced_table_name> (<column_name>)
```

【例 3-18】 在 SC_result 表中，为 Cour_Id 列设置 FOREIGN KEY 约束，参照 Course 表中的 Cour_Id 列。

在查询窗口中，输入以下语句：

```
ALTER TABLE SC_result
ADD CONSTRAINT FK_SC_result_Course FOREIGN KEY (Cour_Id)
REFERENCES Course(Cour_Id)
```

注意：该例中需要先将 Course 表中的 Cour_Id 列设置为主键。

3.3.3 域完整性

域完整性是指列数据的完整性和有效性，即要求对指定列有效的一组值并决定是否允许有空值。它可以通过约束、规则和默认值的方法实现。

强制域有效性的方法可通过 CHECK 约束、DEFAULT 约束、限制数据类型（包括自定义数据类型）、格式（CHECK 约束和规则）或可能的取值范围（FOREIGN KEY 约束、NOT NULL 定义和规则）来实现，如性别列只能取"男"或"女"、课程成绩取值范围为 0～

100、姓名列不能为空、性别列的默认值为"男"等。

1. CHECK 约束

CHECK 约束也称为检查约束，它是对输入列数据内容的正确性的一种约束，如果输入的内容不满足 CHECK 约束的条件，则数据无法输入到列内。因此，它也是保护数据完整性的重要手段之一。

1）使用"对象资源管理器"创建或删除 CHECK 约束

【例 3-19】 为 Student 表中的 Stu_Sex 列设置 CHECK 约束，定义学生性别为"女"或"男"。

其步骤如下。

（1）在 Student 表的"设计"窗口中单击右键，在弹出的快捷菜单中选择"CHECK 约束"命令。

（2）在打开的"CHECK 约束"对话框中，单击"添加"按钮，在右侧的约束的表达式中输入相应的约束条件，如图 3-17 所示。单击"确定"按钮，返回"CHECK 约束"对话框，单击"关闭"按钮。

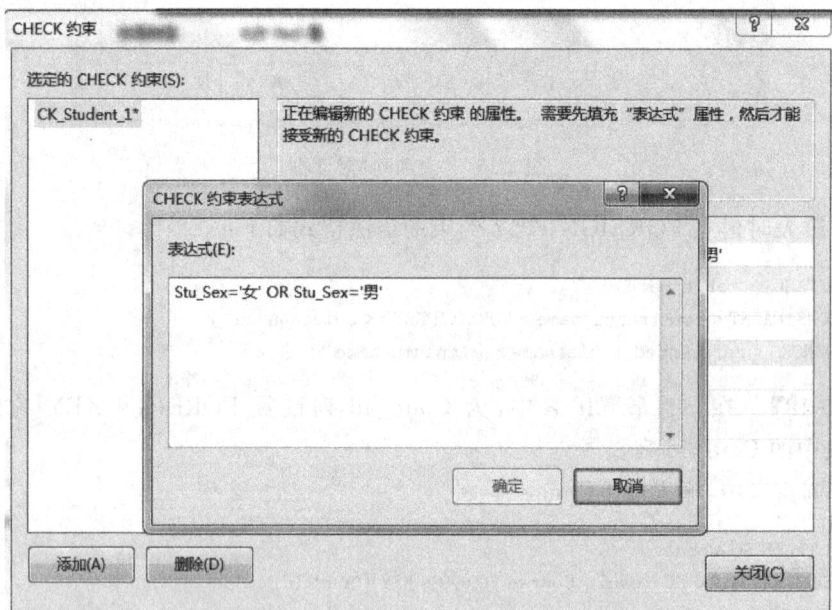

图 3-17　设置"CHECK 约束"对话框

（3）单击"保存"按钮，完成 Stu_Sex 列 CHECK 约束的设置。

删除 Stu_Sex 列 CHECK 约束，只需在图 3-17 所示对话框的左侧选择约束名，单击"删除"按钮即可。

2）使用 T-SQL 语句创建 CHECK 约束

在创建表时建立 CHECK 约束的语法格式如下：

```
CREATE TABLE <table_name>
```

```
(
<column_name> datatype NOT NULL|NULL[,...n,]
CONSTRAINT <constraint_name>
CHECK (logical_expression)
)
```

在修改表时建立 CHECK 约束的语法格式如下：

```
ALTER TABLE <table_name>
ADD CONSTRAINT <constraint_name> CHECK (logical_expression)
```

【例 3-20】　在 SC_result 表中，为 Score 列设置 CHECK 约束，定义考试成绩为 0~100。

在查询窗口中，输入以下语句：

```
ALTER TABLE SC_result
ADD CONSTRAINT CK_Score CHECK(Score>=0 and Score<=100)
```

2. DEFAULT 约束

DEFAULT 约束也称为默认值约束，是在一个表的范围内，对某些列预先定义其默认值，以提高数据输入的效率，方便用户操作的一种约束。

1) 使用"对象资源管理器"创建或删除 DEFAULT 约束

【例 3-21】　在 Student 表中，为 Stu_Sex 列设置 DEFAULT 约束，学生性别默认为"女"。

其步骤如下：在 Student 表的"设计"窗口中，选择 Stu_Sex 列，在列属性的"默认值或绑定"栏中输入"女"，如图 3-18 所示。

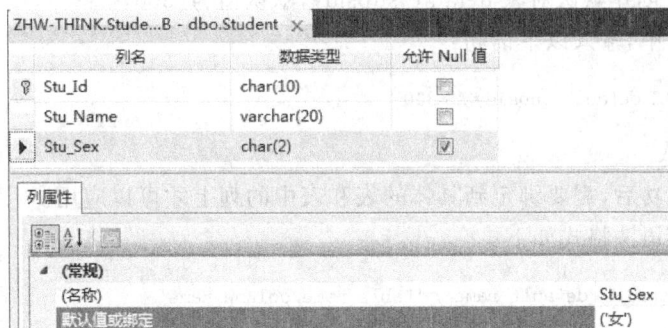

图 3-18　默认值设置

删除 Stu_Sex 列 DEFAULT 约束，只需在图 3-18 所示窗口中删除"默认值或绑定"栏中的内容即可。

2) 使用 T-SQL 语句创建 DEFAULT 约束

在创建表时建立 DEFAULT 约束的语法格式如下：

```
CREATE TABLE <table_name>
  (
```

```
< column_name > datatype NOT NULL|NULL CONSTRAINT < constraint_name >
DEFAULT (constraint_expression)
)
```

在修改表时建立 DEFAULT 约束的语法格式如下：

```
ALTER TABLE < table_name >
ADD CONSTRAINT < constraint_name >
DEFAULT (constraint_expression) FOR < column_name >
```

在 Student 表的 Stu_Sex 列设置 DEFAULT 约束，默认为"女"的 T-SQL 语句如下：

```
ALTER TABLE Student
ADD CONSTRAINT DF_Student DEFAULT '女' FOR Stu_Sex
```

3. 默认值对象

默认也称为默认值，是数据库对象中的一种，它的作用是为列设置一个默认值，而这个默认值可以被一个数据库中的多个表中的多个列绑定使用。使用默认对象的过程是先创建默认，再绑定到列。删除默认时，要先解除绑定，再删除默认。

1) 创建默认

创建默认的语法格式如下：

```
CREATE DEFAULT < defaul_name >
AS constant_expression
```

当默认创建成功后，用户在使用该数据库中的一个或多个表中的列时都可以使用该默认，而不必输入任何字符，从而减少录入的工作量，简化用户的操作过程。

【例 3-22】 创建默认对象 default_subsidy，默认值为"300"。

在查询窗口中，输入以下语句：

```
CREATE DEFAULT default_subsidy AS 300
```

2) 绑定默认

默认创建成功后，需要绑定到具体的表和表中的列上才可以应用。

绑定默认值语法格式如下：

```
EXEC sp_bindefault 'default_name', 'table_name.column_name'
```

【例 3-23】 为 Student 表中的 Stu_Subsidy 列绑定默认对象 default_subsidy。

在查询窗口中，输入以下语句：

```
EXEC sp_bindefault 'default_subsidy', 'Student.Stu_Subsidy'
```

3) 解除默认绑定

当不需要默认对象时，可以删除默认，但在删除前必须先解除相关的绑定。

解除默认语法格式如下：

```
EXEC sp_unbindefault 'table_name.column_name'
```

【例 3-24】　为 Student 表中的 Stu_Subsidy 列解除绑定默认对象 default_subsidy。

在查询窗口中，输入以下语句：

```
EXEC sp_unbindefault 'Student.Stu_Subsidy'
```

4）删除默认

在解除绑定之后，就可以将默认删除。

删除默认语法格式如下：

```
DROP DEFAULT < default_name >
```

【例 3-25】　删除默认对象 default_subsidy。

在查询窗口中，输入以下语句：

```
DROP DEFAULT default_subsidy
```

4. 规则

规则是一种数据库对象，它的作用类似于 CHECK 约束，也是对列的数据进行约束，不满足其约束条件的数值是不能输入到相应列中去的。CHECK 约束比规则更简单，它可以在建表时由 CREATE TABLE 语句或在修改时由 ALTER TABLE 语句将其作为表的一部分进行指定。而规则需要单独创建，然后绑定到列上。

一个列上只能应用一个规则，但是却可以应用多个 CHECK 约束。使用规则时，要首先创建规则，再绑定规则。删除规则，要先解除绑定，再删除规则。

1）创建规则

创建规则使用 CREATE 语句，语法格式如下：

```
CREATE RULE < rule_name > AS logical _expression
```

【例 3-26】　创建规则对象 rule_enterscore，定义其取值范围为 0～700。

在查询窗口中，输入以下语句：

```
CREATE RULE rule_enterscore
AS
@enterscore > = 0 and @enterscore < = 700
```

2）绑定规则

绑定规则语法格式如下。

```
EXEC sp_bindrule 'rule_name', 'table_name.column_name'
```

规则定义和绑定后，就可以起到约束作用了，如果当输入了不满足所设置的约束条件时，系统会弹出提示对话框，从而起到保护数据完整性的作用。

【例 3-27】　为 Student 表中的 Stu_EnterScore 列绑定规则 rule_enterscore。

在查询窗口中，输入以下语句：

```
EXEC sp_bindrule 'rule_enterscore','Student.Stu_EnterScore'
```

3）解除规则绑定

解除规则绑定语法格式如下：

```
EXEC sp_unbindrule 'table_name.column_name'
```

【例 3-28】　为 Student 表中的 Stu_EnterScore 列解除绑定规则 rule_enterscore。

在查询窗口中，输入以下语句：

```
EXEC sp_unbindrule 'Student.Stu_EnterScore'
```

4）删除规则

在解除绑定之后，就可以将规则删除。

删除规则语法格式如下：

```
DROP RULE <rule_name>
```

【例 3-29】　删除规则 rule_enterscore。

在查询窗口中，输入以下语句：

```
DROP RULE rule_enterscore
```

3.4　实训

（1）使用 T-SQL 语句查看 SC_result 表结构。

（2）使用 T-SQL 语句在 Student 表中添加相片列 Stu_Image，数据类型为 image，允许空值。

（3）使用 T-SQL 语句在 Student 表中删除字段 Stu_Image。

（4）为 Course 表中的 Cour_Credit 列设置 DEFAULT 约束，默认值为 2。

（5）默认值对象练习：

① 创建默认值对象 default_credit，默认值为 2。

② 为 Course 表中的 Cour_Credit 列绑定默认 default_credit。

③ 为 Course 表中的 Cour_Credut 列解除绑定规则 default_credit。

④ 删除默认值 default_credit。

（6）在 Course 表中，为 Cour_Credit 字段设置 CHECK 约束，定义学分在 1～16。

（7）规则练习：

① 创建规则对象 rule_period，定义其取值范围为 16～256。

② 为 Course 表中的 Cour_Period 列绑定规则 rule_period。

③ 为 Course 表中的 Cour_Period 列解除绑定规则 rule_period。

④ 删除规则 rule_period。

小结

（1）SQL Server 2012 提供了丰富的数据类型，包括数值型、字符型、日期/时间型等。

（2）可以使用"对象资源管理器"和 T-SQL 语句两种方式创建、显示、修改和删除数据表结构。

（3）T-SQL 语句提供了数据表创建语句 CREATE TABLE、数据表显示语句 Sp_help、数据表修改语句 ALTER TABLE、数据表删除语句 DROP TABLE。

（4）数据完整性一般分为实体完整性、域完整性与参照完整性。

（5）实体完整性可通过 PRIMARY KEY 约束与 UNIQUE 约束实现。

（6）参照完整性可通过 FOREIGN KEY 约束实现。

（7）参照完整性可通过 CHECK 约束与 DEFAULT 约束、规则、默认值实现。

思考与习题

1. 什么是数据完整性？
2. 数据完整性的类型包括哪些？
3. 什么是主键约束？什么是外键约束？
4. 主键约束与唯一约束的区别是什么？
5. 使用默认对象的过程是什么？
6. 使用规则的过程是什么？

第 4 章

数据表的基本操作

引言

> 数据表的结构创建完成后,需要对表中的数据进行处理。表中数据的操作主要分为数据更新(包括插入数据、修改数据、删除数据)与数据查询,即通常所说的增、删、改、查。对表中数据的操作是使用数据的基本方法,也是数据库创建的主要目的。
>
> 本章主要内容是数据更新与数据查询。

4.1 数据更新

数据表是数据库的重要对象,是存储数据的基本单元。表结构创建完成后就涉及向表中插入新的数据,以及对已有数据进行修改与删除,这就是数据更新。数据更新可以使用"对象资源管理器"和 T-SQL 语句两种方式实现。下面以 StudentManageDB 数据库中的表为例,介绍插入数据、修改数据、删除数据的方法。

4.1.1 插入数据

1. 使用"对象资源管理器"插入数据

在"对象资源管理器"中展开"数据库"结点,找到 StudentManageDB 数据库下要插入数据的表,如 Student 表,在表上右击,弹出快捷菜单,从中选择"编辑前 200 行(E)"命令,在右侧将会打开表数据窗口。将光标定位到某一列中,输入该列的值,当一行数据输入完成后,按 Enter 键或将光标定位到下一行,则当前行数据自动保存。

向表中插入数据时,需要注意以下问题:

(1) 若表中某列在表结构中设置为不允许 Null 值,则必须为该列输入值,不能为空,如 Student 表中的 Stu_Id、Stu_Name 列。

（2）对于表结构中允许 Null 值的列，可以不输入值，在数据窗口中将显示为 NULL。

（3）插入表中的数据要与列的数据类型相兼容，并符合列的约束条件，如主键列 Stu_Id 的值不能重复，Stu_EnterScore 列的值为 0～700，由于 SC_result 表的 Stu_Id 列参照了 Student 表的 Stu_Id 列，在输入数据时需要先输入 Student 表中的值。

如果插入的数据不符合条件，将会弹出对话框提示出错的原因，如图 4-1 所示。

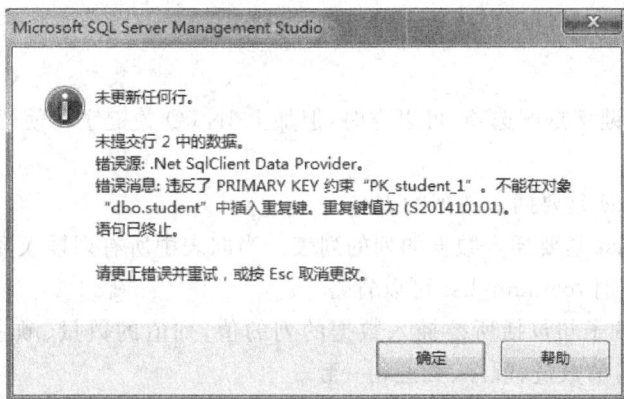

图 4-1　违反约束条件的提示信息

【例 4-1】　使用"对象资源管理器"向 Student 表中插入数据，数据如图 4-2 所示。

Stu_Id	Stu_Name	Stu_Sex	Stu_Birthday	Stu_MCCP	Stu_EnterScore	Stu_Major	Stu_NativePla	Stu_Subsidy	Stu_Remark
S201410101	肖韦	女	1996-08-07	True	516	计算机信息管理	北京	200.0000	NULL
S201410102	赵非	女	1996-11-06	False	582	计算机信息管理	上海	200.0000	NULL
S201410201	桃辉	男	1995-01-02	True	467	计算机信息管理	山西	200.0000	NULL
S201410202	王倩倩	女	1995-12-29	False	530	计算机信息管理	云南	200.0000	NULL
S201420101	李威	男	1997-03-08	False	512	电子商务	北京	200.0000	NULL
S201420202	张璐	女	1996-05-03	False	530	电子商务	福建	200.0000	NULL
S201430103	马驰	男	1996-09-10	False	560	软件工程	陕西	200.0000	NULL
S201440401	上官玲	女	1996-10-21	False	457	市场营销	山东	200.0000	NULL
S201440402	赵非	男	1995-02-09	True	502	市场营销	上海	200.0000	NULL

图 4-2　向 Student 表中插入数据

注意：对于 Bit 类型的数据，可以直接输入 True 或 False，也可以输入 1 或 0，分别代表 True 与 False。Money 类型的数据自动保留 4 位小数。

【例 4-2】　使用"对象资源管理器"向 Course 表、SC_result 表中插入数据，数据如图 4-3 和图 4-4 所示。

Cour_Id	Cour_Name	Cour_Credit	Cour_Period
C1001	数据结构	3	48
C1011	高等数学	4	64
C1021	大学英语	4	64
C1031	马克思理论	2	32
C1041	计算机应用基础	3	48
C1051	计算机网络	4	64

图 4-3　向 Course 表中插入数据

Stu_Id	Cour_Id	Score
S201410101	C1021	90
S201410101	C1031	80
S201410102	C1041	98
S201410102	C1051	56
S201410201	C1011	85
S201410201	C1021	100
S201410201	C1041	83
S201420202	C1031	95

图 4-4　向 SC_result 表中插入数据

2. 使用 T-SQL 语句插入数据

使用 T-SQL 语句插入数据是最常用的方法,尤其是通过编写数据库应用程序实现表中数据添加时,T-SQL 语句方式就显得更为重要了。

插入数据使用 INSERT 语句,INSERT 语句的基本语法格式如下:

```
INSERT [ INTO] < table_name > [ ( column_list ) ]
      VALUES( DEFAULT | NULL | expression [ ,...n] ) [ ,...n]
```

语法说明:

(1) INTO 关键字是可选项,可以省略,但加上 INTO 关键字将使语句的意思表达更明确。

(2) table_name 是要插入数据的表名。

(3) column_list 是要插入数据的列的列表。当向表中所有列插入数据且数据的输入顺序与表结构相同时,column_list 可以省略。

(4) VALUES 子句包括所要插入数据的列的值,列值的数量、顺序、数据类型要与 column_list 中列名的数量、顺序、类型相一致。

① DEFAULT 为列插入默认值。

② NULL 为列插入空值。

③ expression 可以是一个常量、变量或表达式。

(5) 最后面的[,...n]表示一次可以插入多条记录。

【**例 4-3**】 使用 T-SQL 语句向 Student 表中插入一行数据(S201510101,孙鑫,DEFAULT,1996-07-07,0,519,计算机信息管理,山西,200,NULL)。

```
INSERT INTO Student VALUES('S201510101', '孙鑫', DEFAULT, '1996-07-07',0,519, '计算机信息管
理', '山西',200,NULL)
```

语句运行结果如图 4-5 所示。

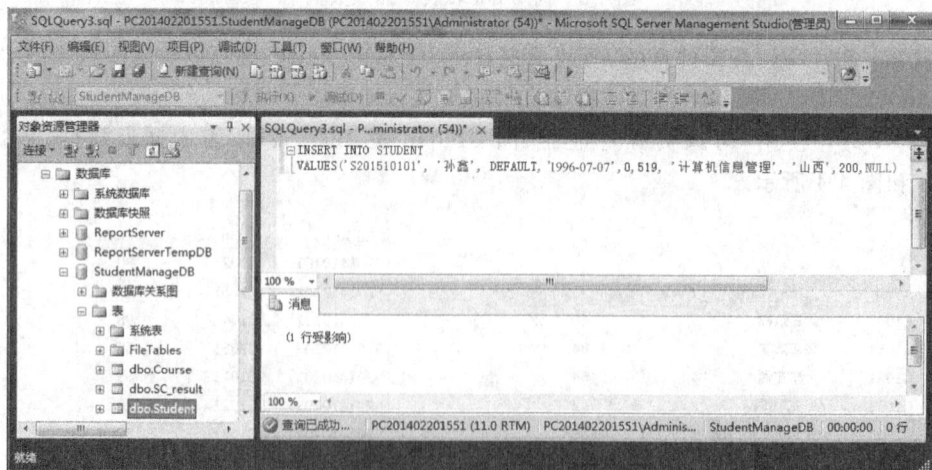

图 4-5 向 Student 表中插入一行数据

【例 4-4】 向 Student 表中插入两行数据,学号分别为"S201430104""S201430105",姓名分别为"李林林""秦璐"。

```
INSERT INTO Student(Stu_Id,Stu_Name)
VALUES('S201430104', '李林林'),('S201430105', '秦璐')
```

语句的运行结果如图 4-6 所示,未插入值的列显示为空,即 NULL。

Stu_Id	Stu_Name	Stu_Sex	Stu_Birthday	Stu_MCCP	Stu_EnterScore	Stu_Major	Stu_NativePla...	Stu_Subsidy	Stu_Remark
S201410101	肖韦	女	1996-08-07	True	516	计算机信息管理	北京	200.0000	NULL
S201410102	赵非	女	1996-11-06	False	582	计算机信息管理	上海	200.0000	NULL
S201410201	姚铎	男	1995-01-02	True	467	计算机信息管理	山西	200.0000	NULL
S201410202	王储倩	女	1995-12-29	False	530	计算机信息管理	云南	200.0000	NULL
S201420101	李威	男	1997-03-08	False	512	电子商务	北京	200.0000	NULL
S201420202	张璐	女	1996-05-03	True	530	电子商务	福建	200.0000	NULL
S201430103	马驰	男	1996-09-10	False	560	软件工程	陕西	200.0000	NULL
S201430104	李林林	NULL	NULL	NULL	NULL	NULL	NULL	NULL	NULL
S201430105	秦璐	NULL	NULL	NULL	NULL	NULL	NULL	NULL	NULL
S201440401	上官玲	女	1996-10-21	False	457	市场营销	山东	200.0000	NULL
S201440402	赵非	男	1995-02-09	True	502	市场营销	上海	200.0000	NULL
S201510101	孙鑫	女	1996-07-07	False	519	计算机信息管理	山西	200.0000	NULL

图 4-6 向 Student 表中插入两行数据

4.1.2 修改数据

1. 使用"对象资源管理器"修改数据

在"对象资源管理器"中找到要修改数据的表,打开表数据窗口,将光标定位到要修改的数据处进行修改,修改完成后将光标移动到其他行,即可保存修改的内容。数据的修改也要符合列的约束条件。

【例 4-5】 使用"对象资源管理器"将 Student 表中"李林林"的姓名改为"李小林",操作界面如图 4-7 所示。

Stu_Id	Stu_Name	Stu_Sex	Stu_Birthday	Stu_MCCP	Stu_EnterScore	Stu_Major	Stu_NativePla...	Stu_Subsidy	Stu_Remark
S201410101	肖韦	女	1996-08-07	True	516	计算机信息管理	北京	200.0000	NULL
S201410102	赵非	女	1996-11-06	False	582	计算机信息管理	上海	200.0000	NULL
S201410201	姚铎	男	1995-01-02	True	467	计算机信息管理	山西	200.0000	NULL
S201410202	王储倩	女	1995-12-29	False	530	计算机信息管理	云南	200.0000	NULL
S201420101	李威	男	1997-03-08	False	512	电子商务	北京	200.0000	NULL
S201420202	张璐	女	1996-05-03	True	530	电子商务	福建	200.0000	NULL
S201430103	马驰	男	1996-09-10	False	560	软件工程	陕西	200.0000	NULL
S201430104	李小林	NULL	NULL	NULL	NULL	NULL	NULL	NULL	NULL
S201430105	秦璐	NULL	NULL	NULL	NULL	NULL	NULL	NULL	NULL
S201440401	上官玲	女	1996-10-21	False	457	市场营销	山东	200.0000	NULL
S201440402	赵非	男	1995-02-09	True	502	市场营销	上海	200.0000	NULL
S201510101	孙鑫	男	1996-07-07	False	519	计算机信息管理	山西	200.0000	NULL

图 4-7 修改学生的姓名

2. 使用 T-SQL 语句修改数据

修改数据使用 UPDATE 语句,UPDATE 语句的基本语法格式如下:

```
UPDATE < table_name >
SET column_name = DEFAULT | NULL | expression [ ,...n] [WHERE
< search_condition > ]
```

语法说明：

(1) table_name 是要修改数据的表名。

(2) column_name 是要修改数据所对应的列名。

(3) DEFAULT｜NULL｜expression 是为列赋予的新值,值的类型要与列的数据类型相兼容,并符合列的约束条件。

(4) [,...n]表示一次可以修改多列的值。

(5) WHERE 子句指定修改数据的条件,仅对满足 search_condition 所指定条件的记录进行修改。如果省略 WHERE 子句,则对所有记录进行修改。

【例 4-6】 使用 T-SQL 语句将 Student 表中学号为"S201510101"的学生的性别修改为"男"。

```
UPDATE Student SET Stu_Sex = '男' WHERE Stu_Id = 'S201510101'
```

【例 4-7】 将 Student 表中李小林同学的籍贯修改为"山西",备注中写入"三好学生"。

```
UPDATE Student SET Stu_NativePlace = '山西',Stu_Remark = '三好学生' WHERE Stu_Name = '李小林'
```

【例 4-8】 将 Student 表中所有学生的补助增加 100 元。

```
UPDATE Student SET Stu_Subsidy = Stu_Subsidy + 100
```

以上 3 条修改数据的语句执行完后,Student 表中数据如图 4-8 所示。

Stu_Id	Stu_Name	Stu_Sex	Stu_Birthday	Stu_MCCP	Stu_EnterScore	Stu_Major	Stu_NativePla...	Stu_Subsidy	Stu_Remark
S201410101	肖韦	女	1996-08-07	True	516	计算机信息管理	北京	300.0000	NULL
S201410102	赵非	女	1996-11-06	False	582	计算机信息管理	上海	300.0000	NULL
S201410201	钱铎	男	1995-01-02	True	467	计算机信息管理	山西	300.0000	NULL
S201410202	王倩倩	女	1995-12-29	False	530	计算机信息管理	云南	300.0000	NULL
S201420101	李盛	男	1997-03-08	False	512	电子商务	北京	300.0000	NULL
S201420202	张霜	女	1996-05-03	True	530	电子商务	福建	300.0000	NULL
S201430103	马驰	男	1996-09-10	True	560	软件工程	陕西	300.0000	NULL
S201430104	李小林	NULL	NULL	NULL	NULL	NULL	山西	NULL	三好学生
S201430105	秦霜	NULL	NULL	NULL	NULL	NULL	NULL	NULL	NULL
S201440401	上官玲	女	1996-10-21	False	457	市场营销	山东	300.0000	NULL
S201440402	赵非	男	1995-02-09	True	502	市场营销	上海	300.0000	NULL
S201510101	孙鑫	男	1996-07-07	False	519	计算机信息管理	山西	300.0000	NULL

图 4-8　修改后的 Student 表中的数据

4.1.3　删除数据

1. 使用"对象资源管理器"删除数据

在"对象资源管理器"中找到要删除数据的表,打开表数据窗口,单击要删除行最左侧的选择框选择该行,也可以拖动鼠标选择多行,右击从弹出的快捷菜单中选择"删除(D)"命令,或按 Delete 键,将弹出对话框询问是否删除数据,单击"是"按钮即可删除数据。

从表中删除数据时,应该注意表间的参照完整性,如果外键表中存在相关记录,则主键表中无法删除。例如,SC_result 表中存在课程编号为"C1021"的成绩记录,则 Course 表中将无法删除 C1021 号课程,如果要删除,必须先从 SC_result 表中将 C1021 号课程的所有成绩记录删除后,再到 Course 表中进行删除操作。

【**例 4-9**】 使用"对象资源管理器"删除 Course 表中的"数据结构"课程,操作界面如图 4-9 所示。

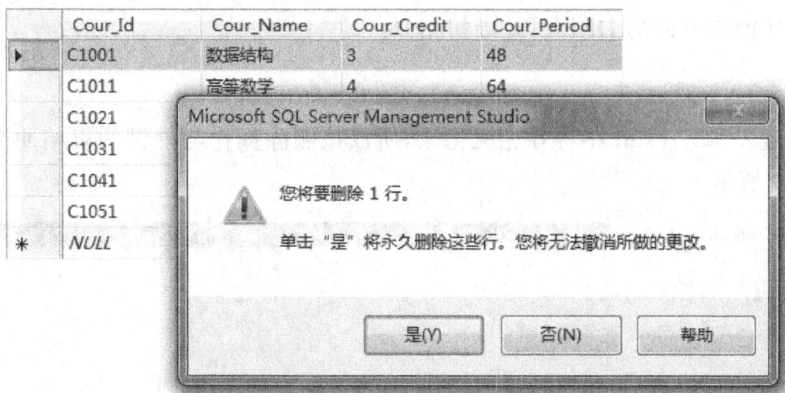

图 4-9 删除 Course 表中的"数据结构"课程

2. 使用 T-SQL 语句删除数据

删除数据可以使用 DELETE 语句或 TRUNCATE TABLE 语句。

1) DELETE 语句

DELETE 语句的基本语法格式如下:

```
DELETE [ FROM ] < table_name >
  [ WHERE < search_condition > ]
```

语法说明:

(1) FROM 关键字是可选项,可以省略,但加上 FROM 关键字将使语句的意思表达更明确。

(2) table_name 是要删除数据的表名。

(3) WHERE 子句指定删除数据的条件,仅对满足 search_condition 所指定条件的记录进行删除。如果省略 WHERE 子句,则将删除表中所有记录,应慎重使用。

【**例 4-10**】 使用 T-SQL 语句删除 Student 表中"李小林"同学的信息。

```
DELETE FROM Student WHERE Stu_Name = '李小林'
```

2) TRUNCATE TABLE 语句

TRUNCATE TABLE 语句的语法格式如下:

```
TRUNCATE TABLE < table_name >
```

TRUNCATE TABLE 语句使用说明:

- TRUNCATE TABLE 语句将删除 table_name 所指定表中的全部记录,所以也称为清空表数据语句。
- TRUNCATE TABLE 语句功能类似于不含 WHERE 子句的 DELETE 语句,但 TRUNCATE TABLE 语句速度更快,并且使用更少的系统资源。

【例 4-11】 删除 Student 表中全部记录。

```
TRUNCATE TABLE Student
```

该语句功能与下面的 DELETE 语句相似。

```
DELETE FROM Student
```

由于外键表 SC_result 中存在相关记录,所以该删除操作与外键约束相冲突,无法完成,如图 4-10 所示。

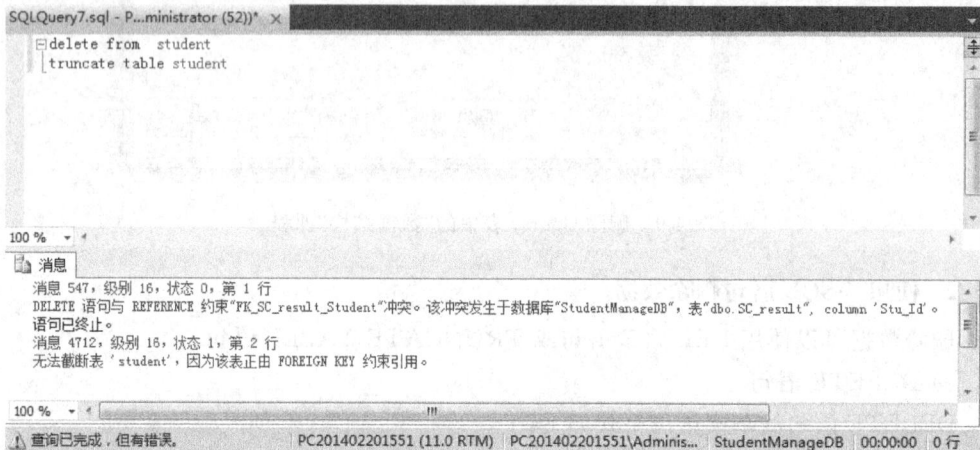

图 4-10　清空 Student 表中数据时的提示信息

若要实现 Student 表中全部数据的删除,可先删除约束或删除外键表 SC_result 中的数据后再进行删除操作。由于后面的内容仍需用到 Student 表中的数据,所以此处不做删除。

4.2　数据查询

数据查询是数据库操作中最常用的操作,通过数据查询可以从表或视图中迅速检索出所需要的数据。数据查询可以是对一个表进行简单查询,也可以同时从多个表中检索数据,在一个查询中还可以嵌套其他查询,是非常灵活的。T-SQL 语句中用 SELECT 语句实现查询,下面以 StudentManageDB 数据库中的表为例介绍简单查询、多表连接查询、子查询的方法。

4.2.1　简单查询

简单查询是在一个表中进行数据查询,是实现复杂数据查询的基础。实现简单查询的 SELECT 语句的语法格式如下:

```
SELECT [ ALL | DISTINCT ]
[ TOP n [ PERCENT ] [WITH TIES]]
```

```
<select_list>
[ INTO < new_table > ]
FROM < table_source >
[ WHERE < search_condition > ]
[ GROUP BY < group_by_expression > ]
[ HAVING < search_condition > ]
[ ORDER BY < order_expression > [ ASC | DESC ] ]
```

语法说明：

（1）SELECT 子句、FROM 子句是必选项，表示从哪个表或视图中查询数据，结果集中包括哪些列。FROM 后的 table_source 指定查询的结果来自的表名或视图名。select_list 指定结果集中显示的列，各列间以逗号分隔，若显示表或视图中的所有字段则用 * 表示。

（2）ALL 指定在结果集中可以显示重复行，DISTINCT 表示结果集中的重复行只能显示一行，ALL 是默认设置，可以省略。

（3）TOP n［PERCENT］［WITH TIES］用于指定只显示查询结果集中的部分记录。TOP n 表示显示前 n 行，TOP n PERCENT 表示显示前百分之 n 行。TOP n 常与排序子句 ORDER BY 一起使用，输出排序后的部分记录，当在排序结果的末尾处有并列项时，使用 WITH TIES 包含并列项，省略 WITH TIES 则不包含并列项。

（4）INTO 子句用于将查询结果保存到新表中，new_table 指定生成的新表名。

（5）WHERE 子句用于指定查询的条件，只有符合 search_condition 所指定条件的记录才会显示在结果中。

（6）GROUP BY 子句用于根据 group_by_expression 所指定的列进行分组，列值相等的记录组成一组，可以使用聚合函数对分组后的记录进行统计。

（7）HAVING 子句不能单独使用，必须与 GROUP BY 子句配合使用，用来对分组后统计结果设置筛选条件。

（8）ORDER BY 子句用于设定排序的依据，按 order_expression 所指定的列进行升序或降序排列，ASC 表示升序排序，DESC 表示降序排序，默认为升序排列。

SELECT 语句中各子句的位置必须按照语法格式中的位置严格执行，不能随意调整，如 INTO 子句必须放在 FROM 子句的前面，结果集列表 select_list 的后面。

在使用 SELECT 语句进行查询之前，要首先分析查询的请求，即要从哪些表或视图中查询数据，查询的条件是什么，查询的结果集中要包括哪些列的信息，然后再将分析结果逐一代入到 SELECT 语句中的相应位置。

下面对 SELECT 语句中的各子句进行分别介绍。

1. 不带条件的查询

1）查询所有列的信息

当查询表或视图中的所有列的信息时，用 * 表示所有列。

【例 4-12】 查询 Student 表中所有学生的信息。

```
SELECT * FROM Student
```

该语句的功能与下面语句的功能相同:

```
SELECT Stu_Id,Stu_Name,Stu_Sex,Stu_Birthday,Stu_MCCP, Stu_EnterScore,
Stu_Major,Stu_NativePlace,Stu_Subsidy,Stu_Remark
FROM Student
```

查询结果如图 4-11 所示。

	Stu_Id	Stu_Name	Stu_Sex	Stu_Birthday	Stu_MCCP	Stu_EnterScore	Stu_Major	Stu_NativePlace	Stu_Subsidy	Stu_Remark
1	S201410101	肖韦	女	1996-08-07	1	516	计算机信息管理	北京	300.00	NULL
2	S201410102	赵非	女	1996-11-06	0	582	计算机信息管理	上海	300.00	NULL
3	S201410201	钱铎	男	1995-01-02	1	467	计算机信息管理	山西	300.00	NULL
4	S201410202	王倩倩	女	1995-12-29	0	530	计算机信息管理	云南	300.00	NULL
5	S201420101	李威	男	1997-03-08	0	512	电子商务	北京	300.00	NULL
6	S201420202	张璐	女	1996-05-03	1	530	电子商务	福建	300.00	NULL
7	S201430103	马驰	男	1996-09-10	1	560	软件工程	陕西	300.00	NULL
8	S201430105	秦鹏	NULL	NULL	NULL	NULL	NULL	NULL	NULL	NULL
9	S201440401	上官玲	女	1996-10-21	0	457	市场营销	山东	300.00	NULL
10	S201440402	赵非	男	1995-02-09	1	502	市场营销	上海	300.00	NULL
11	S201510101	孙鑫	男	1996-07-07	0	519	计算机信息管理	山西	300.00	NULL

图 4-11 查询 Student 表中的所有信息

2) 查询部分列的信息

有时并不想查看所有列的内容,而只是查看所关注的部分列的内容,这时就需要在 SELECT 子句中列出所要查询的列,列间用逗号分隔。

【例 4-13】 查询 Student 表中所有学生的学号、姓名、性别、出生日期与籍贯。

```
SELECT Stu_Id,Stu_Name,Stu_Sex,Stu_Birthday,Stu_NativePlace FROM Student
```

SELECT 语句中<select_list>不仅可以是字段名,也可以是常量、函数或表达式。

【例 4-14】 查询 Student 表中所有学生的学号、姓名与年龄。

对查询要求进行分析发现:年龄并不是 Student 表中给定的列,但可以通过出生日期计算得到,即可通过 YEAR(GETDATE())－YEAR(Stu_Birthday)得到年龄的值。其中 GETDATE()函数返回当前系统的日期与时间,YEAR()函数返回日期中的年份的整型值。

```
SELECT Stu_Id,Stu_Name, YEAR(GETDATE()) - YEAR(Stu_Birthday)
FROM Student
```

查询结果如图 4-12 所示。

3) 设置列别名

有时为了增强结果集中列的可读性,可以通过为列指定别名的方式更改列的显示名称,设置列别名的方法主要有以下几种:

- <column_name> as <alien_name>
- <column_name> <alien_name>
- <alien_name> = <column_name>

语法说明:column_name 指定列名,alien_name 指定

	Stu_Id	Stu_Name	(无列名)
1	S201410101	肖韦	18
2	S201410102	赵非	18
3	S201410201	钱铎	19
4	S201410202	王倩倩	19
5	S201420101	李威	17
6	S201420202	张璐	18
7	S201430103	马驰	18
8	S201430105	秦鹏	NULL
9	S201440401	上官玲	18
10	S201440402	赵非	19
11	S201510101	孙鑫	18

图 4-12 查询部分列的信息

列别名。

【例 4-15】 为例 4-14 查询结果中的 3 列分别指定相对应的中文别名。

```
SELECT Stu_Id as 学号,Stu_Name as 姓名,
YEAR(GETDATE()) - YEAR(Stu_Birthday) as 年龄
FROM Student
```

也可以用另两种方式设置列别名,或用几种方式相联合的方法,结果是相同的,具体如下:

```
SELECT Stu_Id as 学号,Stu_Name 姓名,
年龄 = YEAR(GETDATE())-YEAR(Stu_Birthday) FROM Student
```

查询结果如图 4-13 所示。

4）消除结果集中的重复行

当在表中查询部分列的信息时,可能会出现重复值,如查询 Student 表中所有学生的专业,如图 4-14 所示,默认情况下查询结果集中将包括所有记录,而不管数据是否重复。使用 DISTINCT 关键字可以清除结果集中的重复行,使返回的结果更加简洁。

	学号	姓名	年龄
1	S201410101	肖韦	18
2	S201410102	赵菲	18
3	S201410201	钱择	19
4	S201410202	王倩倩	19
5	S201420101	李威	17
6	S201420202	张璐	18
7	S201430103	马驰	18
8	S201430105	秦璐	NULL
9	S201440401	上官玲	18
10	S201440402	赵菲	19
11	S201510101	孙鑫	18

图 4-13　设置列别名

	Stu_Major
1	计算机信息管理
2	计算机信息管理
3	计算机信息管理
4	计算机信息管理
5	电子商务
6	电子商务
7	软件工程
8	NULL
9	市场营销
10	市场营销
11	计算机信息管理

图 4-14　查询结果中有重复项

【例 4-16】 查询 Student 表中学生所在的专业,要求清除重复行。

```
SELECT DISTINCT Stu_Major FROM Student
```

查询结果如图 4-15 所示。

5）返回结果集中的部分记录

使用 TOP n [PERCENT][WITH TIES]可以返回结果集中的前 n 行或前百分之 n 行的数据。当使用 TOP n 时,n 是介于 0~4294967295 之间的整数,当使用 TOP n PERCENT 时,n 是介于 0~100 之间的数。

	Stu_Major
1	NULL
2	电子商务
3	计算机信息管理
4	软件工程
5	市场营销

图 4-15　清除重复项

【例 4-17】 查询 Student 表中前 3 行学生信息。

```
SELECT TOP 3 * FROM Student
```

查询结果如图 4-16 所示。

	Stu_Id	Stu_Name	Stu_Sex	Stu_Birthday	Stu_MCCP	Stu_EnterScore	Stu_Major	Stu_NativePlace	Stu_Subsidy	Stu_Remark
1	S201410101	肖韦	女	1996-08-07	1	516	计算机信息管理	北京	300.00	NULL
2	S201410102	赵非	女	1996-11-06	0	582	计算机信息管理	上海	300.00	NULL
3	S201410201	钱铎	男	1995-01-02	1	467	计算机信息管理	山西	300.00	NULL

图 4-16　查询 Student 表中前 3 行学生信息

【例 4-18】　查询 Student 表中前 50％行学生的学号、姓名、性别、专业。

SELECT TOP 50 PERCENT Stu_Id,Stu_Name,Stu_Sex,Stu_Major FROM Student

由于 Student 表中共有 10 行记录,返回 50％即返回前 5 行的学生信息,查询结果如图 4-17 所示。

	Stu_Id	Stu_Name	Stu_Sex	Stu_Major
1	S201410101	肖韦	女	计算机信息管理
2	S201410102	赵非	女	计算机信息管理
3	S201410201	钱铎	男	计算机信息管理
4	S201410202	王倩倩	女	计算机信息管理
5	S201420101	李威	男	电子商务

图 4-17　查询 Student 表中前 50％行学生的信息

WITH TIES 必须与 ORDER BY 排序子句一起使用,输出排序后的部分记录,当在排序结果的末尾处有并列项时,使用 WITH TIES 包含并列项；否则不包含并列项。具体实例见 ORDER BY 排序子句的介绍内容。

2. 带条件的查询

SELECT 语句中通过 WHERE 子句设置查询的条件,查询条件由一个或多个表达式组成。当表达式的返回值为 TRUE 时表明满足查询条件,这样的记录才会显示在结果集中；当表达式的返回值为 FALSE 时表明不满足查询条件,这样的记录将被过滤掉。

查询条件中可以包含多种运算符或关键字,下面分别进行介绍。

1) 比较运算符

比较运算符是 WHERE 子句中最常用的一种运算符,用于对两个表达式的值进行比较。常用的比较运算符如表 4-1 所示。

表 4-1　比较运算符

运算符	含义	运算符	含义	运算符	含义
=	等于	<>	不等于	!=	不等于
<	小于	<=	小于等于	!<	不小于
>	大于	>=	大于等于	!>	不大于

【例 4-19】　查询 Student 表中入学成绩大于等于 530 分的学生姓名、入学成绩与籍贯。

SELECT Stu_Name,Stu_EnterScore,Stu_NativePlace FROM Student WHERE Stu_EnterScore>=530

查询结果如图 4-18 所示。

【例 4-20】 查询 Student 表中"计算机信息管理"专业以外的其他专业的学生学号、姓名与专业。

```
SELECT Stu_Id,Stu_Name,Stu_Major FROM Student
WHERE Stu_Major<>'计算机信息管理'
```

查询结果如图 4-19 所示。

	Stu_Name	Stu_EnterScore	Stu_NativePlace
1	赵非	582	上海
2	王倩倩	530	云南
3	张璐	530	福建
4	马驰	560	陕西

图 4-18 入学成绩大于等于 530 的信息

	Stu_Id	Stu_Name	Stu_Major
1	S201420101	李威	电子商务
2	S201420202	张璐	电子商务
3	S201430103	马驰	软件工程
4	S201440401	上官玲	市场营销
5	S201440402	赵非	市场营销

图 4-19 "计算机信息管理"专业以外的学生信息

2）逻辑运算符

当有多个查询条件时,可用逻辑运算符将多个表达式连接起来,组成多条件的查询语句。常用的逻辑运算符有 3 个,如表 4-2 所示。

表 4-2 逻辑运算符

运 算 符	含 义
NOT	对条件表达式的结果取反
AND	同时满足两个条件表达式,结果才为 TRUE
OR	只要满足一个条件表达式,结果就为 TRUE

当查询条件中有多个逻辑运算符时,优先级别从高到低依次是 NOT、AND、OR。

【例 4-21】 查询 Student 表中"计算机信息管理"专业所有女生的信息。

```
SELECT * FROM Student WHERE Stu_Major = '计算机信息管理' AND Stu_Sex = '女'
```

查询结果如图 4-20 所示。

	Stu_Id	Stu_Name	Stu_Sex	Stu_Birthday	Stu_MCCP	Stu_EnterScore	Stu_Major	Stu_NativePlace	Stu_Subsidy	Stu_Remark
1	S201410101	肖韦	女	1996-08-07	1	516	计算机信息管理	北京	300.00	NULL
2	S201410102	赵非	女	1996-11-06	0	582	计算机信息管理	上海	300.00	NULL
3	S201410202	王倩倩	女	1995-12-29	0	530	计算机信息管理	云南	300.00	NULL

图 4-20 "计算机信息管理"专业女生的信息

【例 4-22】 查询 Student 表中籍贯为"北京""上海"的学生的学号、姓名、入学成绩与籍贯。

```
SELECT Stu_Id,Stu_Name,Stu_EnterScore,Stu_NativePlace FROM Student
WHERE Stu_NativePlace = '北京' OR Stu_NativePlace = '上海'
```

查询结果如图 4-21 所示。

3）空值判断

当需要判断条件表达式的值是否为空值时,可以使用 IS NULL 关键字,语法格式如下。

	Stu_Id	Stu_Name	Stu_EnterScore	Stu_NativePlace
1	S201410101	肖韦	516	北京
2	S201410102	赵非	582	上海
3	S201420101	李威	512	北京
4	S201440402	赵非	502	上海

图 4-21　籍贯为"北京""上海"的学生信息

IS [NOT] NULL

当表达式的值为空时,IS NULL 判断返回值为 TRUE,IS NOT NULL 返回值为 FALSE。

【例 4-23】　查询 Student 表中出生日期值为空的学生信息。

SELECT * FROM Student WHERE Stu_Birthday IS NULL

查询结果如图 4-22 所示。

	Stu_Id	Stu_Name	Stu_Sex	Stu_Birthday	Stu_MCCP	Stu_EnterScore	Stu_Major	Stu_NativePlace	Stu_Subsidy	Stu_Remark
1	S201430105	秦潞	NULL	NULL	NULL	NULL	NULL	NULL	NULL	NULL

图 4-22　出生日期为空的学生信息

4）范围判断

范围判断的关键字主要有两个：BETWEEN…AND 与 IN。

（1）BETWEEN…AND。

BETWEEN…AND 用于判断表达式的值是否在指定的范围内,语法格式如下。

[NOT] BETWEEN < expression1 > AND < expression2 >

格式中 expression1 的值不能大于 expression2 的值。

不使用 NOT 时,当表达式的值在 expression1 和 expression2 之间时,返回 TRUE；否则返回 FALSE。使用 NOT 时情况相反。

【例 4-24】　查询 Student 表中 1995 年出生的学生信息。

SELECT * FROM Student WHERE Stu_Birthday BETWEEN '1995-01-01' AND
'1995-12-31'

查询结果如图 4-23 所示。

	Stu_Id	Stu_Name	Stu_Sex	Stu_Birthday	Stu_MCCP	Stu_EnterScore	Stu_Major	Stu_NativePlace	Stu_Subsidy	Stu_Remark
1	S201410201	钱铎	男	1995-01-02	1	467	计算机信息管理	山西	300.00	NULL
2	S201410202	王倩倩	女	1995-12-29	0	530	计算机信息管理	云南	300.00	NULL
3	S201440402	赵非	男	1995-02-09	1	502	市场营销	上海	300.00	NULL

图 4-23　1995 年出生的学生信息

BETWEEN…AND 关键字的效果与用 AND 连接两个关系表达式的效果相同。例 4-24 也可以用下列语句实现,查询结果相同。

SELECT * FROM Student WHERE Stu_Birthday >= '1995-01-01' AND
Stu_Birthday <= '1995-12-31'

（2）IN。

IN 用于判断表达式的值是否在一个给定的值列表中，语法格式如下。

```
[NOT] IN( <expression>[,…n])
```

不使用 NOT 时，当表达式的值在此列表中返回 TRUE；否则返回 FALSE。使用 NOT 时情况相反。

【例 4-25】 查询 Student 表中"软件工程"与"电子商务"两个专业的学生信息。

```
SELECT * FROM Student WHERE Stu_Major IN( '软件工程','电子商务')
```

查询结果如图 4-24 所示。

	Stu_Id	Stu_Name	Stu_Sex	Stu_Birthday	Stu_MCCP	Stu_EnterScore	Stu_Major	Stu_NativePlace	Stu_Subsidy	Stu_Remark
1	S201420101	李威	男	1997-03-08	0	512	电子商务	北京	300.00	NULL
2	S201420202	张骊	女	1996-05-03	1	530	电子商务	福建	300.00	NULL
3	S201430103	马驰	男	1996-09-10	0	560	软件工程	陕西	300.00	NULL

图 4-24 "软件工程"与"电子商务"专业的学生信息

使用 IN 关键字的效果与用 OR 连接两个关系表达式的效果相同。例 4-25 也可以用下列语句实现，查询结果相同。

```
SELECT * FROM Student WHERE Stu_Major = '软件工程' OR
Stu_Major = '电子商务'
```

5）模糊查询

LIKE 关键字用于判断表达式的值是否与一个指定的字符模式相匹配，语法格式如下。

```
[NOT] LIKE <pattern>
```

字符模式中可以使用通配符，SQL Server 提供了 4 种通配符，如表 4-3 所示。

表 4-3 LIKE 通配符

运 算 符	含 义
%	代表任意多个字符
_	代表任意一个字符
[]	代表方括号中列出的任意一个字符
[^]	代表任意一个不在方括号中的字符

不使用 NOT 时，当表达式的值与字符模式相匹配时返回 TRUE；否则返回 FALSE。使用 NOT 时情况与此相反。

【例 4-26】 查询 Student 表中所有姓"赵"的学生的学号、姓名、性别、专业。

```
SELECT Stu_Id,Stu_Name,Stu_Sex,Stu_Major FROM Student
WHERE Stu_Name LIKE '赵%'
```

查询结果如图 4-25 所示。

【例 4-27】 查询 Student 表中学号以"S201430""S201440"开头的学生的学号、姓名、专业、入学成绩。

```
SELECT Stu_Id,Stu_Name,Stu_Major, Stu_EnterScore FROM Student
WHERE Stu_Id LIKE 'S2014[34]0%'
```

查询结果如图 4-26 所示。

	Stu_Id	Stu_Name	Stu_Sex	Stu_Major
1	S201410102	赵非	女	计算机信息管理
2	S201440402	赵非	男	市场营销

图 4-25 姓"赵"的学生信息

	Stu_Id	Stu_Name	Stu_Major	Stu_EnterScore
1	S201430103	马驰	软件工程	560
2	S201430105	秦璐	NULL	NULL
3	S201440401	上官玲	市场营销	457
4	S201440402	赵非	市场营销	502

图 4-26 学号以"S201430""S201440"开头的学生信息

3. 查询结果的排序

SELECT 语句中通过 ORDER BY 子句对查询结果进行排序,语法格式如下。

```
ORDER BY order_expression [ASC|DESC][,...n]
```

ORDER BY 子句中可以指定多个排序字段,默认的排序方式是升序即 ASC,可以省略,DESC 表示降序。当有多个排序字段时,只有第一个字段值相同时,再按第二个字段排序,以此类推。

【例 4-28】 查询 Student 表中"计算机信息管理"专业所有学生的信息,查询结果按性别升序排列,出生日期按降序排列。

```
SELECT * FROM Student WHERE Stu_Major = '计算机信息管理'
ORDER BY Stu_Sex,Stu_Birthday DESC
```

查询结果如图 4-27 所示。

	Stu_Id	Stu_Name	Stu_Sex	Stu_Birthday	Stu_MCCP	Stu_EnterScore	Stu_Major	Stu_NativePlace	Stu_Subsidy	Stu_Remark
1	S201510101	孙鑫	男	1996-07-07	0	519	计算机信息管理	山西	300.00	NULL
2	S201410201	钱择	男	1995-01-02	1	467	计算机信息管理	山西	300.00	NULL
3	S201410102	赵非	女	1996-11-06	0	582	计算机信息管理	上海	300.00	NULL
4	S201410101	肖韦	女	1996-08-07	1	516	计算机信息管理	北京	300.00	NULL
5	S201410202	王倩倩	女	1995-12-29	0	530	计算机信息管理	云南	300.00	NULL

图 4-27 "计算机信息管理"专业学生信息的排序

ORDER BY 子句常与 TOP n 关键字一起使用,输出排序后的部分记录。

【例 4-29】 查询 Student 表中入学成绩最高的 3 名学生的学号、姓名、入学成绩、专业。

```
SELECT TOP 3 Stu_Id,Stu_Name,Stu_EnterScore,Stu_Major FROM Student
ORDER BY Stu_EnterScore DESC
```

查询结果如图 4-28 所示。

当排序结果的末尾处有并列项时,如张璐同学的入学成绩也是 530,与第三名王倩倩的成绩相同,可以使用 WITH TIES 包含并列项,语句如下,查询结果如图 4-29 所示。

SELECT TOP 3 WITH TIES Stu_Id,Stu_Name,Stu_EnterScore,Stu_Major FROM Student ORDER BY Stu_EnterScore DESC

	Stu_Id	Stu_Name	Stu_EnterScore	Stu_Major
1	S201410102	赵非	582	计算机信息管理
2	S201430103	马驰	560	软件工程
3	S201410202	王倩倩	530	计算机信息管理

图 4-28 入学成绩最高的 3 名学生信息

	Stu_Id	Stu_Name	Stu_EnterScore	Stu_Major
1	S201410102	赵非	582	计算机信息管理
2	S201430103	马驰	560	软件工程
3	S201420202	张璐	530	电子商务
4	S201410202	王倩倩	530	计算机信息管理

图 4-29 入学成绩最高的 3 名学生信息
（包含并列项）

4. 查询结果的分组统计

在实际应用中,经常需要对数据表中的数据进行统计,如统计学生的人数、查询某名同学的平均分等。有时还需要对数据进行分组统计,如统计男女生的人数、查询每名同学的平均分等。SELECT 语句中通过 GROUP BY 子句对数据进行分组,并可使用 HAVING 子句对分组的结果进行筛选。

1）统计函数

常用的统计函数有 5 个,如表 4-4 所示。

表 4-4 常用的统计函数

统 计 函 数	含　义
COUNT	计数,返回满足条件的记录个数
AVG	计算平均值
SUM	计算数据的和
MAX	返回最大值
MIN	返回最小值

【例 4-30】 查询 Student 表中学生的总人数。

SELECT COUNT(*) AS 人数 FROM Student

查询结果如图 4-30 所示。

COUNT(*)可以返回结果集中的记录个数,即行数,包括重复的行和空值的行。COUNT(表达式)可以返回表达式的非空值的数目,这些值可以是重复的。如果想将重复项只统计 1 次,可以使用 DISTINCT 关键字。

【例 4-31】 查询 Student 表中的学生来自于几个省市。

SELECT COUNT(DISTINCT Stu_NativePlace) AS 籍贯数目 FROM Student

查询结果如图 4-31 所示。

总人数
11

图 4-30 Student 表中
的总人数

【例 4-32】 查询 SC_result 表中学号为"S201410201"的学生的总分、平均分、最高分、最低分。

```
SELECT SUM(Score) AS 总分,AVG(Score) AS 平均分, MAX(Score) AS 最高分, MIN(Score) AS 最低分
FROM SC_result WHERE Stu_Id = 'S201410201'
```

查询结果如图 4-32 所示。

籍贯数目
7

	总分	平均分	最高分	最低分
1	268	89	100	83

图 4-31　学生来自省市数目　　　　　图 4-32　"S201410201"号学生的成绩统计

2) 分组统计

GROUP BY 子句可以实现数据分组,语法格式如下。

```
GROUP BY group_by_expression
```

分组表达式值相同的记录组成一个组,分组后就可以对每组数据进行分别统计了。

【例 4-33】 查询 Student 表中各专业的学生人数。

```
SELECT Stu_Major,COUNT( * ) AS 人数 FROM Student GROUP BY Stu_Major
```

查询结果如图 4-33 所示。

【例 4-34】 查询 SC_result 表中每名学生的平均分。

```
SELECT Stu_Id, AVG(Score) AS 平均分 FROM SC_result GROUP BY Stu_Id
```

查询结果如图 4-34 所示。

	Stu_Major	人数
1	NULL	1
2	电子商务	2
3	计算机信息管理	5
4	软件工程	1
5	市场营销	2

	Stu_Id	平均分
1	S201410101	85
2	S201410102	77
3	S201410201	89
4	S201420202	95

图 4-33　各专业学生人数　　　　　图 4-34　每名学生的平均分

3) 对分组统计结果的筛选

SELECT 语句中通过 HAVING 子句实现对分组统计结果的筛选,语法格式如下。

```
HAVING search_condition
```

HAVING 子句与 WHERE 子句都可以实现筛选,但 WHERE 子句是对原始数据的筛选,而 HAVING 子句是对分组统计结果的筛选,只有满足条件的分组结果才会出现在结果集中。因此,HAVING 子句不能单独使用,必须与 GROUP BY 子句一起使用。

【例 4-35】 查询 SC_result 表中平均分高于 85 分的学生的学号、平均分。

```
SELECT Stu_Id, AVG(Score) AS 平均分 FROM SC_result GROUP BY Stu_Id HAVING AVG(Score)> 85
```

查询结果如图 4-35 所示。

【例 4-36】 查询 Student 表中各专业入学成绩大于等于 500 分的学生人数,仅显示统计结果中多于 1 人的情况。

```
SELECT Stu_Major, COUNT( * ) AS 人数 FROM Student WHERE Stu_EnterScore > = 500 GROUP BY Stu_
Major HAVING COUNT( * )>1
```

查询结果如图 4-36 所示。

	Stu_Id	平均分
1	S201410201	89
2	S201420202	95

图 4-35 平均分高于 85 分的学生

	Stu_Major	人数
1	电子商务	2
2	计算机信息管理	4

图 4-36 入学成绩大于等于 500 分的学生人数分布

5. 由查询结果生成新表

SELECT 语句中的 INTO 子句用于将查询的结果保存到新表中。新表的结构由 SELECT 语句中结果集中的列所决定,新表的数据就是 SELECT 语句的查询结果。若查询结果为空,则新表是只包含结构而不包含数据的空表。

注意:将 INTO 子句与 INSERT 语句相区别。INSERT 语句用于向现有表中插入数据;INTO 子句是生成新表。

【例 4-37】 将 Student 表中"市场营销"专业的学生信息保存到新表 S1 中。

```
SELECT *  INTO S1 FROM Student WHERE Stu_Major = '市场营销'
```

语句的运行结果将生成新表 S1,S1 中保存着"市场营销"专业学生的信息,如图 4-37 所示。

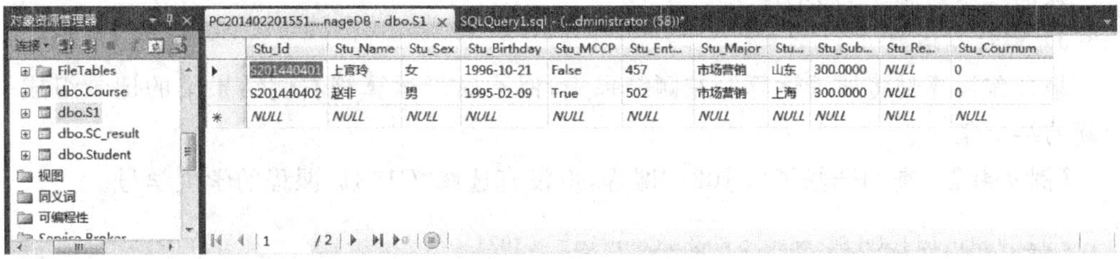

图 4-37 新表 S1 中的数据

6. 查询结果的集合运算

SELECT 语句的查询结果是一个集合,可以对查询结果进行集合运算。在 T-SQL 语句中,传统的集合运算并、交、差所对应的运算符分别是 UNION、INTERSECT、EXCEPT。查询结果的集合运算语法格式如下。

```
SELECT … UNION|INTERSECT|EXCEPT SELECT…
```

能够进行集合运算的 SELECT 语句的结果集必须具有相同的结构,即列数相同且各列的数据类型要兼容。

1) 集合并运算

集合并运算可将多个 SELECT 语句的结果集进行合并,并去除重复的记录,形成一个新的结果集。

【例 4-38】 查询选修了"C1021""C1031"课程的学生学号。

```
SELECT Stu_Id FROM SC_result WHERE Cour_Id = 'C1021'
UNION
SELECT Stu_Id FROM SC_result WHERE Cour_Id = 'C1031'
```

选修"C1021""C1031"课程的学生学号分别如图 4-38、图 4-39 所示,所以例 4-38 的查询结果如图 4-40 所示。

	Stu_Id
1	S201410101
2	S201410201

图 4-38　选修"C1021"的学生

	Stu_Id
1	S201410101
2	S201420202

图 4-39　选修"C1031"的学生

	Stu_Id
1	S201410101
2	S201410201
3	S201420202

图 4-40　集合并运算

2) 集合交运算

集合交运算可将多个 SELECT 语句的结果集中共有的记录组合起来,并去除重复项,形成一个新的结果集。

【例 4-39】 查询既选修了"C1021"课程,又选修了"C1031"课程的学生学号。

```
SELECT Stu_Id FROM SC_result WHERE Cour_Id = 'C1021'
INTERSECT
SELECT Stu_Id FROM SC_result WHERE Cour_Id = 'C1031'
```

查询结果如图 4-41 所示。

3) 集合差运算

集合差运算是将属于运算符左侧结果集,但不属于运算符右侧结果集的记录组成一个新的结果集。

【例 4-40】 查询选修了"C1021"课程,但没有选修"C1031"课程的学生学号。

```
SELECT Stu_Id FROM SC_result WHERE Cour_Id = 'C1021'
EXCEPT
SELECT Stu_Id FROM SC_result WHERE Cour_Id = 'C1031'
```

查询结果如图 4-42 所示。

	Stu_Id
1	S201410101

图 4-41　集合交运算

	Stu_Id
1	S201410201

图 4-42　集合差运算

4.2.2　多表连接查询

多表连接查询是从多个表中查询数据,是实际应用中常用的查询方法。通常情况下,是在一个表的主关键字与另一个表的外关键字上建立连接,如 Student 表的 Stu_Id 与 SC_result 表的 Stu_Id,主关键字与外关键字的名称可以不同,但数据类型需兼容。

在多表连接查询中,如果引用了参与连接的多个表中的同名列,需在列名前加上表名,即用"表名. 列名"表示,以明确所引用的列具体来自哪个表,不同名的列直接引用列名即可。例如,Student 表与 SC_result 进行连接,Stu_Id 是两个表的同名列,引用时需用 Student. Stu_Id 或 SC_result. Stu_Id 明确 Stu_Id 属于哪个表,对于其他列如 Stu_Name、Score 等仅在一个表中出现,则直接引用即可。

多表连接查询根据连接方式的不同,可分为内连接查询、外连接查询与交叉连接查询。

1. 内连接查询

内连接查询是多表连接查询中使用频率最高的查询方式,将返回多个表中完全符合连接条件的记录。多表连接查询与从一个表中查询数据的简单查询在 SELECT 语句格式上的不同,主要体现在 FROM 子句上。内连接查询的 FROM 子句语法格式如下:

FROM < table1_source > [INNER] JOIN < table2_source > ON < search_condition >

语法说明:

(1) JOIN 关键字用于表示表连接;INNER 表示连接类型是内连接,内连接是默认的连接类型,所以 INNER 可省略。

(2) ON 关键字用于指定连接条件。

【例 4-41】 查询所有选修了课程的学生信息与成绩信息。

SELECT Student. * ,SC_result. * FROM Student INNER JOIN SC_result ON Student. Stu_Id = SC_result. Stu_Id

查询结果如图 4-43 所示。

	Stu_Id	Stu_Name	Stu_Sex	Stu_Birthday	Stu_MCCP	Stu_EnterScore	Stu_Major	Stu_NativePlace	Stu_Subsidy	Stu_Remark	Stu_Id	Cour_Id	Score
1	S201410101	肖韦	女	1996-08-07	1	516	计算机信息管理	北京	300.00	NULL	S201410101	C1021	90
2	S201410101	肖韦	女	1996-08-07	1	516	计算机信息管理	北京	300.00	NULL	S201410101	C1031	80
3	S201410102	赵菲	女	1996-11-06	0	582	计算机信息管理	上海	300.00	NULL	S201410102	C1041	98
4	S201410102	赵菲	女	1996-11-06	0	582	计算机信息管理	上海	300.00	NULL	S201410102	C1051	58
5	S201410201	钱铎	男	1995-01-02	1	467	计算机信息管理	山西	300.00	NULL	S201410201	C1011	85
6	S201410201	钱铎	男	1995-01-02	1	467	计算机信息管理	山西	300.00	NULL	S201410201	C1021	100
7	S201410201	钱铎	男	1995-01-02	1	467	计算机信息管理	山西	300.00	NULL	S201410201	C1041	83
8	S201420202	张韶	女	1996-05-03	1	530	电子商务	福建	300.00	NULL	S201420202	C1031	95

图 4-43 选课学生的信息

【例 4-42】 查询所有选修课程的女学生的成绩,显示学号、姓名、性别、课程号、课程名、成绩。

SELECT Student. Stu_Id, Stu_Name, Stu_Sex, Course. Cour_Id, Cour_Name, Score FROM Student JOIN SC_result ON Student. Stu_Id = SC_result. Stu_Id JOIN Course ON Course. Cour_Id = SC_result. Cour_Id WHERE Stu_Sex = '女'

查询结果如图 4-44 所示。

内连接查询有一种特殊情况,称为自连接查询,即表与自身进行内连接。自连接查询仅涉及一个表,但可通过连接对表中的不同记录进行比较。自连接查询的 FROM 子句语法格式如下:

	Stu_Id	Stu_Name	Stu_Sex	Cour_Id	Cour_Name	Score
1	S201410101	肖韦	女	C1021	大学英语	90
2	S201410101	肖韦	女	C1031	马克思理论	80
3	S201410102	赵菲	女	C1041	计算机应用基础	98
4	S201410102	赵菲	女	C1051	计算机网络	56
5	S201420202	张璐	女	C1031	马克思理论	95

图 4-44　女学生的成绩

FROM < table_source > as < alien_name1 > [INNER] JOIN < table_source > as < alien_name2 > ON < search_condition >

语法说明:

as <alien_name1>、as <alien_name2>表示为表指定不同的别名。

【例 4-43】　比较"S201410101""S201410201"两名同学共同选修课程的成绩。

SELECT A. Stu_Id, A. Cour_Id, A. Score, B. Stu_Id, B. Cour_Id, B. Score FROM SC_result as A JOIN
SC_result as B ON A. Cour_Id = B. Cour_Id
WHERE A. Stu_Id = 'S201410101' AND B. Stu_Id = 'S201410201'

查询结果如图 4-45 所示。

	Stu_Id	Cour_Id	Score	Stu_Id	Cour_Id	Score
1	S201410101	C1021	90	S201410201	C1021	100

图 4-45　两名学生共同选修课的成绩比较

2. 外连接查询

当希望参与连接的一个或两个表中即使不符合连接条件的记录也包含在结果集中,就要使用外连接查询。外连接查询与表在 SELECT 语句中出现的顺序有关,可分为左外连接、右外连接与完全外连接查询。外连接查询的 FROM 子句语法格式如下:

FROM < table1_source > LEFT|RIGHT|FULL [OUTER] JOIN < table2_source > ON < search_condition >

语法说明:

(1) OUTER 表示连接类型是外连接,OUTER 可省略。

(2) LEFT OUTER JOIN 表示左外连接,结果集中包括 JOIN 左侧表中的所有记录,以及 JOIN 右侧表中满足连接条件的记录。

(3) RIGHT OUTER JOIN 表示右外连接,结果集中包括 JOIN 右侧表中的所有记录,以及 JOIN 左侧表中满足连接条件的记录。

(4) FULL OUTER JOIN 表示完全外连接,结果集中包括 JOIN 左侧、右侧表中的所有记录,而不管其是否满足连接条件。

【例 4-44】　查询所有学生的学号、姓名、课程号、成绩,未选修课程的学生信息也包含在内。

SELECT Student. Stu_Id, Stu_Name, Cour_Id, Score FROM Student LEFT OUTER JOIN SC_result ON
Student. Stu_Id = SC_result. Stu_Id

查询结果如图 4-46 所示。

图 4-46 所有学生的成绩信息

由图 4-46 可见,部分未选修课程的学生信息也包含在结果集中,如王倩倩、李威、孙鑫等,对应的课程号、成绩列的值显示为 NULL。

若交换例 4-44 中 JOIN 左右两侧的表名,则 LEFT OUTER JOIN 应改为 RIGHT OUTER JOIN,即上例也可以用下列语句实现,查询结果相同。

```
SELECT Student.Stu_Id, Stu_Name, Cour_Id, Score FROM SC_result RIGHT OUTER JOIN Student ON
Student.Stu_Id = SC_result.Stu_Id
```

3. 交叉连接查询

交叉连接查询在实际应用中并不常见,它将返回连接表中所有记录的笛卡儿积,结果集中的记录数是参与连接的两表记录数的乘积,表示所有记录的组合情况。交叉连接查询的 SELECT 语句中没有 WHERE 子句。

【例 4-45】 查询所有学生可能的选课情况,显示学号、姓名、课程号、课程名。

```
SELECT Stu_Id, Stu_Name, Cour_Id, Cour_Name FROM Student CROSS JOIN Course
```

查询结果如图 4-47 所示。

图 4-47 所有学生可能的选课情况

4.2.3　子查询

SELECT 语句可以嵌套使用,即在一个 SELECT 语句中可以嵌套另一个 SELECT 语句,外层的 SELECT 语句称为主查询或外查询;内层的 SELECT 语句称为子查询或内查询,子查询需要用圆括号括起来。

子查询不仅可以嵌套在 SELECT 语句中,还可以使用在 INSERT、UPDATE、DELETE 语句中。子查询的使用非常灵活。

根据子查询与外部的主查询之间是否存在依赖关系,子查询可分为无关子查询与相关子查询。

1. 无关子查询

无关子查询不依赖于主查询,执行时先执行子查询,再将子查询的结果集代入到主查询中继续执行。无关子查询的结果集可能是单个值,也可能是一个集合。若子查询的结果集是单个值,可应用表 4-1 中的关系运算符进行比较,若子查询的结果集是一个集合,需应用集合运算符,常用的集合运算符有 3 个,如表 4-5 所示。

表 4-5　集合运算符

运算符	含　　义
IN	若表达式的值在一个给定的值列表中,结果为 TRUE
ALL	若一系列的比较都为 TRUE,结果才为 TRUE
ANY	若一系列的比较中有任意一个为 TRUE,结果就为 TRUE

【例 4-46】　查询与学号为"S201410101"的学生同一专业的所有学生信息。

首先需要查询"S201410101"这名学生所在的专业。

SELECT Stu_Major FROM Student WHERE Stu_Id = 'S201410101'

查询结果为"计算机信息管理",接来下查询"计算机信息管理"专业的学生信息。

SELECT * FROM Student WHERE Stu_Major = '计算机信息管理'

将上面两个语句结合起来,用子查询实现如下。

SELECT * FROM Student WHERE Stu_Major = (SELECT Stu_Major FROM Student WHERE Stu_Id = 'S201410101')

查询结果如图 4-48 所示。

	Stu_Id	Stu_Name	Stu_Sex	Stu_Birthday	Stu_MCCP	Stu_EnterScore	Stu_Major	Stu_NativePlace	Stu_Subsidy	Stu_Remark
1	S201410101	肖韦	女	1996-08-07	1	516	计算机信息管理	北京	300.00	NULL
2	S201410102	赵非	女	1996-11-06	0	582	计算机信息管理	上海	300.00	NULL
3	S201410201	钱铎	男	1995-01-02	1	467	计算机信息管理	山西	300.00	NULL
4	S201410202	王倩倩	女	1995-12-29	0	530	计算机信息管理	云南	300.00	NULL
5	S201510101	孙鑫	男	1996-07-07	0	519	计算机信息管理	山西	300.00	NULL

图 4-48　与"S201410101"号学生同一专业的学生信息

【例 4-47】 查询"计算机信息管理"专业所有学生的成绩,显示学号、课程号、成绩。

SELECT * FROM SC_result WHERE Stu_Id IN(SELECT Stu_Id FROM Student WHERE Stu_Major = '计算机信息管理')

查询结果如图 4-49 所示。

【例 4-48】 查询没有选课的学生的学号、姓名、性别、专业。

SELECT Student.Stu_Id,Stu_Name, Stu_Sex, Stu_Major FROM Student WHERE Stu_Id NOT IN(SELECT Stu_Id FROM SC_result)

查询结果如图 4-50 所示。

	Stu_Id	Cour_Id	Score
1	S201410101	C1021	90
2	S201410101	C1031	80
3	S201410102	C1041	98
4	S201410102	C1051	56
5	S201410201	C1011	85
6	S201410201	C1021	100
7	S201410201	C1041	83

	Stu_Id	Stu_Name	Stu_Sex	Stu_Major
1	S201410202	王倩倩	女	计算机信息管理
2	S201420101	李威	男	电子商务
3	S201430103	马驰	男	软件工程
4	S201430105	秦璐	NULL	NULL
5	S201440401	上官玲	女	市场营销
6	S201440402	赵非	男	市场营销
7	S201510101	孙鑫	男	计算机信息管理

图 4-49 "计算机信息管理"专业的学生成绩   图 4-50 没有选课的学生信息

【例 4-49】 查询入学成绩高于"电子商务"专业所有学生的学生信息。

SELECT * FROM Student WHERE Stu_EnterScore > ALL(SELECT Stu_EnterScore FROM Student WHERE Stu_Major = '电子商务')

查询结果如图 4-51 所示。

	Stu_Id	Stu_Name	Stu_Sex	Stu_Birthday	Stu_MCCP	Stu_EnterScore	Stu_Major	Stu_NativePlace	Stu_Subsidy	Stu_Remark
1	S201410102	赵非	女	1996-11-06	0	582	计算信息管理	上海	300.00	NULL
2	S201430103	马驰	男	1996-09-10	0	560	软件工程	陕西	300.00	NULL

图 4-51 入学成绩高于"电子商务"专业所有学生的学生信息

该语句先执行子查询,即先查询"电子商务"专业学生的入学成绩,结果集为 512、530,将子查询结果代入到主查询中,将 Student 表中的每行记录的入学成绩与 512、530 比较,若均大于,则满足查询条件,显示该记录。该语句的功能与下面语句的功能相同。

SELECT * FROM Student WHERE Stu_EnterScore > (SELECT MAX(Stu_EnterScore) FROM Student WHERE Stu_Major = '电子商务')

【例 4-50】 查询 SC_result 表中成绩高于"S201410101"号学生某科成绩的学生的学号、课程号、成绩。

SELECT * FROM SC_result WHERE Score > ANY(SELECT Score FROM SC_result WHERE Stu_Id = 'S201410101')

查询结果如图 4-52 所示。

在该语句中,子查询查询"S201410101"号学生的成绩,结果集为 80、90,将子查询结果代入到主查询中,将 SC_result 表中的每行记录的成绩与 80、90 比较,若大于 80、

	Stu_Id	Cour_Id	Score
1	S201410101	C1021	90
2	S201410102	C1041	98
3	S201410201	C1011	85
4	S201410201	C1021	100
5	S201410201	C1041	83
6	S201420202	C1031	95

图 4-52 成绩高于"S201410101"号学生某科成绩的记录

90 中的任意一个,则满足查询条件,显示该记录。该语句的功能与下面语句的功能相同。

```
SELECT * FROM SC_result WHERE Score >(SELECT MIN(Score) FROM SC_result WHERE Stu_Id = 'S201410101')
```

2. 相关子查询

相关子查询依赖于主查询,通常在子查询中引用了主查询表中的字段。相关子查询在执行时先执行主查询,再将主查询的一行记录的字段值代入到子查询中,子查询的结果返回到主查询中,继续执行主查询。

【例 4-51】 查询选修课程门数超过 1 门的学生学号、姓名、专业。

```
SELECT Stu_Id,Stu_Name, Stu_Major FROM Student
WHERE (SELECT COUNT( * ) FROM SC_result WHERE Stu_Id = Student.Stu_Id)> 1
```

查询结果如图 4-53 所示。

在该语句中,先从主查询中取出一条记录,将学号代入到子查询中,如"S201410101",在子查询中计算"S201410101"学生选修课程的门数,返回值为 2,将返回值 2 代入到主查询中,查询条件为 TRUE,显示该学生信息,继续执行主查询,判断下一条记录"S201410102"号学生的选课情况,直到每一条记录都处理完毕。

	Stu_Id	Stu_Name	Stu_Major
1	S201410101	肖韦	计算机信息管理
2	S201410102	赵菲	计算机信息管理
3	S201410201	钱译	计算机信息管理

图 4-53 选修课程门数超过 1 门的学生信息

无关子查询中常使用运算符 EXISTS 或 NOT EXISTS 判断子查询的结果是否存在,如果子查询的返回结果不为空,则返回 TRUE,否则返回 FALSE。

【例 4-52】 查询所有选修了课程的学生信息。

```
SELECT * FROM Student
WHERE EXISTS(SELECT * FROM SC_result WHERE Stu_Id = Student.Stu_Id)
```

查询结果如图 4-54 所示。

	Stu_Id	Stu_Name	Stu_Sex	Stu_Birthday	Stu_MCCP	Stu_EnterScore	Stu_Major	Stu_NativePlace	Stu_Subsidy	Stu_Remark
1	S201410101	肖韦	女	1996-08-07	1	516	计算机信息管理	北京	300.00	NULL
2	S201410102	赵菲	女	1996-11-06	0	582	计算机信息管理	上海	300.00	NULL
3	S201410201	钱译	男	1995-01-02	1	467	计算机信息管理	山西	300.00	NULL
4	S201420202	张璐	女	1996-05-03	1	530	电子商务	福建	300.00	NULL

图 4-54 选修了课程的学生信息

3. 带有子查询的数据更新语句

1) 带有子查询的 INSERT 语句

INSERT 语句可以将查询的结果插入到现有表中,构成带有子查询的 INSERT 语句。

【例 4-53】 将 Student 表中所有"电子商务"专业的学生信息插入到例 4-37 所生成的 S1 表中。

```
INSERT INTO S1 SELECT * FROM Student WHERE Stu_Major = '电子商务'
```

语句执行后,S1 表中的数据如图 4-55 所示。

	Stu_Id	Stu_Name	Stu_Sex	Stu_Birthday	Stu_MCCP	Stu_EnterScore	Stu_Major	Stu_NativePlace	Stu_Subsidy	Stu_Remark
1	S201440401	上官玲	女	1996-10-21	0	457	市场营销	山东	300.00	NULL
2	S201440402	赵菲	男	1995-02-09	1	502	市场营销	上海	300.00	NULL
3	S201420101	李威	男	1997-03-08	0	512	电子商务	北京	300.00	NULL
4	S201420202	张璐	女	1996-05-03	1	530	电子商务	福建	300.00	NULL

图 4-55　S1 表中的数据

【例 4-54】 将 Student 表中"软件工程"专业学生的学号、姓名、专业信息插入到 S1 表中。

```
INSERT INTO S1(Stu_Id, Stu_Name, Stu_Major)
SELECT Stu_Id, Stu_Name, Stu_Major FROM Student
WHERE Stu_Major = '软件工程'
```

语句执行后,S1 表中的数据如图 4-56 所示。

	Stu_Id	Stu_Name	Stu_Sex	Stu_Birthday	Stu_MCCP	Stu_EnterScore	Stu_Major	Stu_NativePlace	Stu_Subsidy	Stu_Remark
1	S201440401	上官玲	女	1996-10-21	0	457	市场营销	山东	300.00	NULL
2	S201440402	赵菲	男	1995-02-09	1	502	市场营销	上海	300.00	NULL
3	S201420101	李威	男	1997-03-08	0	512	电子商务	北京	300.00	NULL
4	S201420202	张璐	女	1996-05-03	1	530	电子商务	福建	300.00	NULL
5	S201430103	马驰	NULL	NULL	NULL	NULL	软件工程	NULL	NULL	NULL

图 4-56　S1 表中的数据

2) 带有子查询的 UPDATE 语句

子查询可以嵌套到 UPDATE 语句中,构成修改数据的条件。

【例 4-55】 将"电子商务"专业"张璐"同学的各科成绩提高 3 分。

```
UPDATE SC_result SET Score = Score + 3 WHERE Stu_Id = (SELECT Stu_Id FROM Student WHERE Stu_Major = '电子商务' AND Stu_Name = '张璐')
```

语句执行后,SC_result 表中的数据如图 4-57 所示。

	Stu_Id	Cour_Id	Score
1	S201410101	C1021	90
2	S201410101	C1031	80
3	S201410102	C1041	98
4	S201410102	C1051	56
5	S201410201	C1011	85
6	S201410201	C1021	100
7	S201410201	C1041	83
8	S201420202	C1031	98

图 4-57　修改操作后 SC_result 表中的数据

该修改数据的语句也可以用表连接实现,语句如下,执行功能相同。

```
UPDATE SC_result SET Score = Score + 3
FROM Student JOIN SC_result on Student.Stu_Id = SC_result.Stu_Id
WHERE Stu_Major = '电子商务' AND Stu_Name = '张璐'
```

3)带有子查询的 DELETE 语句

子查询可以嵌套到 DELETE 语句中,构成删除数据的条件。

【例 4-56】 将 SC_result 表中"电子商务"专业"张璐"同学的成绩信息删除。

```
DELETE FROM SC_result WHERE Stu_Id = (SELECT Stu_Id FROM Student WHERE Stu_Major = '电子商务'
AND Stu_Name = '张璐')
```

语句执行后,SC_result 表中的数据如图 4-58 所示。

	Stu_Id	Cour_Id	Score
1	S201410101	C1021	90
2	S201410101	C1031	80
3	S201410102	C1041	98
4	S201410102	C1051	56
5	S201410201	C1011	85
6	S201410201	C1021	100
7	S201410201	C1041	83

图 4-58 删除操作后 SC_result 表中的数据

该删除数据的语句也可以用表连接实现,语句如下,执行功能相同。

```
DELETE FROM SC_result
FROM SC_result JOIN Student on SC_result.Stu_Id = Student.Stu_Id
WHERE Stu_Major = '电子商务' AND Stu_Name = '张璐'
```

4.3 实训

(1) 使用"对象资源管理器"向 Course 表中插入两行数据,数据如图 4-59 所示。

(2) 使用 T-SQL 语句向 SC_result 表中插入两行数据,数据如图 4-60 所示。

Cour_Id	Cour_Name	Cour_Credit	Cour_Period
C1061	网页设计	5	80
C1071	多媒体技术	2	32

图 4-59 Course 表中需要插入的数据

Stu_Id	Cour_Id	Score
S201420202	C1031	95
S201440401	C1071	57

图 4-60 SC_result 表中需要插入的数据

(3) 使用 T-SQL 语句将"C1061"号课程的课程名改为"数据库基础"。

(4) 使用 T-SQL 语句将"C1071"号课程的成绩提高 5 分。

(5) 使用 T-SQL 语句删除"秦璐"同学的信息。

(6) 使用 T-SQL 语句删除"多媒体技术"课程的成绩信息。

(7) 查询 Course 表中所有课程的信息。

(8) 查询 Student 表中所有党员的学号、姓名、性别、出生日期。

(9) 查询 SC_result 表中所有选修课程的课程号,要求清除重复行。

(10) 查询 Course 表中学时超过 60 学时的课程的课程号、课程名。

(11) 查询 SC_result 表"C1041"号课程成绩高于 90 分的信息,显示学号、课程号与成绩。

(12) 查询 SC_result 表中成绩介于 80～90 分之间成绩信息,显示学号、课程号与成绩。

(13) 查询 SC_result 表学号为"S201410101""S201410102"的两名学生成绩,显示学号、课程号与成绩。

(14) 查询 Course 表中学时最多的两门课程信息(包含并列项)。

(15) 查询 SC_result 表中各门课程的平均分与选修课程的人数,列名分别显示为课程号、平均分、选修人数,仅显示平均分超过 80 分的课程信息。

(16) 查询"S201410102"号学生的成绩信息,将结果保存到新表"SC102"中。

(17) 查询"S201410102"号学生选修的课程信息,显示课程号、课程名、学分。

(18) 查询选修了"大学英语"课程的学生信息,显示学号、姓名、性别、籍贯、专业。

(19) 查询"大学英语"课程的成绩,显示学号、姓名、课程号、课程名、成绩。

(20) 清空表"SC102""S1"中的数据,并使用 T-SQL 语句删除两个表。

小结

本章主要介绍了数据更新与数据查询的方法。主要内容如下:

- 使用"对象资源管理器"、T-SQL 语句两种方式进行数据更新。
- INSERT、UPDATE、DELETE 语句的基本格式与使用方法。
- 查询语句 SELECT 的基本格式,包括 SELECT、FROM、WHERE、ORDER BY、GROUP BY、HAVING 子句的使用方法。
- 查询结果的集合运算包括 UNION(并)、INTERSECT(交)、EXCEPT(差)。
- 多表连接查询可分为内连接查询、外连接查询、交叉连接查询。外连接查询可分为左外连接、右外连接、完全外连接查询。
- SELECT 语句可以嵌套使用,嵌套查询中内层的 SELECT 语句称为子查询或内查询。子查询不仅可以嵌套在 SELECT 语句中,还可以使用在 INSERT、UPDATE、DELETE 语句中。
- 根据子查询与主查询是否存在依赖关系,子查询分为无关子查询与相关子查询。

思考与习题

1. 说明 INSERT、UPDATE、DELETE 语句的基本格式。
2. 说明 SELECT 语句中各子句的作用。
3. 查询结果进行集合运算的前提条件是什么?
4. 说明 SELECT 语句中 WHERE 子句与 HAVING 子句的区别。
5. 说明 SELECT 语句中的 INTO 子句与 INSERT 语句的区别。
6. 什么样的表可以进行表连接? 对连接的字段有何要求?
7. 什么是子查询? 试说明相关子查询与无关子查询的执行顺序。

第 5 章

T-SQL 语言

引言

　　每个数据库厂商都会根据自家的产品在 SQL(Structured Query Language)基础上对其修改形成自己的语言。SQL 语言是数据库操作语言,其主要是对存储在数据库软件中的数据进行操作的偏向底层的语言,是一种针对关系型数据库进行操作的语言。

5.1　T-SQL 语言概述

　　SQL 语言全称是结构化查询语言,T-SQL(Transact-Structured Query Language)是在国际标准 SQL 的基础上,微软根据自己的数据库软件 SQL Server 定义的新的语言,可以说 T-SQL 是 SQL 的演化版。

　　T-SQL 在 SQL 语言里加入了程序流程控制结构(如 IF 结构和 While 结构等)、局部变量和其他一些内容,让程序设计更有弹性,利用这些内容用户可以编写出复杂的查询语句。T-SQL 侧重于处理数据库中的数据,如变量声明、程序流程控制、功能函数等。T-SQL 不仅可以完成数据查询,而且还提供了数据库管理功能。

　　与 SQL Server 通信的所有应用程序都通过向服务器发送 T-SQL 语句来进行通信,而与应用程序的用户界面无关。

　　T-SQL 语言主要包括以下内容。

　　(1) 变量声明语句:用于声明 T-SQL 语言所要用到的变量,可以一次声明一个变量,也可以一次声明多个变量。

　　(2) 数据定义语言(Data Definition Language,DDL):用于建立与管理数据库及数据库对象(如表、视图、索引、存储过程等),包括 CREATE、ALTER、DROP 语句。

　　(3) 数据操纵语言(Data Manipulation Language,DML):用来操纵数据库中的数据,包括 SELECT、INSERT、UPDATE、DELETE 语句。

（4）数据控制语言（Data Control Language，DCL）：用来控制数据库组件的存取许可、存取权限等，包括 GRANT、DENY、REVOKE 等语句。

（5）流程控制语句：用于设计应用程序流程，包括 IF、CASE、WHILE 等语句。

5.2 T-SQL 语法要素

5.2.1 标识符

一个 T-SQL 标识符是指由程序员定义的、SQL Server 可识别的有意义的字符序列。通常用它们来表示服务器名、数据库名、表名及其他各类数据库对象名、变量名等。

1. 标识符分类

（1）常规标识符（Regular identifer）：严格遵守标识符的格式规则。

（2）界定标识符（Delimited identifer）：可以不符合标识符的格式规则，但需要使用界定符双引号（""）或方括号（[]）将标识符括起来。

2. 标识符格式规则

（1）标识符的第一个字符必须是：大、小写字母（a~z 或 A~Z）、下划线、@、#。其中，@和#在 T-SQL 中有专门的含义。

（2）其他字符必须是符合 Unicode 2.0（统一码）标准的字母，或者是十进制数字，或是特殊字符@、#、下划线或 $。

（3）标识符不能与任何 SQL Server 保留字匹配。

（4）标识符不能包含空格或其他的特殊字符。

（5）不符合规则的标识符必须用界定符（双引号（""）或方括号（[]））括起来。

注意：

（1）以@开头的标识符代表局部变量或参数。

（2）以@@开头的标识符代表全部变量。

（3）以#开头的标识符代表临时表或存储过程。

（4）以##开头的标识符代表一个全局临时对象。

5.2.2 常量与变量

1. 常量

常量也称标量值，是表示一个特定数据值的符号。常量的值在程序运行过程中不会改变。常量的类型如表 5-1 所示。

2. 变量

变量是可以赋值的对象和实体。变量是指在程序的运行过程中随时可以发生变化的量，用于在程序中临时存储数据。变量中的数据随着程序的运行而变化。变量有变量名和数据类型两个属性，变量名用于标识该变量，变量的数据类型确定该变量存放的数据值的类型。

表 5-1　常量分类表

类　　型	说　　明	举　　例
整型常量	没有小数点和指数 E	50,100,−88
实型常量	decimal 或 numeric 带小数点的常数,float 或 real 带指数 E 的常数	20.48,−500.12,+12E2
字符串常量	ASCII 字符串用单引号括起来,一个字符用一个字节存储	'我','string'
	Unicode 字符串带有前缀 N,N 必须是大写字母	N'美丽生活'
日期型常量	单引号(' ')括起	'11/20/14' '20141120'
货币型常量	精确数值型数据,前缀 $	$ 500.2
二进制常量	用加前缀 0x 的十六进制形式表示	0xBA、0x125

在 T-SQL 中,变量分为局部变量和全局变量。局部变量在一个批处理中声明、赋值和使用,在该批处理结束时失效;全局变量是由系统提供且预先声明的变量。

1) 局部变量

局部变量是用户定义的变量。局部变量的使用范围是定义它的批处理、存储过程和触发器。局部变量必须用 DECLARE 语句声明后才可以使用,声明局部变量的语法格式如下:

```
DECLARE @Variable_name Datatype [ ,...n]
```

语法说明:

(1) @Variable_name 是局部变量的名称。它必须以 @开始,遵循 SQL Server 2012 的标识符和对象的命名规范。

(2) Datatype 是为该局部变量指定的数据类型,可以是系统数据类型或用户自定义数据类型。

局部变量被声明后,它的初始值是 NULL。用户可以在与定义它的 DECLARE 语句同一个批处理中用 SET 语句或 SELECT 语句为其赋值。一条 SET 语句只能给一个变量赋值,而一条 SELECT 语句可以同时给多个变量赋值。

使用 SET 语句给局部变量赋值的语法格式如下。

```
SET @Variable_name = expression
```

使用 SELECT 语句给局部变量赋值的语法格式如下。

```
SELECT @Variable_name = expression [ ,...n]
```

输出局部变量可以使用 PRINT 语句或 SELECT 语句。PRINT 语句一次只能输出一个变量,SELECT 语句可以同时输出多个变量,并显示于一行。

【例 5-1】 定义两个整型的局部变量@x、@y,分别赋值,并输出两个变量的和。

```
DECLARE @x int,@y int
```

```
SET @x = 5
SET @y = 28
PRINT @x
PRINT @y
PRINT @x + @y
```

运行结果如图 5-1 所示。

【例 5-2】 定义两个局部变量@name、@sex,分别存储 Student 表中 S201410101 号学生的姓名与性别,并输出。

```
DECLARE @name char(20),@sex char(2)
SELECT @name = Stu_Name,@sex = Stu_Sex FROM Student
WHERE Stu_Id = 'S201410101'
SELECT @name,@sex
```

运行结果如图 5-2 所示。

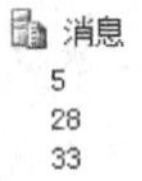

图 5-1 两个变量的和    图 5-2 S201410101 的姓名与性别

注意:如果查询的结果返回多个值,仅将最后一个值赋给变量。

2) 全局变量

在 SQL Server 中有 33 个全局变量。全局变量的名称都是以@@开头,作用范围不局限于程序中。全局变量不是由用户的程序定义的,它们是在服务器级定义的。用户只能使用预先定义的全局变量。局部变量的名称不能与全局变量的名称相同;否则会在应用程序中出现不可预测的结果。常用的全局变量如表 5-2 所示。

表 5-2 常用的全局变量

全 局 变 量	说　　明
@@error	上一条 T-SQL 语句报告的错误号
@@rowcount	上一条 T-SQL 语句处理的行数
@@servername	本地服务器的名称
@@version	当前 SQL Server 软件的版本
@@cpu_busy	SQL Server 自上次启动后的工作时间

【例 5-3】 显示当前 SQL Server 软件的版本。

```
PRINT @@version
```

5.2.3　运算符与表达式

运算符是指用来表示各种运算的符号,表达式是由常量、变量、函数、运算符等组合而成。

1. 运算符的分类

SQL Server 中的运算符可分为以下几类。

(1) 算术运算符。算术运算符用于数值型数据间的算术运算。

(2) 比较运算符。比较运算符用于对两个表达式的值进行比较,运算结果为逻辑值 TRUE 或 FALSE。

(3) 逻辑运算符。逻辑运算符通常与比较运算符一起构成更为复杂的逻辑表达式,运算结果为逻辑值 TRUE 或 FALSE。

(4) 连接运算符。连接运算符(+)用于将两个字符串合并成为一个字符串,通常也称为字符串运算符。

(5) 位运算符。位运算符用于对两个表达式进行位操作,表达式的类型可以为整型或与整型相兼容的数据类型。

(6) 一元运算符。一元运算符用于对一个数据执行操作。

(7) 赋值运算符。赋值运算符用于对变量进行赋值。

SQL Server 中的运算符如表 5-3 所示。

表 5-3　SQL Server 中的运算符

运算符类型	运　算　符
算术运算符	+(加)、-(减)、*(乘)、/(除)、%(求余)
比较运算符	=(等于)、>(大于)、>=(大于等于)、<(小于)、<=(小于等于)、<>或!=(不等于)、!>(不大于)、!<(不小于)
逻辑运算符	NOT(非)、AND(与)、OR(或)
连接运算符	+(连接)
位运算符	&(位与)、|(位或)、^(按位异或)
一元运算符	+(正)、-(负)、~(按位取反)
赋值运算符	=(赋值)

2. 运算符的优先级

当表达式中出现多个运算符时,就涉及先算哪个后算哪个的问题,这个问题称为运算符的优先级。计算表达式值时,优先级高的运算要先进行,相同优先级别的运算按自左向右的顺序依次进行,若有括号,先计算括号内的。

在 SQL Server 中各种运算符的优先级别从高到低排列如表 5-4 所示。

表 5-4　运算符的优先级别

优　先　级	运　算　符
1	+(正)、-(负)、~(按位取反)
2	*(乘)、/(除)、%(求余)
3	+(加)、+(连接)、-(减)
4	=、>、<、>=、<=、<>、!=、!>、!<

续表

优　先　级	运　算　符
5	^(按位异或)、&(位与)、|(位或)
6	NOT
7	AND
8	OR
9	＝(赋值)

5.2.4　注释符

在复杂的 T-SQL 语句中,需要编制注释文档,用来对 T-SQL 语句和语句块的作用、功能等提供注释。在 T-SQL 中,注释是不能执行的。注释分为行内注释和块注释两种。

1. 行内注释

行内注释使用两个连字符(--)分开注释与编程语句,T-SQL 语句执行时忽略注释符右侧的注释内容。行内注释遇到换行符即终止。对于多行注释,必须在每个注释行的开始使用双连字符。

2. 块注释

块注释在注释文本的开始处放一个注释符(/＊),输入注释,然后使用注释结束符(＊/)结束注释,可以创建多行块注释。块注释可以跨越多行,但是/＊　＊/注释不能跨越批处理,整个注释必须包含在一个批处理内。

【例 5-4】　查询 Student 表中所有学生的学号、姓名、入学成绩,并加入注释。

```
USE StudentManageDB
GO
/＊查询所有学生的学号、姓名、入学成绩信息＊/
Select Stu_Id,              -- 学号
    Stu_Name,               -- 姓名
    Stu_EnterScore          -- 入学成绩
FROM Student                -- 从 Student 表中查询
```

5.3　常用系统函数

函数为用户提供了很多的功能,它使用户不需要写很多代码就能够完成某些任务。SQL Server 2012 提供的常用系统函数包括统计函数、数学函数、字符串函数、日期函数、转换函数等。

5.3.1　统计函数

统计函数主要包括 COUNT(计数)、AVG(平均值)、SUM(和)、MAX(最大值)、MIN(最小值)函数,详见 4.2.1 小节中的内容。

5.3.2　数学函数

数学函数用来执行较复杂的数学运算,如求绝对值、平方、平方根等。SQL Server 中的常用数学函数如表 5-5 所示。

表 5-5　常用的数学函数

数 学 函 数	说　　明	语法及举例
ABS	函数返回给定数的绝对值	语法:ABS(number) 例如:Select ABS(−10) 结果:10
CEILING	返回大于或者是等于所给数字表达式的最小整数	语法:CEILING(number) 例如:Select CEILING(10.5) 结果:11
FLOOR	返回小于或者是等于所给数字表达式的最大整数	语法:FLOOR(number) 例如:Select FLOOR(10.2) 结果:10
POWER	返回指定幂次数的乘方	语法:POWER(number,power) 例如:Select POWER(3,2) 结果:9
ROUND	返回数字表达式并四舍五入为指定的长度或精度	语法:ROUND(number,Precision) 例如:Select ROUND(8.25,1) 结果:8.30
SQUARE	返回一个数的平方	语法:SQUARE(number) 例如:Select SQUARE(4) 结果:16
SQRT	返回一个数的平方根	语法:SQRT(number) 例如:Select SQRT(16) 结果:4

5.3.3　字符串函数

在数据库中存储的数据一般包含很多字符串数据部分。SQL Server 2012 提供了功能强大的字符串函数,常用的字符串函数如表 5-6 所示。

表 5-6　常用的字符串函数

字符串函数	说　　明	语法及举例
CHAR	将整数按 ASCII 代码转换为对应的字符	语法:CHAR(integer_expression) 例如:Select CHAR(78) 结果:N(N 的 ASCII 值为 78)
CHARINDEX	返回一个指定的字符串(str1)在另一个字符串(str2)中的起始位置	语法:CHARINDEX(str1,str2,start_po) 例如:Select CHARINDEX('a','This is a text',1) 结果:9

字符串函数	说　明	语法及举例
LEFT	从字符串左边返回指定数目的字符	语法：LEFT(string,number_of_characters) 例如：Select LEFT('This is a test',4) 结果：This
LEN	返回传递给它的字符串长度	语法：LEN(string) 例如：Select LEN('This is a text') 结果：14
LOWER	将传递给它的字符串全部强制转变为小写字母	语法：LOWER(string) 例如：Select LOWER('THIS IS A TEST') 结果：this is a test
LTRIM	清除掉传递给它的字符串中由起始位置开始的那些空格	语法：LTRIM(string) 例如：Select LTRIM('This is a test') 结果：This is a test(去掉左侧空格)
RIGHT	从字符串右边返回指定数目的字符	语法：RIGHT(string,number_of_characters) 例如：Select RIGHT('This is a test',6) 结果：a test
RTRIM	清除掉传递给它的字符串中由结束位置开始的那些空格	语法：RTRIM(string) 例如：Select RTRIM('This is a test') 结果：This is a test(去掉右侧开头空格)
UPPER	将传递给它的字符串全部强制转变为大写字母	语法：UPPER(string) 例如：Select UPPER('This is a test') 结果：THIS IS A TEST
SUBSTRING	从字符串中返回指定位置开始的指定数目的字符	语法：SUBSTRING(string, start_po,number_of_characters) 例如：Select SUBSTRING('This is a test',6,2) 结果：is
STR	将数字数据转变为字符数据	语法：STR(float_expression[,number_of_characters 　　　[,number_of_decimals]]) 例如：Select STR(88.245,5,2) 结果：88.25(字符数据)

【例 5-5】 定义一个局部变量@r 用于存储圆的半径,并输出圆的面积。

```
DECLARE @r float
SET @r = 3.5
PRINT '圆的面积 = ' + STR(3.14 * POWER(@r,2),5,2)
```

运行结果如图 5-3 所示。

【例 5-6】 定义一个局部变量@id 用于存储身份证号,并从中返回出生日期,输出格式为 * 年 * 月 * 日。

```
DECLARE @id char(18)
SET @id = '110108200812053689'
PRINT '出生日期: ' + SUBSTRING(@id,7,4) + '年' + SUBSTRING(@id,11,2) + '月' + SUBSTRING
(@id,13,2) + '日'
```

运行结果如图 5-4 所示。

图 5-3　输出圆的面积

图 5-4　输出出生日期

5.3.4　日期时间函数

日期时间函数用于操作日期时间型信息。常用的日期时间函数如表 5-7 所示。

表 5-7　常用的日期时间函数

日期时间函数	说　明	语法及举例
GETDATE	返回当前系统日期与时间	语法：GETDATE() 例如：Select GETDATE() 结果：返回当前系统日期与时间
YEAR	返回指定日期中的年份的整数	语法：YEAR(date) 例如：Select YEAR('11/10/2014') 结果：2014(返回 2014 年份)
MONTH	返回指定日期月份的整数	语法：MONTH(date) 例如：Select MONTH('11/10/2014') 结果：11(返回 11 月)
DAY	函数指定日期中日的整数	语法：DAY(date) 例如：Select DAY('11/28/2014') 结果：28(返回 28 日)
DATEPART	返回指定日期的指定日期元素的整数	语法：DATEPART(datepart,date) 例如：Select DATEPART(weekday,'11/9/2014') 结果：1(1 表示星期日)
DATEADD	向指定日期加上一段时间，返回新的 datetime 值	语法：DATEADD(datepart,number,date) 例如：Select DATEADD (year,2,GETDATE()) 结果：在当期日期基础上增加 2 年
DATEDIFF	返回跨两个指定日期的日期和时间边界数	语法：DATEDIFF(datepart,startdate,enddate) 例如：Select DATEDIFF (day,'1/1/2014','1/5/2014') 结果：4(表示二者以天为单位相差 4 天)

【例 5-7】　查询 Student 表中"肖韦"同学的学号、姓名与年龄。

```
SELECT Stu_Id,Stu_Name,YEAR(GETDATE())-YEAR(Stu_Birthday) AS age FROM Student WHERE Stu_
Name = '肖韦'
```

运行结果如图 5-5 所示。

	Stu_Id	Stu_Name	age
1	S201410101	肖韦	18

图 5-5　肖韦的信息

5.3.5　转换函数

在通常情况下,SQL Server 能自动完成各种数据类型之间的转换,这种转换称为隐式转换。如 PRINT '4'＋8 的结果将输出 12,自动将字符型数据类型转换为数值型数据类型。如果不能完成自动转换,如 int 整型到 char 字符型类型的转换时,那就要使用显示转换函数 CAST 或 CONVERT。

CAST 和 CONVERT 转换函数的功能相似,都是将某种数据类型的表达式显示转换为另一种数据类型,语法格式如下。

```
CAST(expression AS data_type[(length)])
CONVERT(data_type[(length)],expression)
```

【例 5-8】　将数值型数据 18 转换为字符型数据输出。

```
print '字符: '＋CONVERT(char(2),18)
或 print '字符: '＋CAST(18 AS char(2))
```

运行结果如图 5-6 所示。

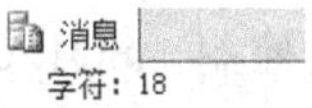

消息
字符: 18

图 5-6　将 18 转换为字符输出

5.3.6　系统函数

SQL Server 提供了能返回数据库和服务器的有关信息的系统函数,这些函数可以用来检索如用户名、数据库名及列名等系统数据。其中的一些函数如 NULLIT 和 COALESCE 可以用于将逻辑表达式嵌入到 T-SQL 的查询中。常用的系统函数如表 5-8 所示。

表 5-8　常用的系统函数

系 统 函 数	说　　明	语 法 举 例
USER_NAME	返回数据库的用户名	例如：Select USER_NAME() 结果：返回数据库的用户名
HOST_NAME	返回当前用户所登录的计算机名字	例如：Select HOST_NAME() 结果：返回用户所登录的计算机的名字
DB_NAME	返回当前数据库名	例如：Select DB_NAME() 结果：返回当前数据的名字
SYSTEM_USER	返回当前所登录的用户名称	例如：Select SYSTEM_USER 结果：返回用户当前所登录的用户名

5.4　流程控制语句

T-SQL 语言的程序结构主要包括顺序结构、选择结构与循环结构。T-SQL 语言通过流程控制语句改变语句的执行顺序,下面对常用的流程控制语句进行介绍。

5.4.1　BEGIN…END 语句块

BEGIN…END 语句能够将多个 T-SQL 语句组合成一个语句块,并将它们视为一个单元处理,在选择结构、循环结构的程序语句中,当需要将一个以上的 SQL 语句作为一组对待时,可以使用 BEGIN 和 END 将它们括起来形成一个 T-SQL 语句块。其语法格式如下。

```
BEGIN
    {sql_statement|statement_block}
END
```

5.4.2　IF…ELSE 语句

在程序中,经常需要根据条件指示 SQL Server 执行不同的操作和运算,也就是进行程序分支控制。SQL Server 中使用 IF…ELSE 语句使程序有不同的条件分支,从而实现选择结构程序设计。IF…ELSE 语句的语法格式如下。

```
IF Boolean_expression
    {sql_statement|statement_block}
[ELSE
    {sql_statement|statement_block}]
```

语法说明:当条件表达式 Boolean_expression 值为 TRUE 时,就执行其后的 T-SQL 语句或语句块;否则,就执行 ELSE 以后的 T-SQL 语句或语句块(若没有 ELSE 语句,则执行 IF 语句后的其他语句)。

【例 5-9】　查询 Student 表中男同学的人数并输出,若没有则输出"Student 表中没有男同学信息!"

```
DECLARE @n int
SELECT @n = COUNT( * ) FROM Student WHERE Stu_Sex = '男'
IF @n > 0
  BEGIN
    PRINT '男同学人数: '
    PRINT @n
  END
ELSE
    PRINT 'Student 表中没有男同学信息!'
```

运行结果如图 5-7 所示。

消息
男同学人数:
5

图 5-7　男同学的人数

5.4.3　CASE 语句

CASE 语句用于进行多分支的选择,并将其中一个符合条件的结果表达式返回。CASE 语句按照使用形式的不同,可以分为简单 CASE 语句和搜索 CASE 语句两种格式。

1. 简单 CASE 语句

简单 CASE 语句将某个表达式与一组简单表达式进行比较以确定结果。它的一个应用是通过扩展数据值来为用户提供更明确的信息输出。其语法格式如下。

```
CASE input_expression
    WHEN when_expression THEN result_expression
    [,...n]
    [ELSE else_result_expression]
END
```

语法说明：将 when_expression 依次与 input_expression 相比较，若相等，则返回 result_expression 的值，若均不匹配则返回 else_result_expression 的值。

【例 5-10】 判断 Student 表中的性别字段，分别输出"他是男同学"或"她是女同学"。

```
SELECT Stu_Name AS 姓名,性别 =
    CASE Stu_Sex
    WHEN '男' THEN '他是男同学'
    WHEN '女' THEN '她是女同学'
    END
FROM Student
```

运行结果如图 5-8 所示。

	姓名	性别
1	肖韦	她是女同学
2	赵非	她是女同学
3	钱铎	他是男同学
4	王倩倩	她是女同学
5	李威	他是男同学
6	张璐	她是女同学
7	马驰	他是男同学
8	上官玲	她是女同学
9	赵非	他是男同学
10	孙鑫	他是男同学

图 5-8 判断性别

2. 搜索 CASE 语句

搜索 CASE 语句允许根据比较值在结果集内对值进行替换。其语法格式如下。

```
CASE
    WHEN Boolean_expression THEN result_expression
    [,...n]
    [ELSE else_result_expression]
END
```

语法说明：对 Boolean_expression 进行判断，若为真，则返回 result_expression 的值；若均不成立则返回 else_result_expression 的值。

【例 5-11】 根据学生的入学成绩范围，显示不同的（ABCDE）级别。运行结果如图 5-9 所示。

	姓名	入学成绩	成绩级别
1	肖韦	516	C
2	赵非	582	A
3	钱铎	467	D
4	王倩倩	530	B
5	李威	512	C
6	张璐	530	B
7	马驰	560	A
8	上官玲	457	E
9	赵非	502	C
10	孙鑫	519	C

图 5-9 判断成绩级别

```
SELECT Stu_Name AS 姓名, Stu_EnterScore AS 入学成绩,成绩级别 =
    CASE
        WHEN Stu_EnterScore >= 560 THEN 'A'
        WHEN Stu_EnterScore >= 530 THEN 'B'
        WHEN Stu_EnterScore >= 500 THEN 'C'
        WHEN Stu_EnterScore >= 460 THEN 'D'
        ELSE 'E'
    END
FROM Student
```

5.4.4　WHILE 语句

WHILE 语句用于创建一个循环,当指定条件为 TRUE 时连续执行一个功能,直到循环条件为假。它的语法格式如下。

```
WHILE Boolean_expression
    {sql_statement|statement_block}
    [BREAK]
    [CONTINUE]
```

语法说明:当条件表达式 Boolean_expression 值为 TRUE 时,就重复执行其后的 T-SQL 语句或语句块。CONTINUE 语句使循环重新开始,即跳过在该循环内,但在 CONTINUE 之后的语句,重新进行 Boolean_expression 值的判断。BREAK 语句使循环结束,即跳出循环。

【例 5-12】　计算 1~100 之间所有奇数的和。

```
DECLARE @i tinyint,@s int
SET @i = 1
SET @s = 0
WHILE @i < = 100
  BEGIN
    IF @i % 2 < > 0
      SET @s = @s + @i
    SET @i = @i + 1
  END
PRINT @s
```

运行结果为 2500。

5.5　事务

5.5.1　事务的概念

事务是数据库的一个操作序列。它包含了一组数据库操作命令,所有的命令作为一个整体一起向系统提交或撤销,操作请求要么都执行,要么都不执行,因此事务是一个不可分割的工作逻辑单元。

事务的基本特性(ACID)包括以下几个。

① 原子性(Atomicity):事务处理语句是一个整体,不可分割。

② 一致性(Consistency):事务处理前后,数据库前后状态要一致。

③ 隔离性(Isolation):多个事务并发处理互不干扰。

④ 持久性(Durability):事务处理完成后,数据库的变化将不会再改变。

5.5.2　事务处理

默认情况下每一条 T-SQL 语句都是一个事务,运行时自动提交或回滚。也可以使用

BEGIN TRANSACTION 语句开始一个事务,使用 COMMIT TRANSACTION 语句提交事务,使用 ROLLBACK TRANSACTION 语句回滚事务,即恢复到事务开始时的状态。

【例 5-13】 使用 T-SQL 语句将 Student 表中"钱铎"同学的学号改为 S201410101,性别改为"女"。

```
UPDATE Student SET Stu_Id = 'S201410101',Stu_Sex = '女'
WHERE Stu_Name = '钱铎'
```

运行结果如图 5-10 所示。由于修改后的学号 S201410101 与"肖韦"同学的学号相同,违反了主键约束,所以语句终止,即使性别的修改并不违反约束,但作为同一事务也不会被修改。

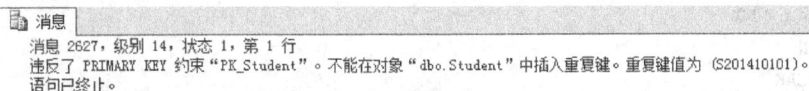

消息
消息 2627,级别 14,状态 1,第 1 行
违反了 PRIMARY KEY 约束"PK_Student"。不能在对象"dbo.Student"中插入重复键。重复键值为 (S201410101)。
语句已终止。

图 5-10 对学生信息修改的消息

【例 5-14】 启动事务 TRAN1,删除 Student 表中学号为 S201410101 的学生信息,并同时从 SC_result 表中删除其各科成绩;若出错,则显示"删除数据失败!"。

```
DECLARE @n int
SET @n = 0
BEGIN TRANSACTION TRAN1
  DELETE FROM Student WHERE Stu_id = 'S201410101'
  SET @n = @@error + @n
  DELETE FROM SC_result WHERE Stu_id = 'S201410101'
  SET @n = @@error + @n
  IF @n = 0
     COMMIT TRANSACTION
  ELSE
    BEGIN
      PRINT '删除数据失败!'
      ROLLBACK TRANSACTION
    END
```

运行结果如图 5-11 所示。由于删除 Student 表中学号为 S201410101 的学生信息违反了外键约束,事务回滚,SC_result 表中的删除操作恢复到未删除时的状态,即两条删除语句均不执行。

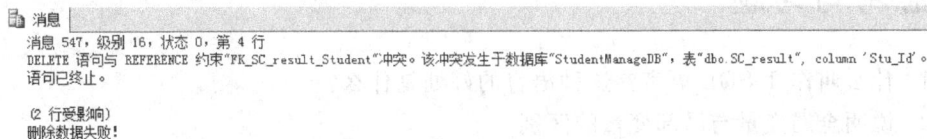

消息
消息 547,级别 16,状态 0,第 4 行
DELETE 语句与 REFERENCE 约束"FK_SC_result_Student"冲突。该冲突发生于数据库"StudentManageDB",表"dbo.SC_result", column 'Stu_Id'。
语句已终止。

(2 行受影响)
删除数据失败!

图 5-11 删除数据的消息

5.6　实训

(1) 查询 Student 表中籍贯为"山西"的学生人数并输出,若没有则输出"不存在山西籍的学生!"

(2) 使用 CASE 语句显示每名学生大学英语的成绩级别,其中"优秀"级别 90 分以上;"良好"级别在 80～89 之间;"中等"级别在 70～79 之间;"及格"级别在 60～69 之间;"不及格"级别在 60 分以下。

(3) 看程序,说结果。

```
DECLARE @n tinyint
SET @n = 1
WHILE @n < 50
  BEGIN
    BREAK
    CONTINUE
    SET @n = @n + 1
  END
PRINT @n
```

(4) 创建账户表 account(id,amount),如图 5-12 所示,要求 amount > = 0。向 account 表中输入数据,如图 5-13 所示。要求创建事务 tran2,实现 1001 账户向 1002 账户转账 600 元,若出错则显示"转账失败!"。

列名	数据类型	允许 Null 值
id	char(10)	☐
amount	decimal(18, 2)	☐

图 5-12　account 表结构

id	amount
1001	500.00
1002	500.00

图 5-13　account 表数据

小结

T-SQL 是由 Microsoft 公司开发的一种 SQL 语言,它不仅提供了对 SQL 标准的支持,而且包含了 Microsoft 对 SQL 的一系列扩展。本章主要介绍了 T-SQL 语言的语法要素、常用函数以及各流程控制语句的概念和事务的概念。本章是数据库管理人员和数据库程序设计人员必须掌握的基本技能。

思考与习题

1. 什么叫作 T-SQL 语言? 这种语言的好处是什么?
2. 说明全局变量与局部变量的区别。
3. 说明 BEGIN...END 语句块的作用。
4. 什么是事务? 事务的基本特性包括哪些?

第 6 章

视图与索引

引言

　　视图是一种虚拟的数据表(Virtual table),来源于数据表和其他视图的数据,它不仅可以方便用户操作,还可以保障数据库的安全。索引用于在数据表的数据中快速找到数据,它可以提升查询效率,使用户快速得到查询结果。视图与索引是非常重要的数据库管理工具。

　　本章主要介绍视图和索引的概况以及创建、修改、删除视图和索引的方法等。

6.1 视图

6.1.1 视图概述

1. 视图的定义

　　SQL Server 视图不是一个真实的表,它是创建于一个或多个表或者视图之上的虚拟表,它本身不存储数据,只定义数据,定义从哪些数据表或视图查询出哪些字段或记录。不过,视图和真实的表一样可以创建、更新与删除,当然这些操作都是作用于其定义的数据表。因为从本质上讲,视图来源于其所引用的表。

2. 视图的分类

　　SQL Server 2012 中视图可以分为三类:标准视图、索引视图和分区视图。

　　(1) 标准视图。通常情况下的视图都是标准视图,标准视图选取了来自一个或多个数据库中一个或多个表及视图中的数据,在数据库中仅保存其定义,在使用视图时系统才会根据视图的定义生成记录。

　　(2) 索引视图。如果希望提高聚合多行数据的视图性能,可以创建索引视图。索引视图是被物理化的视图,它包含经过计算的物理数据。索引视图在数据库中不仅保存其定义,生成的记录也被保存,还可以创建唯一聚集索引。使用索引视图可以加快查询速度,从而提高查询性能。

(3) 分区视图。分区视图将一个或多个数据库中的一组表中的记录抽取且合并。通过使用分区视图,可以连接一台或者多台服务器成员表中的分区数据,使得这些数据看起来就像来自同一个表中一样。分区视图的作用是将大量的记录按地域分开存储,使得数据安全和处理性能得到提高。

3. 视图的优、缺点

视图是一种虚表,是从一个或几个基本表(或视图)导出的表;视图只存放视图的定义,不会出现数据冗余;基表中的数据发生变化,从视图中查询出的数据也随之改变。

1) 视图的优点

(1) 逻辑数据独立性。视图隐藏了真实表结构变化,展现给用户的是相同的外部模式数据。

(2) 简化数据查询。将常用和复杂的查询定义为视图,可以简化用户的数据操作,使用户不必每次都重复执行查询命令,只要直接打开视图即可。

(3) 提高安全性。数据库授权命令只能限制用户对数据库的某个对象的操作,但不能授权到特定的行和列。而用户如果使用视图就只能对视图可见数据进行操作,数据库中的其他数据是无法看到的,提高了数据的安全性。

2) 视图的缺点

(1) 更多的操作限制。视图在增加、修改、删除数据时,因为数据完整性约束条件限制,在操作上会产生更多限制。

(2) 执行效率差。视图是一个从数据表或其他视图映射出的虚拟表,只有在使用的时候才从数据表导出,执行效率相应比直接访问数据表要差。

6.1.2　创建视图

视图是基于 SELECT 查询和已有数据表而创建的,视图可以建立在一个或多个数据表上,创建视图有两种方法,一种是使用"对象资源管理器";另一种是使用 T-SQL 语句。

1. 使用"对象资源管理器"创建视图

SQL Server 提供图形化界面的视图设计方式。用户不需要知道太多查询的知识即可实现查询操作。需要说明的是,在创建视图之前,数据库中必须已经存在至少一个数据基本表。

【例 6-1】　在 StudentManageDB 数据库中,创建一个名为 BeijingStu 的视图,用以了解北京籍贯学生的基本信息。

其步骤如下。

(1) 在"对象资源管理器"中,展开 StudentManageDB 数据库。

(2) 选择"视图"结点并右击,在弹出的快捷菜单中选择"新建视图"命令,如图 6-1 所示。

(3) 在弹出的"添加表"对话框中,选择"表"选项卡中的 Student 表,如图 6-2 所示。接着单击"添加"按钮,然后单击"关闭"按钮。视图的创建也可以基于多个表,如果要选择多个表,可以按住 Ctrl 键,分别选择列表中的数据表,或者按住 Shift 键,选中一段范围内的表。

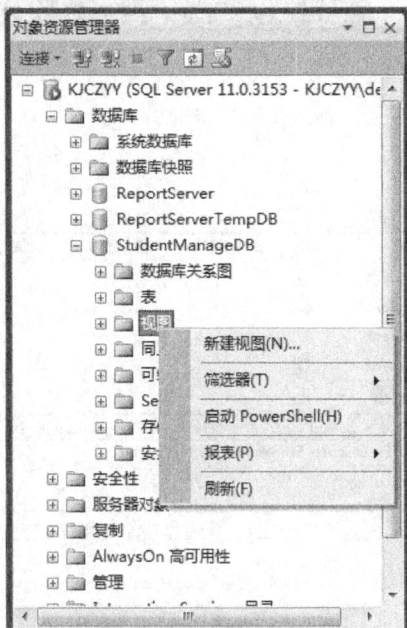

图 6-1　选择"新建视图"命令

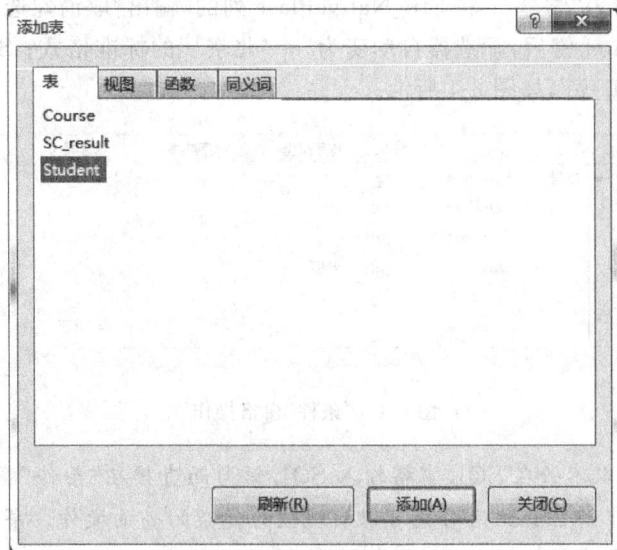

图 6-2　"添加表"对话框

(4) 弹出的"视图设计器"窗口中包含了 4 块区域,自上而下 4 个区域分别是:"关系图"窗格,可以添加或删除表;"条件"窗格,可以选择数据显示条件和表格显示方式;"SQL"窗格,可以输入 SQL 命令语句;"结果"窗格,用来显示 SQL 命令执行结果。

在"关系图"窗格中选择 Student 表的 Stu_Id、Stu_Name、Stu_Sex、Stu_EnterScore、Stu_Major、Stu_NativePlace 这 6 个字段,如图 6-3 所示。

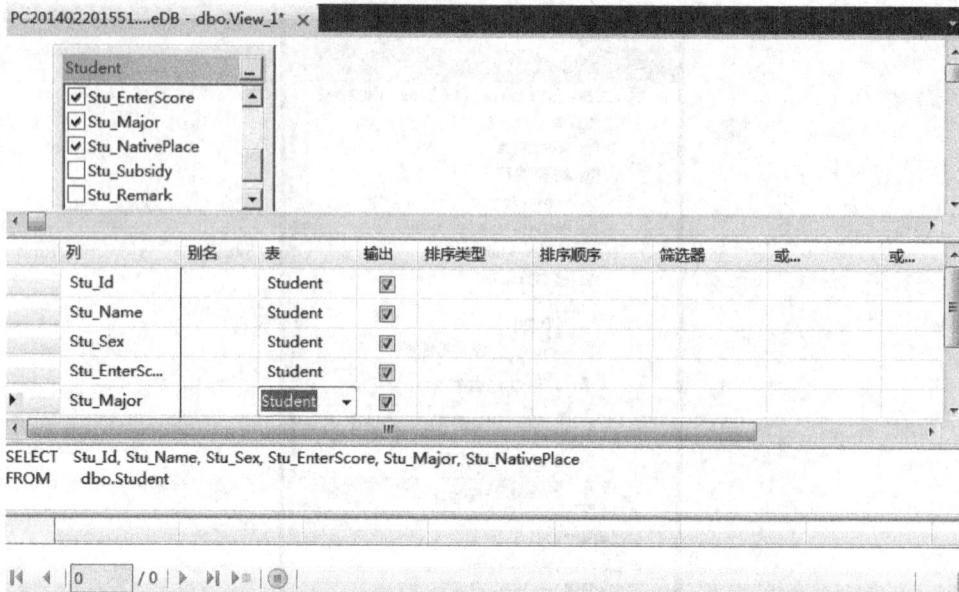

图 6-3 "视图设计器"窗口

(5) 在"条件"窗格中可以选择数据显示条件和表格显示方式,在"条件"窗格中,将 Stu_Id 列修改别名为"学号";将 Stu_NativePlace 列的"输出"取消勾选,并在筛选器一栏输入"北京",按 Enter 键后,筛选器自动变为"='北京'"的标准格式;Stu_EnterScore 列的排序类型设为"升序",如图 6-4 所示。

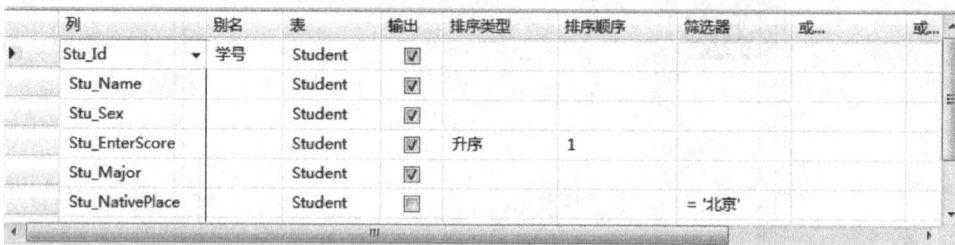

图 6-4 "条件"窗格操作

注意:用户可以不必在 SQL 窗格输入 SQL 语句而直接在"条件"窗格中进行查询操作,这样用户不必了解 Select 语句就可以实现较为复杂的查询操作。事实上,在"条件"窗格中进行的操作在执行完毕之后,会以 SQL 语句的形式同时显示在"SQL"窗格中,如图 6-5 所示。

(6) 条件设定完毕之后,单击菜单栏的"执行"按钮 ；或者右击 SQL 窗格,在弹出的快捷菜单中选择"执行 SQL"命令,可以在"结果"窗格查看视图显示的数据,并且可以通过单击窗格最下端的蓝色箭头,控制选中的记录,如图 6-6 所示。

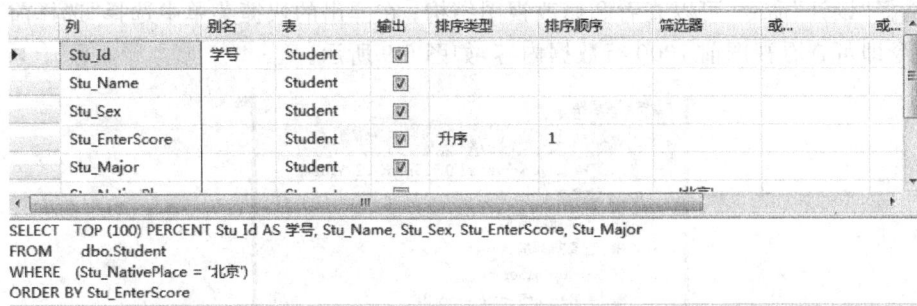

列	别名	表	输出	排序类型	排序顺序	筛选器	或...	或...
Stu_Id	学号	Student	☑					
Stu_Name		Student	☑					
Stu_Sex		Student	☑					
Stu_EnterScore		Student	☑	升序	1			
Stu_Major		Student	☑					

```
SELECT   TOP (100) PERCENT Stu_Id AS 学号, Stu_Name, Stu_Sex, Stu_EnterScore, Stu_Major
FROM     dbo.Student
WHERE    (Stu_NativePlace = '北京')
ORDER BY Stu_EnterScore
```

图 6-5　"SQL"窗格

	学号	Stu_Name	Stu_Sex	Stu_EnterScore	Stu_Major
▶	S201420101	李威	男	512	电子商务
	S201410101	肖韦	女	516	计算机信息管理
*	NULL	NULL	NULL	NULL	NULL

图 6-6　"结果"窗格

（7）单击标准工具栏中的"保存"按钮 ，在出现的"选择名称"对话框中输入视图名 BeijingStu，然后单击"确定"按钮，如图 6-7 所示。弹出一个警告对话框，如图 6-8 所示。单击"确定"按钮。这是由在"条件"窗格选择以 Stu_EnterScore 作为升序排序的操作引起的。

图 6-7　"选择名称"对话框

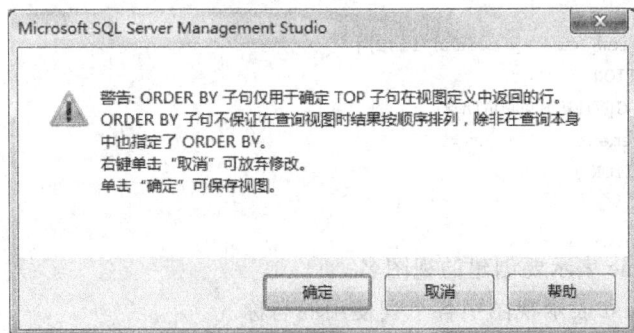

图 6-8　警告对话框

视图创建完成后，可以查看其结构及内容：在"对象资源管理器"中，依次展开 StudentManageDB 数据库和视图结点。在 dbo.BeijingStu 视图上右击，在弹出的快捷菜单中选择"设计"命令,可以查看和修改视图结构;在弹出的快捷菜单中选择"选择前1000行"命令即可查看视图前1000行数据内容,如图6-9所示。

图 6-9 查看视图

2. 使用 T-SQL 语句创建视图

创建视图使用 CREATE VIEW 语句,其基本语法格式如下。

```
CREATE VIEW < view_name >[(column_list)]
[WITH < ENCRYPTION
  |SCHEMABINDING|VIEW_METADATA >]
AS select_statement
[WITH CHECK OPTION ]
```

语法说明:

(1) view_name 表示要创建的视图名。

(2) column_list 表示视图中各个列使用的名称。

(3) ENCRYPTION 表示让 SQL Server 加密视图的定义。使用 ENCRYPTION 选项后,任何用户,包括定义视图的用户都将看不见视图的定义。

(4) SCHEMABINDING 表示将视图与其所依赖的表或视图结构相关联。使用 SCEMABINDING 时,SELECT 查询语句必须包含所引用的表、视图或用户定义函数的两部分名称(所有者. 对象)。

注意：当删除与视图关联的基表或基视图时,除非该视图已被删除或更改,不再具有关联,否则 SQL Server 会产生错误。另外,如果对参与具有关联视图的基表执行 ALTER TABLE 语句,又会影响与关联视图的定义,则这些语句也将会失败。

(5) VIEW_METADATA 表示指定为引用视图的查询请求浏览模式的元数据时, SQL Server 将向 DBLIB、ODBC 和 OLE DB API 返回有关视图的元数据信息,而不是返回基表或其他表。

(6) select_statement 用来创建视图的 SELECT 语句,SELECT 语句中查询多个表或视图,以表明新创建的视图所参照的表或视图。

(7) WITH CHECK OPTION 表示强制视图上执行的所有数据修改语句都必须符合由 SELECT 查询语句设置的准则。通过视图修改行时,WITH CHECK OPTION 可确保提交修改后,仍可通过视图看到修改的数据。

1) 使用 T-SQL 语句创建基于一个表的视图

【例 6-2】 在 StudentManageDB 数据库中,创建一个名为 Subsidy_view 的视图,要求视图包含 3 个字段：Stu_Id、Stu_Name、Stu_Subsidy。并且指定 3 个字段别名分别为学号、姓名、补助金额。

```
CREATE VIEW Subsidy_view
AS
SELECT Stu_Id as 学号,Stu_Name as 姓名,Stu_Subsidy as 补助金额 FROM Student
```

或

```
CREATE VIEW Subsidy_view (学号,姓名,补助金额)
AS
SELECT Stu_Id,Stu_Name,Stu_Subsidy FROM Student
```

上述语句执行后,通过下面的查询语句查看 Subsidy_view 视图,结果如图 6-10 所示。

```
SELECT * FROM Subsidy_view
```

	学号	姓名	补助金额
1	S201410101	肖韦	300.00
2	S201410102	赵菲	300.00
3	S201410201	钱铎	300.00
4	S201410202	王倩倩	300.00
5	S201420101	李威	300.00
6	S201420202	张璐	300.00
7	S201430103	马驰	300.00
8	S201440401	上官玲	300.00
9	S201440402	赵菲	300.00
10	S201510101	孙鑫	300.00

图 6-10 单表视图执行结果

2）使用 T-SQL 语句创建基于多个表的视图

【**例 6-3**】 在 StudentManageDB 数据库中，创建视图 Score_view，查看学生每门课程的成绩，显示学生学号、姓名、专业、课程、成绩相关信息。

```
CREATE VIEW Score_view
AS
SELECT Student.Stu_Id as 学号,Stu_Name as 姓名, Stu_Major as 专业, Cour_Name as 课程, Score
as 成绩
FROM Student JOIN SC_result ON Student.Stu_Id = SC_result.Stu_Id JOIN Course ON SC_result.
Cour_Id = Course.Cour_Id
```

上述语句执行后，通过下面的查询语句查看 Score_view 视图，结果如图 6-11 所示。

```
SELECT * FROM Score_view
```

	学号	姓名	专业	课程	成绩
1	S201410101	肖韦	计算机信息管理	大学英语	90
2	S201410101	肖韦	计算机信息管理	马克思理论	80
3	S201410102	赵非	计算机信息管理	计算机应用基础	98
4	S201410102	赵非	计算机信息管理	计算机网络	56
5	S201410201	钱铎	计算机信息管理	高等数学	85
6	S201410201	钱铎	计算机信息管理	大学英语	100
7	S201410201	钱铎	计算机信息管理	计算机应用基础	83
8	S201420202	张璐	电子商务	马克思理论	95

图 6-11　多表视图执行结果

3）使用 T-SQL 语句创建使用聚合函数基于字段统计值的视图

【**例 6-4**】 在 StudentManageDB 数据库中，创建视图 Credit_view，查看每名学生所修学分总数，显示学生学号、姓名、修课数、学分数。

```
CREATE VIEW Credit_view
AS
SELECT Student.Stu_Id as 学号, Stu_Name as 姓名,COUNT ( * ) as 修课数,SUM(Cour_Credit) as 学分数
FROM Student JOIN SC_result ON Student.Stu_Id = SC_result.Stu_Id JOIN Course ON SC_result.
Cour_Id = Course.Cour_Id
GROUP BY Student.Stu_Id, Stu_Name
```

上述语句执行后，通过下面的查询语句查看 Credit_view 视图，结果如图 6-12 所示。

```
SELECT * FROM Credit_view
```

4）使用 T-SQL 语句创建基于视图的视图

【**例 6-5**】 在 StudentManageDB 数据库中，基于 Student 表和 Credit_view 视图，创建视图 NonCredit_view，查看未选修过课程的学生信息。

```
CREATE VIEW NonCredit_view
AS
SELECT Student.Stu_Id as 学号, Stu_Name as 姓名,Stu_Major as 专业
FROM Student LEFT JOIN Credit_view ON Student.Stu_Id = Credit_view.学号
```

```
WHERE Credit_view.学号 IS NULL
```

上述语句执行后,通过下面的查询语句查看 NonCredit_view 视图,结果如图 6-13 所示。

```
SELECT * FROM NonCredit_view
```

图 6-12　统计视图执行结果

图 6-13　基于视图的视图执行结果

3. 创建视图时应注意的问题

创建视图的时候,应该注意以下几个方面。

(1) 视图命名必须符合标识符定义的规则,每个视图名称不可重复,必须是唯一的。另外,视图的名称不能与表重名。

(2) 不仅可以在表上创建视图,还可以在引用视图的存储过程和视图的基础上创建视图。

(3) 不能在视图上定义全文索引。

(4) 在视图上不能有 DEFAULT 属性,不能定义规则。

(5) 在视图上不能有 AFTER 触发器,但可以有 INSTEAD OF 触发器。

(6) 定义视图的查询语句中不能含有以下关键字:ORDER BY、COMPUTE、COMPUTE BY 和 INTO 子句。

(7) 不能在临时表上创建视图,也不能创建临时视图。

(8) 在以下情况下,必须指定视图中每个列的名字:视图中的任意一列是来自于一个算术表达式、函数或常数的;视图中的两列或更多的列的名称相同(通常是由于视图的定义中包含了一个连接,而两个或更多的表中有相同的列名)。

6.1.3　使用视图

视图虽然是一个虚拟表,但是 SQL Server 允许像使用基本表一样,使用视图插入、更新和删除记录。当然,视图所修改的数据实际上都是对基本表的数据所做的修改。使用视图修改记录需要注意一些限制条件。

(1) 不能同时修改基于多个表创建的视图。一条 INSERT 语句只能向一个基本表中添加数据,使用 UPDATE 更新的列必须同属于一个表,DELETE 语句不能用于基于多个表创建的视图。

(2) 不能修改含有计算字段的视图,包括基于算术表达式或聚合函数的字段创建的视图。也就是说,如果创建视图时含有聚合函数、算术表达式、DISTINCT、GROUP BY、HAVING 子句,视图就只能查询,不能修改。

（3）没有基本表主键的视图不能插入记录，但是可以执行 UPDATE 和 DELETE 操作。执行 INSERT 命令时，视图必须包含基本表的主键；否则会插入数据失败。

（4）视图中进行插入、更新和删除操作仍然要遵守基本表的完整性约束条件。

1. 通过视图向基本表中插入数据

【例 6-6】　创建 Student_view 视图，并通过 Student_view 视图向 Student 基本表中插入一条新记录。

```
USE StudentManageDB
GO
CREATE VIEW Student_view (学号,姓名,入学成绩,籍贯)
AS
SELECT Stu_Id,Stu_name,Stu_EnterScore,Stu_NativePlace
FROM Student
GO
INSERT INTO Student_view VALUES('S201420208','张三','480','云南')
```

上述语句执行后，通过下面的查询语句查看 Student 表，结果如图 6-14 所示。

```
SELECT * FROM Student
```

	Stu_Id	Stu_Name	Stu_Sex	Stu_Birthday	Stu_MCCP	Stu_EnterScore	Stu_Major	Stu_NativeP…
4	S201410202	王倩倩	女	1995-12-29 00:00:00.000	0	530	计算机信息管理	云南
5	S201420101	李威	男	1997-03-08 00:00:00.000	0	512	电子商务	北京
6	S201420202	张璐	女	1996-05-03 00:00:00.000	1	550	电子商务	福建
7	S201420208	张三	NULL	NULL	NULL	480	NULL	云南

| ✅ 查询已成功执行。 | | | LIB-ZYY (11.0 SP1) | lib-zyy\zyy (52) | StudentManageDB |

图 6-14　视图插入记录执行结果

可以看到，通过在视图中执行一条 INSERT 语句操作，实际上是在基本表中插入一条记录，视图中不包含的基本表字段自动用 NULL 填充。

2. 通过视图更新基本表中的数据

【例 6-7】　通过修改 Student_view 视图中姓名为"张三"记录的"入学成绩"修改 Student 表中的相应数据。

```
UPDATE Student_view SET 入学成绩 = 504 WHERE 姓名 = '张三'
SELECT * FROM Student
```

执行结果如图 6-15 所示。

可以看到，Student 表中的数据已经被修改了。

3. 通过视图删除基本表中的数据

【例 6-8】　在 Student_view 视图中删除姓名是"张三"的记录。查看 Student 表的数据删除情况。

```
DELETE FROM Student_view WHERE 姓名 = '张三'
SELECT * FROM Student
```

	Stu_Id	Stu_Name	Stu_Sex	Stu_Birthday	Stu_MCCP	Stu_EnterScore
3	S201410201	钱择	男	1995-01-02 00:00:00.000	1	467
4	S201410202	王倩倩	女	1995-12-29 00:00:00.000	0	530
5	S201420101	李威	男	1997-03-08 00:00:00.000	0	512
6	S201420202	张璐	女	1996-05-03 00:00:00.000	1	550
7	S201420208	张三	NULL	NULL	NULL	504

图 6-15 视图更新数据执行结果

语句执行后,Student 表中姓名是"张三"的记录将被删除。

6.1.4 修改视图

SQL Server 提供了两种修改视图的方法:一种是通过"对象资源管理器"修改视图;另一种是使用 T-SQL 语句修改视图。

1. 通过"对象资源管理器"修改视图

SQL Server 可以对原有的视图进行修改,通过"对象资源管理器"修改视图的步骤如下。

(1) 在"对象资源管理器"中,展开数据库,如 StudentManageDB。

(2) 展开"视图"结点,选择要修改的视图,在需修改的视图上右击,在弹出的快捷菜单上选择"设计"命令,如图 6-16 所示。

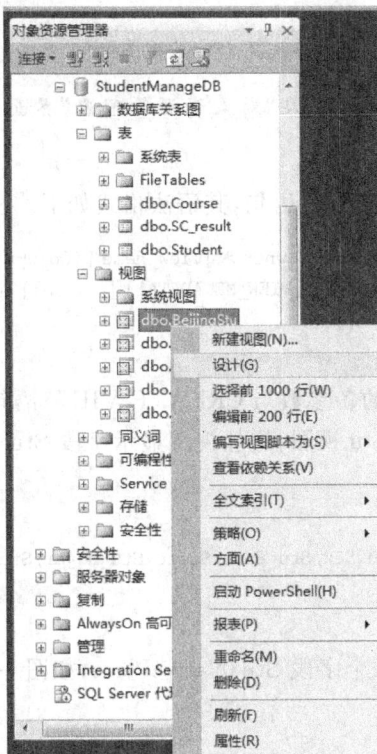

图 6-16 选择"设计"命令

(3) 在出现的窗口中对视图定义进行修改,修改完成后单击标准工具栏中的"保存"按钮即可,如图 6-17 所示。

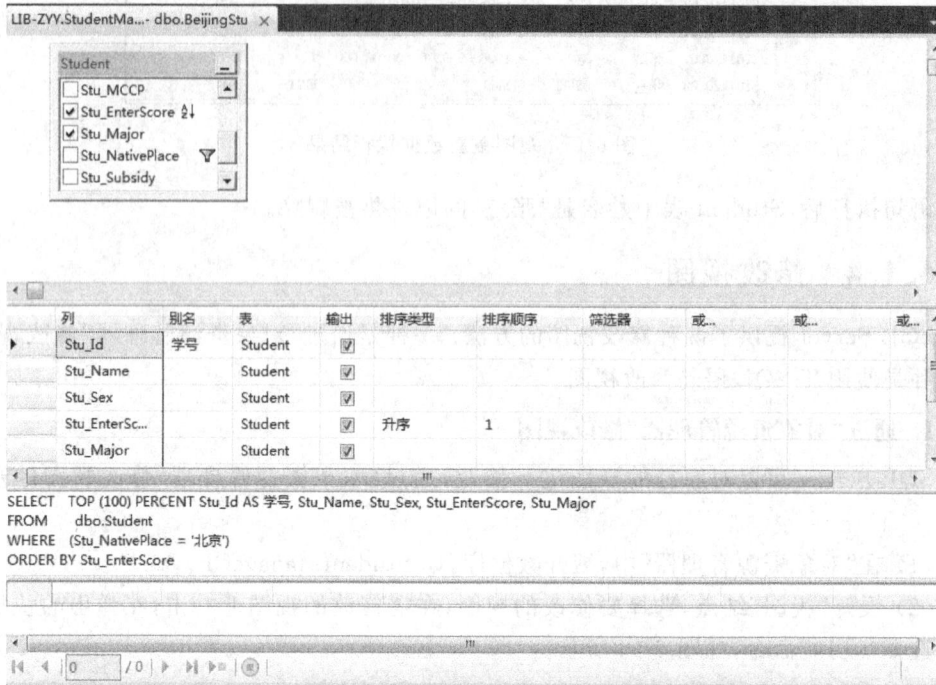

图 6-17 "修改视图"窗口

注意：对加密存储的视图不能在"对象资源管理器"界面修改。

2. 使用 T-SQL 语句修改视图

修改视图使用 ALTER VIEW 语句,其语法格式如下。

```
ALTER VIEW [<database_name>.][<owner>.]view_name [(Column_name [, ... n])]
[WITH {ENCRYPTION |SCHEMABINDING|VIEW_METADATA}] [, ... n]]
AS select_statement
[WITH CHECK OPTION]
```

ALTER VIEW 语句中的各参数与 CREATE VIEW 语句中的含义相同。

【例 6-9】 修改 BeijingStu 视图,增加视图显示字段 Stu_NativePlace。

```
ALTER VIEW BeijingStu
AS
SELECT Stu_Id,Stu_Name,Stu_Sex,Stu_EnterScore,Stu_Major,Stu_NativePlace FROM Student
GO
SELECT * FROM BeijingStu
```

语句执行后,视图新增一个字段 Stu_NativePlace,如图 6-18 所示。

6.1.5 删除视图

对于不再使用的视图,可以使用"对象资源管理器"或 T-SQL 语句来删除视图。

结果 消息

	Stu_Id	Stu_Name	Stu_Sex	Stu_EnterScore	Stu_Major	Stu_NativePlace
1	S201410101	肖韦	女	516	计算机信息管理	北京
2	S201410102	赵非	女	582	计算机信息管理	上海
3	S201410201	钱铎	男	467	计算机信息管理	山西
4	S201410202	王倩倩	女	530	计算机信息管理	云南
5	S201420101	李威	男	512	电子商务	北京
6	S201420202	张璐	女	550	电子商务	福建
7	S201430103	马驰	男	560	软件工程	陕西
8	S201440401	上官玲	女	457	市场营销	山东
9	S201440402	赵非	男	502	市场营销	上海
10	S201510101	孙鑫	男	519	计算机信息管理	山西

图 6-18 修改视图后的运行结果

1. 使用"对象资源管理器"删除视图

使用"对象资源管理器"删除视图的步骤如下。

(1) 在"对象资源管理器"中,展开"数据库",如 StudentManageDB,展开"视图"结点。

(2) 在需删除的视图上右击,在弹出的快捷菜单上选择"删除"命令,出现"删除对象"对话框,单击"确定"按钮即可删除指定的视图。

2. 利用 T-SQL 语句删除视图

删除视图使用 DROP VIEW 语句,其语法格式如下。

```
DROP VIEW <view_name>[,…n]
```

语法说明:view_name 是视图名,使用 DROP VIEW 一次可删除多个视图,多个视图名称之间用逗号分隔。

【例 6-10】 删除 StudentManageDB 数据库中的 Credit_view 和 NonCredit_view 视图。

```
DROP VIEW Credit_view,NonCredit_view
```

6.2 索引

6.2.1 索引概述

1. 索引的定义

索引是对表中一列或多列的值进行排序的结构,使用索引可以快速访问数据库表中的特定信息,并且无须对整个数据库进行扫描,就可以在其中找到所需数据。而数据库中的索引是一个表中所包含的值的列表,其中注明了表中包含各个值的行所在的存储位置。

2. 索引的优点和缺点

1) 索引的优点

(1) 加快数据访问速度。

(2) 保证记录的唯一性。

（3）实现了表与表之间的参照完整性。

（4）使用索引后，使用 ORDER BY、GROUP BY 子句进行数据查询时，可以减少排序和分组的时间。

2）索引的缺点

（1）创建索引需要耗费时间，并且数据量越大耗费的时间越长。

（2）对表中数据进行修改时，索引也要进行动态维护，这就增加了数据维护的时间，从而降低数据维护速度。

（3）索引需要占用物理空间，如果索引数量巨大，索引文件可能会比数据文件更快达到最大文件容量。

3. 索引的分类

表或视图的索引，可分为聚集索引和非聚集索引两种类型。

1）聚集索引（Clustered index）

聚集索引是将数据行的键值在表内排序并存储在相对应的数据记录中的一种索引，索引中键值的逻辑顺序跟表中相应行的物理顺序一致。也就是说，以某个字段为关键字创建了聚集索引后，数据表中的数据便按照索引的顺序进行排序并存储。一个表只能有一个聚集索引，因为一个表只能按照一种顺序存储。一个表设置某列为主键之后，会自动创建一个以该键为索引键的聚集索引。

2）非聚集索引（Nonclustered index）

非聚集索引完全独立于数据行。也就是说，索引顺序与数据表存储顺序不一致。数据存储在一个地方，索引在另一个地方。一个表只能有一个聚集索引，但可有一个或多个非聚集索引。在创建索引时，可指定是按升序还是降序存储键。

另外，索引按索引键值是否唯一来分，可分为唯一索引和非唯一索引。如果一个表中某一键没有重复值，以这个键作为索引键的索引称为唯一索引。当唯一性是数据本身存在的特点时，可创建唯一索引。当数据表中某一列键值存在重复值，此列创建的索引为非唯一索引。

根据多列组合创建的索引称为复合索引。

如果一个表中既要创建聚集索引，又要创建非聚集索引时，应先创建聚集索引；然后再创建非聚集索引，因为创建聚集索引时将改变数据记录的物理存放顺序。

6.2.2 创建索引

SQL Server 创建索引的方法有两种：一种是使用"对象资源管理器"创建索引；另一种是使用 T-SQL 语句创建索引。

除了这两种方法创建索引，SQL Server 还会在创建数据表的同时根据数据表的字段设置自动创建两种索引，一种是主键索引；另一种是唯一键索引。

1. 系统自动创建的索引

在创建表时，指定为 PRIMARY KEY 和 UNIQUE 的字段，系统会自动创建相应的索引，主键索引自动创建为聚集索引，唯一键索引创建为唯一索引。

1) 主键索引

创建数据表时,如果设置了主键,SQL Server 会自动为其创建一个聚集索引。这就表示,存在主键的数据表在数据库中是按照主键值顺序进行物理存储的。例如,Student表中主键是 Stu_Id,系统就会自动创建此字段的聚集索引。

需要注意的是,如果数据表在设置主键之前已经创建了聚集索引,那么 SQL Server就不会创建主键索引。所以如果不想以主键作为聚集索引,而以其他字段值作为数据存储方式的话,就需要在设置主键之前先建立聚集索引,然后再创建主键。

在"对象资源管理器"中展开数据库 StudentManageDB 下的"表"结点,找到 Student表,然后展开"索引"结点,可以看到有一个名为 Pk_Student 的索引,索引类型显示为"聚集"。这就是 SQL Server 自动创建的主键索引。右击 Student 表,在弹出的快捷菜单中选择"设计"命令,在"属性"面板的首部下拉菜单中选择[PKey]PK_Student 命令,可以在"属性"面板看到主键索引的设置,如图 6-19 所示。

在"属性"面板,可以看到 SQL Server 索引对象常用的属性包括以下几种。

① 类型:创建的哪一种索引,可以是主键、唯一索引键或索引 3 种类型。

② 列:创建索引的列名。

③ 是唯一的:创建索引的键值是否唯一。

④ 名称:索引名称,可修改索引名称。

⑤ 说明:为索引添加备注信息。

⑥ 包含的列:索引包含的字段列表。如果是复合索引,字段中间用","分隔。

⑦ 创建为聚集的:设定索引是否为聚集索引。

⑧ 忽略重复键:如果索引键值是唯一的,数据表新增数据出现重复值时的处理方式。选择"是"表示新增重复值时,系统自动取消新增数据;选择"否"表示系统出现错误提示并不执行。

⑨ 数据空间范围:主要可以指定索引所在的文件组。

图 6-19 主键索引属性面板

⑩ 填充规范:属性列表下包含两个子属性:"填充索引""填充因子"。填充因子是为索引分页指定填充比率,从而可以为插入或更新数据预留空间,减少分页次数,值的设定可以是 0～100(0 和 100 表示一个概念),默认是 0,表示没有页面 100% 使用,插入或更新时会因空间不足导致分页。

⑪ 为全文键:指定是否为全文索引。

⑫ 已禁用:指定索引是否禁用。但是,此属性不能修改,只能通过 T-SQL 语句ALTER INDEX DISABLE 禁用指定索引。

⑬ 重新计算统计信息:是否重新计算针对此索引所自动创建的统计数据。默认值为"是"。

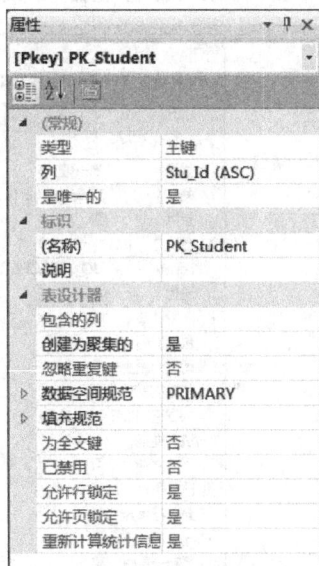

2) 唯一键索引

创建数据表时,如果设置了 UNIQUE 键,那么 SQL Server 会自动为其创建一个唯一索引。

【例 6-11】 在数据库 StudentManageDB 中新建 Teacher 表,设定 Teac_name 为唯一键。

```
CREATE TABLE Teacher
(Teac_id char(5) not null primary key,
Teac_name char(10) not null unique,
Teac_sex char(2),
Teac_depart char(20))
```

在"属性"面板中的下拉列表框选择[UKEY]UQ_TEACHER_80793D96B8C548AC,可以看到图 6-20 的唯一键索引"属性"面板。

在"对象资源管理器"中的"索引"结点下,可看到图 6-21 所示的索引。

图 6-20　唯一键索引属性面板

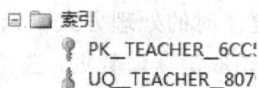

图 6-21　主键索引和唯一键索引

2. 使用"对象资源管理器"创建索引

通过"对象资源管理器"建立索引的步骤如下。

(1) 在"对象资源管理器"中,展开数据库下要创建索引的表,如 Student 表。

(2) 右击"索引"结点,在弹出的快捷菜单中选择"新建索引"命令,如图 6-22 所示。

(3) 选择"非聚集索引"命令,弹出"新建索引"对话框,如图 6-23 所示,在对话框中的索引名称处填入 Name_index,索引类型是"非聚集"(此处不可更改,因为一个表只能有一个聚集索引)。

此表已经存在一个聚集索引,勾选"唯一"设置索引是否为唯一索引,"索引键列"部分单击"添加"按钮,在弹出的对话框选择 Stu_name 作为索引键值,单击"确定"按钮。

图 6-22 "对象资源管理器"新建索引

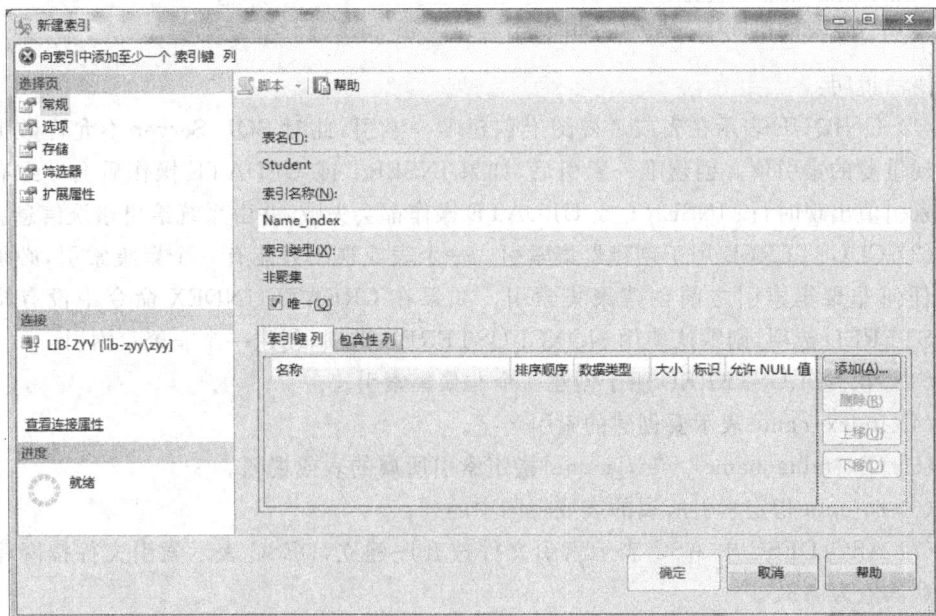

图 6-23 "新建索引"对话框

（4）可以在"新建索引"对话框中为所选的索引键值指定"排序次序"（升序或降序）；如果选择多个列作为复合索引，则可以通过右侧的"上移""下移"按钮调整索引键列的优先级，如图 6-24 所示。单击"确定"按钮后就可以在"对象资源管理器"中看到新建的索引了。

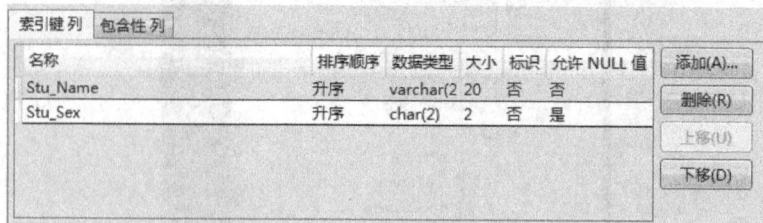

索引键列	包含性列						
名称		排序顺序	数据类型	大小	标识	允许 NULL 值	添加(A)...
Stu_Name		升序	varchar(2	20	否	否	删除(R)
Stu_Sex		升序	char(2)	2	否	是	上移(U)
							下移(D)

图 6-24　修改索引键顺序

3. 使用 T-SQL 语句创建索引

创建索引使用 CREATE INDEX 语句，其语法格式如下。

```
CREATE [UNIQUE] [CLUSTERED|NONCLUSTERED] INDEX < index_name >
ON {table_name | view_name}
(column [ASC|DESC][,...n])
[WITH < index_option > [,...n]]
[ON filegroup]
< index_option >::=
{PAD_INDEX | FILLFACTOR = fillfactor
|IGNORE_DUP_KEY
|DROP_EXISTING
|STATISTICS_NORECOMPUTE
|SORT_IN_TEMPDB}
```

语法说明：

（1）UNIQUE 表示在表或者视图上创建唯一索引，此时 SQL Server 不允许数据行中出现重复的索引值。创建唯一索引后，如果 INSERT 或 UPDATE 操作后会导致有重复的索引值出现时，该 INSERT 或 UPDATE 操作都会失败，并由系统给出错误信息。

（2）CLUSTERED 用于创建聚集索引。一个表或视图只能有一个聚集索引，必须在创建任何非聚集索引之前创建聚集索引。如果在 CREATE INDEX 命令中没有指定 CLUSTERED 选项，则默认使用 NONCLUSTERED 选项，创建一个非聚集索引。

（3）NONCLUSTERED 用于创建一个非聚集索引。

（4）index_name 表示要创建的索引名字。

（5）ON{table_name| view_name}指定索引所属的表或视图。

（6）column 指定索引所属的表或视图中的列。

（7）ASC|DESC 中 ASC 表示索引文件按升序建立，DESC 表示索引文件按降序建立。默认值为 ASC。

（8）FILLFACTOR 用于指定在 SQL Server 创建索引的过程中，各索引页的填满程度（百分比）。

（9）PAD_INDEX 用于指定维护索引用的中间级中每个索引页上保留的可用空间。必须与 FILLFACTOR 同时用。

（10）IGNORE_DUP_KEY：用于确定对唯一索引的列插入重复键值时的处理方式。如果索引指定了 IGNORE_DUP_KEY，插入重复值时，SQL Server 会发出一条警告消息并取消重复行的插入操作；如果索引没有指定 IGNORE_DUP_KEY，SQL Server 会发出一条警告消息，并回滚整个 INSERT 语句。

（11）DROP_EXISTING：用于在创建索引时删除并重建指定的已存在的索引。

（12）STATISTICS_NORECOMPUTE：指定过期的索引统计不进行自动重新计算。若要恢复自动更新统计，可执行没有 NORECOMPUTE 选项的 UPDATE STATISTICS 命令。

（13）SORT_IN_TEMPDB：指定用于生成索引的中间排序结果将存储在 tempdb 数据库中。如果 tempdb 数据库与用户数据库不在同一磁盘集上，则使用此选项可能会减少创建索引所需的时间，但会增加使用的磁盘空间。

【例 6-12】 在 Student 表中的 Stu_Birthday 列上，创建一个名为 Birthday_index 的唯一非聚集索引，降序排列，填充因子为 30%。

```
CREATE UNIQUE INDEX Birthday_index
ON Student(Stu_Birthday DESC)
WITH FILLFACTOR = 30
```

【例 6-13】 在 Student 表中的 Stu_Name 和 Stu_Sex 列上，创建一个名为 Name_index 的唯一非聚集组合索引，升序排序，填充因子为 10%。

```
CREATE UNIQUE INDEX Name_index
ON Student(Stu_Name,Stu_Sex)
WITH FILLFACTOR = 10,DROP_EXISTING
```

注意：如果索引已经存在则需要加入"WITH DROP_EXISTING"代码，其作用是将同名的索引删除。Name_index 索引在上一小节中已经创建，所以本例需要加入这一句。

【例 6-14】 在 Course 表中的 Cour_Name 列上创建唯一非聚集索引。如果输入了重复的键，将忽略重复键的插入。

```
CREATE UNIQUE INDEX CourName_index
ON Course(Cour_Name)
WITH IGNORE_DUP_KEY
```

4. 创建索引时应遵循的原则

索引设计不合理或缺少索引都会对数据库和应用程序的性能造成障碍，高效的索引对于获得良好的性能非常重要，创建索引应遵循以下原则。

（1）索引并非越多越好，一个表中如果有大量的索引，不仅占用大量的磁盘空间，而且会影响 INSERT、DELETE、UPDATE 等语句的性能。

（2）避免对经常更新的表进行过多的索引，并且索引中的列要尽可能少。

（3）数据量小的表尽量不要使用索引，由于数据少，查询花费的时间可能比使用索引的时间还要短,索引可能不会产生优化效果。

(4) 在条件表达式中经常用到的、不同值较多的列上建立索引,在不同值少的列上不要建立索引。

(5) 当唯一性是某种数据本身的特征时,指定唯一索引。使用唯一索引能够确保定义列的数据的完整性,提高查询速度。

6.2.3 修改索引

索引创建之后可以根据需要对索引进行修改。这些修改包括重建索引和索引的重命名。同时还要经常查看索引信息和索引统计信息,查看索引状态,从而决定索引所要进行的修改操作,提高索引的执行效率。

1. 显示索引信息

1) 在"对象资源管理器"中查看索引信息

查看索引信息,可以在"对象资源管理器"中连接指定数据库,展开指定的表和索引,右击要查看的索引,在弹出的快捷菜单中选择"属性"命令,会弹出"索引属性"对话框。在这个对话框中可以查看并修改所选索引的相关信息,如图 6-25 所示。

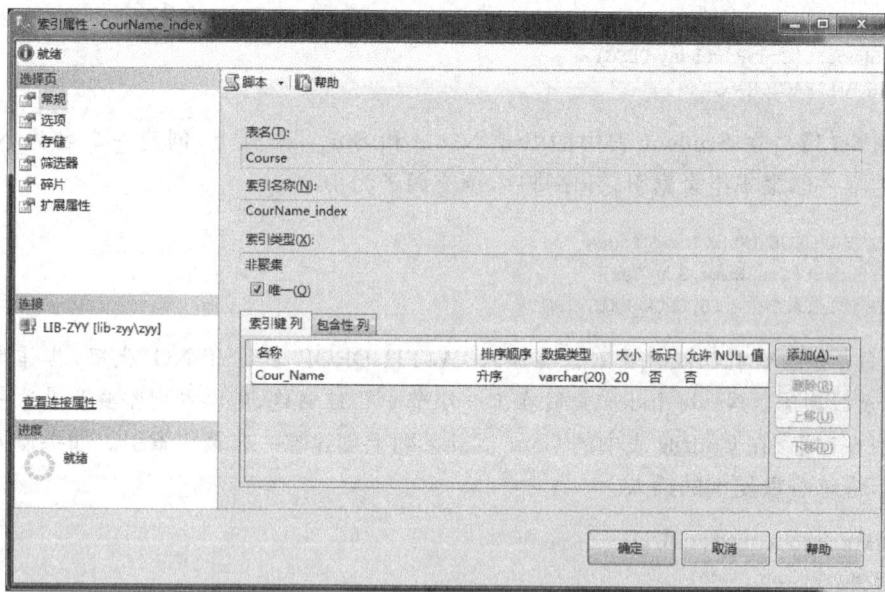

图 6-25 "索引属性"对话框

2) 使用系统存储过程查看索引信息

系统存储过程 sp_helpindex 可以返回某个表或者视图的索引信息,语法格式如下。

```
sp_helpindex [@objname = ] 'name'
```

【例 6-15】 使用存储过程查看 Student 表的索引信息。

```
EXEC sp_helpindex 'Student'
```

执行结果如图 6-26 所示。在执行结果中可以看到 Student 表的所有索引的信息。

	index_name	index_description	index_keys
1	Birthday_index	nonclustered, unique located on PRIMARY	Stu_Birthday(-)
2	Name_index	nonclustered, unique located on PRIMARY	Stu_Name, Stu_Sex
3	PK_Student	clustered, unique, primary key located on PRIMARY	Stu_Id

图 6-26 存储过程查看索引信息

2. 查看索引的统计信息

索引的统计信息可以用来分析索引性能，它是查询优化器用来分析和评估查询的基础数据，用户可以在"对象资源管理器"中查看索引的统计信息，也可以用 T-SQL 命令查看索引的统计信息。

1）在"对象资源管理器"中查看索引的统计信息

在"对象资源管理器"中连接指定数据库，展开指定的"表"和"统计信息"结点，右击要查看的索引，在弹出的快捷菜单中选择"属性"命令，会弹出"统计信息属性"对话框。在这个对话框可以查看所选索引的统计信息，如图 6-27 所示。

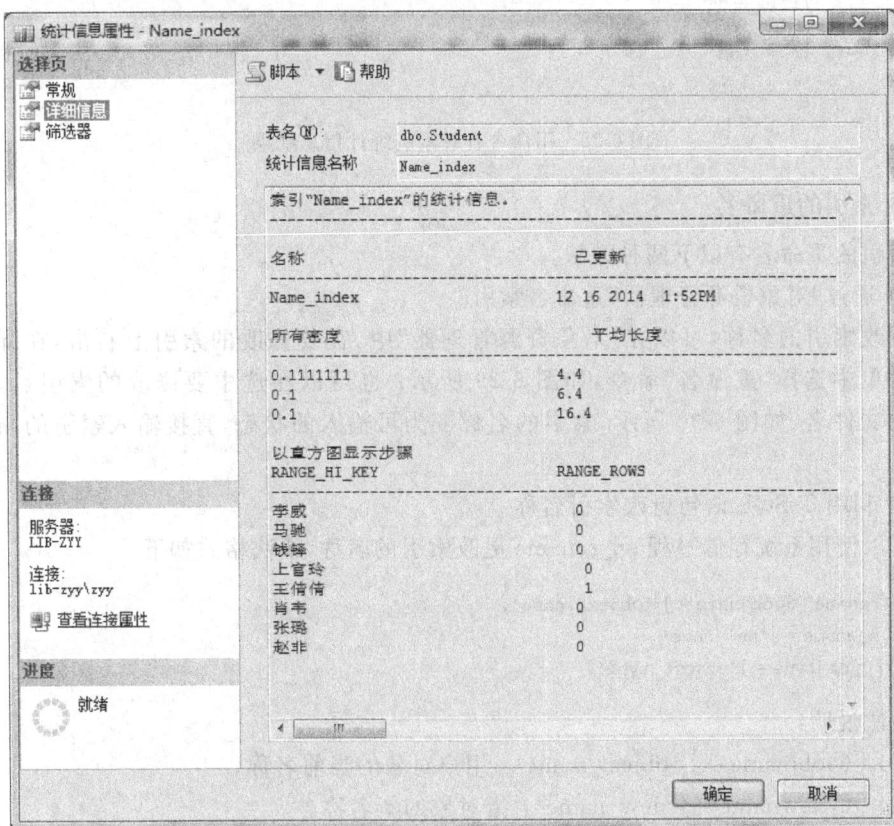

图 6-27 Name_index 的索引统计信息

2) 使用 T-SQL 命令查看索引统计信息

除了使用"对象资源管理器"查看索引统计信息,还可以使用 DBCC SHOW_STATISTICS 命令来查看索引的统计信息。

```
DBCC SHOW_STATISTICS ('Student',Name_index)
```

执行结果如图 6-28 所示。

	Name	Updated		Rows	Rows Sampled	Steps	Density	Average key
1	Name_index	12 16 2014 1:52PM		10	10	8	1	16.4

	All density	Average Length	Columns
1	0.1111111	4.4	Stu_Name
2	0.1	6.4	Stu_Name, Stu_Sex
3	0.1	16.4	Stu_Name, Stu_Sex, Stu_Id

	RANGE_HI_KEY	RANGE_ROWS	EQ_ROWS	DISTINCT_RANGE_ROWS	AVG_RANGE_ROWS
1	李威	0	1	0	1
2	马驰	0	1	0	1
3	钱择	0	1	0	1
4	上官玲	0	1	0	1
5	王倩倩	1	1	1	1
6	肖韦	0	1	0	1
7	张璐	0	1	0	1
8	赵非	0	2	0	1

图 6-28 用命令查看索引统计信息结果

3. 索引的重命名

索引的重命名有以下两种方法。

1) 通过"对象资源管理器"重命名索引

更改索引的名称,可以在"对象资源管理器"中,在要修改的索引上右击,在弹出的快捷菜单中选择"重命名"命令,如图 6-29 所示;也可以在选中要修改的索引后,单击索引的文件名,如图 6-30 所示,索引的名称变为可输入的状态,直接输入索引的新名称即可。

2) 利用 T-SQL 语句更改索引名称

可以使用系统存储过程 sp_rename 更改索引的名称,语法格式如下。

```
sp_rename [@objname = ] 'object_name',
[@newname = ]'new_name'
[, [@objtype = ]'object_type']
```

语法说明:

(1) [@objname=] 'object_name':用户对象的当前名称。

(2) [@newname=]'new_name':指对象的新名称。

(3) [@objtype=]'object_type':要重命名的对象类型。这里应设为 INDEX。

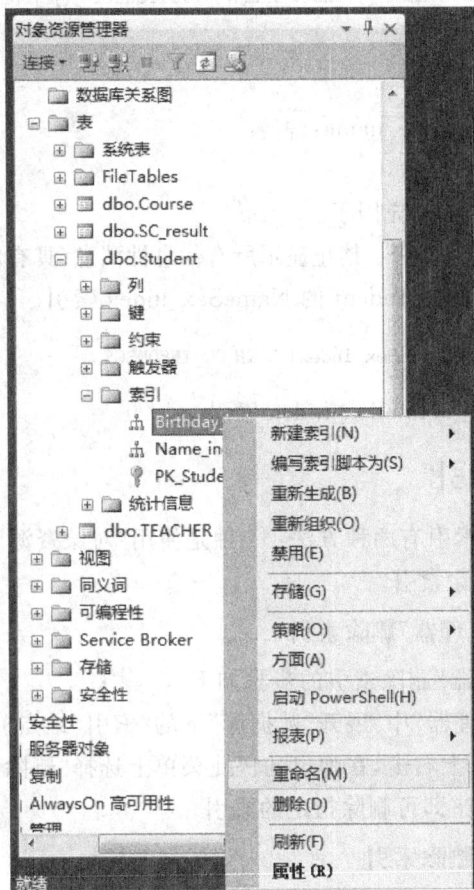

图 6-29　选择"重命名"命令

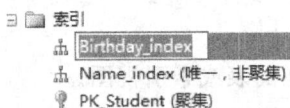

图 6-30　"索引重命名"窗口

【例 6-16】 将 Student 表中的索引 Name_index 更名为 NameSex_index。

```
EXEC sp_rename 'Student.Name_index', 'NameSex_index','INDEX'
```

语句执行后,在刷新了"对象资源管理器"中的"索引"文件夹后,就可以看到更名后的索引了。

4. 重新生成索引

使用 DBCC DBREINDEX 语句可以重建指定数据库中表的一个或多个索引。DBCC DBREINDEX 语句的语法格式如下。

```
DBCC DBREINDEX
```

```
([database. owner. table_name [, index_name[, fillfacter ] ] ] )
[WITH NO_INFOMSGS]
```

语法说明：

(1) database. owner. table_name：表名。

(2) index_name：索引名。

(3) fillfacter：同前面,填充因子。

(4) WITH NO_INFOMSGS：禁止显示所有信息性消息(具有从 0～10 的严重级别)。

【例 6-17】 重新生成表 Student 的 NameSex_index 索引。

```
DBCC DBREINDEX (Student,NameSex_index) WITH NO_INFOMSGS
```

语句执行后即可重建 NameSex_index 索引。

6.2.4 删除索引

SQL Server 中删除索引有两种方法：一种是使用"对象资源管理器"删除索引；另一种是使用 T-SQL 语句删除索引。

1. 通过"对象资源管理器"删除索引

通过"对象资源管理器"删除索引的步骤如下。

(1) 在"对象资源管理器"中,展开"数据库"下的"索引"结点。

(2) 在要删除的索引上右击,在弹出的快捷菜单上选择"删除"命令,出现"删除对象"对话框,再单击"确定"按钮即可删除指定的索引。

2. 利用 T-SQL 语句删除索引

删除索引使用 DROP INDEX 语句,其语法格式如下：

```
DROP INDEX table. index | view. index [,...n]
```

语法说明：

(1) table|view：索引列所在的表或索引视图。

(2) index：要删除的索引名称。

(3) n：表示可以指定多个要删除的索引。

【例 6-18】 删除在 Student 表上创建的 NameSex_index 索引。

```
DROP INDEX Student.NameSex_index
```

6.3 实训

(1) 创建视图 Result_view,查看每个学生的选修课程的详细信息,要求视图字段显示学号、课程编号、课程名称、学分、课时、成绩。

(2) 利用视图 Result_view 向基本表中插入学号为 S201410202 号学生的 C1021 号课程的成绩 66 分。

（3）利用视图 Result_view 修改基本表中 S201410202 号学生的大学英语课程的成绩为 70 分。

（4）对 Student 表中 Stu_Id 列创建名为 StuId_idx 的唯一聚集索引。

（5）从视图 Result_view 中删除 S201410202 号学生的 C1021 号课程的成绩，观察执行结果，并思考如何实现删除。

（6）修改 StuId_idx 索引，使其如果输入了重复的键，系统将忽略该 INSERT 或 UPDATE 语句。

小结

本章主要介绍了视图和索引的概况以及创建、修改、删除视图和索引的方法。主要内容如下：

- 视图的定义和分类。
- 使用"对象资源管理器"创建视图的方法。
- 使用 T-SQL 语句创建基于一个表、多个表、字段统计值与视图的视图。
- 通过视图插入、更新、删除基本表数据。
- 修改和删除视图的方法。
- 索引的定义、优缺点和分类。
- 创建索引、修改索引和删除索引的方法。

思考与习题

1. 什么是视图？视图有什么优点和缺点？
2. 说明视图与表的区别。
3. 如何对基于多个表创建的视图进行插入、修改、删除操作？
4. 什么是索引？索引有什么作用？
5. 说明聚集索引与非聚集索引的区别。

第 7 章

存储过程与用户自定义函数

引言

　　存储过程与用户自定义函数都是 SQL Server 中的数据库对象,它们都是由 T-SQL 语句编写的,能够实现特定的功能。存储过程与用户自定义函数的主要区别在于结果的返回方式。为了能够支持多种不同的返回值,用户自定义函数比存储过程有更多的限制。

　　本章主要内容是存储过程和用户自定义函数的基本概念及其创建、执行、修改和删除等操作。

7.1　存储过程

　　简单地说,存储过程就是一条或者多条 T-SQL 语句的集合,可以视为数据库中的批处理文件,但是其作用又不仅限于批处理。下面首先介绍存储过程的基本概念。

7.1.1　存储过程介绍

1. 存储过程的概念

　　存储过程(Stored procedure),有时会简写为 Sproc,是存储于数据库中的批处理。在 SQL Server 中,为了实现特定的任务而将一些需要多次调用的固定的操作编写成子程序并且集中以一个存储单元的形式存储在服务器上,由 SQL Server 数据库服务器通过子程序名来进行调用,这些子程序就是存储过程。

　　存储过程是存储在 SQL Server 数据库中的一种数据库对象。它是一组编译在单个执行计划中的 T-SQL 语句,作为一个整体用于执行特定的操作。存储过程的功能包括:接收参数;调用另一过程;返回一个状态值给调用过程或批处理,指示调用成功或失败;返回若干个参数值给调用过程或批处理,为调用者提供动态结果;在远程 SQL Server 中运行等。

在 SQL Server 中,使用存储过程具有以下优点。

(1) 加快系统运行速度。存储过程只在创建时进行编译,以后每次执行存储过程都不需要再重新编译,因此使用存储过程可以提高系统运行速度。

(2) 封装复杂操作。当对数据库进行复杂操作时,可使用存储过程将复杂操作封装起来与数据库提供的事务处理结合在一起使用,从而简化操作流程。

(3) 实现代码重用。可以实现模块化程序设计,存储过程一旦创建,以后即可在程序中随时、任意、多次调用,这样就可以改进程序的可维护性,并提供统一的数据库访问接口。

(4) 增强安全性。可以设置特定用户具有对指定存储过程的执行权限,而不具备直接对存储过程中引用的对象具有权限。可以强化应用程序的安全性,参数化存储过程有助于保护应用程序不受 SQL 注入式攻击。

(5) 减少网络流量。因为存储过程存储在服务器上,并在服务器上运行。一个需要数百行 T-SQL 代码的操作可以通过一条执行存储过程代码的语句来执行,而不需要在网络中发送数百行代码,这样就可以减少网络流量。

2. 存储过程的类型

在 SQL Server 2012 中,提供多种类型的存储过程。具体如下。

1) 系统存储过程

系统存储过程是由 SQL Server 2012 系统提供的,主要存储在 master 数据库中,并以 sp_为前缀,在调用时不必在存储过程前加上数据库限定名。系统存储过程主要用来从系统表中获取信息,为系统管理员管理 SQL Server 提供帮助,为用户查看数据库对象提供方便。

2) 本地存储过程

本地存储过程是由用户根据自身需要,为了实现某一特定的业务需求,在用户数据库中使用 T-SQL 语句编写创建的存储过程。事实上,一般所说的存储过程都是指本地存储过程。

3) 扩展存储过程

扩展存储过程通常以 xp_为前缀,它是关系数据库引擎的开放式数据服务层的一部分。扩展存储过程是以在 SQL Server 2012 运行环境之外执行的动态链接库(DLL)来实现的,可以加载到 SQL Server 2012 实例运行的地址空间中执行。对于用户来说,扩展存储过程与普通存储过程一样,可以使用相同的方式来执行。

4) 临时存储过程

临时存储过程分为两种。

(1) 本地临时存储过程。以"♯"作为其名称的第一个字符,则该存储过程将成为一个存放在 tempdb 数据库中的本地临时存储过程,只有创建本地临时存储过程的连接才能执行该过程,当该连接关闭时,将自动删除该存储过程。

(2) 全局临时存储过程。以"♯♯"开始,则该存储过程将成为一个存储在 tempdb 数据库中的全局临时存储过程,全局临时存储过程一旦创建,以后连接到服务器的任何用户都可以执行它,而且不需要特定的权限,SQL Server 关闭后,全局临时存储过程将自动被删除。

5) 远程存储过程

在 SQL Server 中,远程存储过程是位于远程服务器上的存储过程,通常可以使用分布式查询和 EXECUTE 命令执行一个远程存储过程。

7.1.2 创建与使用存储过程

要使用存储过程,首先要创建一个存储过程。下面主要介绍存储过程的创建与使用。

1. 创建存储过程

在 SQL Server 2012 中,创建存储过程主要有两种方法。

① 使用 T-SQL 语句创建存储过程。

② 使用"对象资源管理器"创建存储过程。

实际上这两种方法都是要通过 T-SQL 语句来创建存储过程,因此本小节将主要介绍使用 T-SQL 语句来创建存储过程的操作方法。

在 SQL Server 2012 中,使用 T-SQL 语句 CREATE PROCEDURE 命令来创建存储过程,语法格式如下。

```
CREATE PROCEDURE|PROC <procedure_name>[;number]
    [{@parameter data_type}
[VARYING][=default][OUTPUT]][,...n1]
[WITH {RECOMPILE|ENCRYPTION|RECOMPILE, ENCRYPTION}]
[FOR REPLICATION]
AS sql_statement[,...n2]
```

语法说明:

(1) procedure_name:存储过程的名称,必须符合标识符命名规则,且对于数据库及其所有者必须唯一。

(2) number:是可选的整数,用来对同名的过程分组,以便于使用一条 DROP PROCEDURE 语句即可将同组的过程一起删除。

(3) @parameter:存储过程中的参数。在 CREATE PROCEDURE 中可以声明一个或多个参数。用户必须在执行存储过程时提供每个所声明参数的值(除非定义了该参数的默认值)。

(4) data_type:参数的数据类型。所有数据类型均可以用作存储过程的参数。不过,如果指定的数据类型为 cursor,则必须同时指定 VARYING 和 OUTPUT 关键字。

(5) VARYING:指定作为输出参数支持的结果集(由存储过程动态构造,内容可以变化)。仅适用于游标参数。

(6) default:参数的默认值。如果定义了默认值,不必指定该参数的值即可执行存储过程。默认值必须是常量或 NULL。如果存储过程将对该参数使用 LIKE 关键字,则默认值中可以包含通配符(%、_、[]和[^])。

(7) OUTPUT:指定参数是返回输出参数。该选项的值可以返回给调用 EXECUTE 的语句。使用 OUTPUT 参数可将信息返回给存储过程的调用方。

（8）n1 表示可以指定若干个参数。存储过程最多可以有 2100 个参数。

（9）{RECOMPILE|ENCRYPTION|RECOMPILE, ENCRYPTION}：RECOMPILE 表明 SQL Server 不会缓存该存储过程的计划，该存储过程将在运行时重新编译。ENCRYPTION 表示 SQL Server 加密 syscomments 表中包含 CREATE PROCEDURE 语句文本的条目。使用 ENCRYPTION 可防止他人查看或修改存储过程定义的文本。

（10）FOR REPLICATION 用于指定不能在订阅服务器上执行为复制创建的存储过程。

（11）sql_statement 表示存储过程中要包含的任意数目和类型的 T-SQL 语句，但是会有一些限制。

（12）n2 表示此过程可以包含多条 T-SQL 语句。

【例 7-1】 创建一个带有输入参数和输出参数的存储过程 msgstudent_proc1。其中输入参数用于存放学生的姓名，输出参数用于返回该学生的学号。

```
USE StudentManageDB
GO
CREATE PROCEDURE msgstudent_proc1
@name varchar(20) ,@id_num char(10) OUTPUT
AS
SELECT @id_num = Stu_Id FROM Student WHERE Stu_Name = @name
```

运行结果如图 7-1 所示，存储过程 msgstudent_proc1 创建完成。

图 7-1　创建存储过程

【例 7-2】 创建一个存储过程 msgstudent_proc2（加密的）。查看指定学生的课程成绩。

```
CREATE PROCEDURE msgstudent_proc2
@name varchar(20) = '钱铎'
WITH ENCRYPTION
AS
SELECT Student. Stu_Id, Stu_Name,Course.Cour_Id, Cour_Name, Score
FROM Student JOIN SC_result ON Student.Stu_Id = SC_result.Stu_Id JOIN Course
ON Course.Cour_Id = SC_result.Cour_Id WHERE Stu_Name = @name
```

说明：WITH ENCRYPTION 表示加密存储过程，即禁止他人查看或修改存储过程定义的文本。

在 SQL Server 2012 中，还可以使用"对象资源管理器"来创建存储过程，具体的操作步骤如下。

（1）在"对象资源管理器"中，展开需要创建存储过程的数据库 StudentManageDB。

（2）展开"可编程性"结点，右击"存储过程"对象，在弹出的快捷菜单中选择"新建存储过程"命令,如图 7-2 所示。

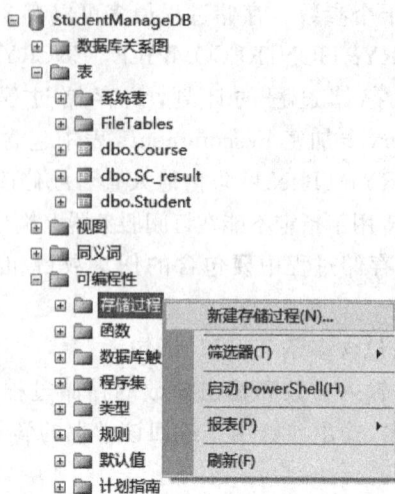

图 7-2　选择"新建存储过程"命令

(3) 在弹出的窗口中输入相应的 T-SQL 语句,同样可以完成存储过程的创建。

创建存储过程时,应注意以下几点。

① 根据可用内存的不同,存储过程的最大容量可达 128M。

② 用户定义的存储过程只能在当前数据库中创建(但临时存储过程除外)。

③ 在单个批处理中,CREATE PROCEDURE 语句不能与其他 T-SQL 语句组合使用。

④ 如果在存储过程中创建了临时表,则该临时表只能用于该存储过程,而且当存储过程执行完毕后,临时表将自动被删除。

⑤ 创建存储过程时,sql_statement 不能包含下面的 T-SQL 语句:SET SHOWPLAN_TEXT、SET SHOWMAN_ALL、CREATE VIEW、CREATE DEFAULT、CREATE RULE、CREATE PROCEDURE 和 CREATE TRIGGER。

2. 使用存储过程

在 SQL Server 2012 中,需要使用 EXECUTE 语句来执行存储过程,其语法格式如下。

```
[EXECUTE|EXEC]
{[[@return_status=]
    {<procedure_name>[;number]|@procedure_name_var}
[[[@parameter=]{value|@variable[OUTPUT]|[DEFAULT]}]
    [,…n]
[WITH RECOMPILE]}
```

语法说明:

(1) @return_status:可选的整型变量,保存存储过程的返回状态。这个变量在用于 EXECUTE 语句之前必须在批处理、存储过程或函数中声明过。

（2）procedure_name：调用的存储过程的名称。

（3）number：可选的整数，用于将相同名称的存储过程进行组合，使得它们可以用一句 DROP PROCEDURE 语句删除。该参数不能用于扩展存储过程。

（4）@procedure_name_var：局部定义变量名，代表存储过程名称。

（5）@parameter：在 CREATE PROCEDURE 语句中定义的存储过程参数。参数名称前必须加上符号"@"。在以@parameter_name＝value 格式使用时，参数名称和常量不一定按照 CREATE PROCEDURE 语句中定义的顺序出现。但是，如果有一个参数使用@parameter_name＝value 格式，则其他所有参数都必须使用这种格式。默认情况下参数可以为空值。

（6）value：存储过程中参数的值。如果参数名称没有指定，参数值必须以 CREATE PROCEDURE 语句中定义的顺序给出。如果参数值是一个对象名称、字符串或通过数据库名称或所有者名称进行限制，则整个名称必须用单引号括起来。如果参数值是一个关键字，则该关键字必须用双引号括起来。

（7）@variable：用来保存参数或者返回参数的变量。

（8）OUTPUT：指定存储过程必须返回一个参数。该存储过程的匹配参数也必须由关键字 OUTPUT 创建。使用游标变量作参数时使用该关键字。

（9）DEFAULT：根据存储过程的定义，提供参数的默认值。

（10）n：占位符，表示在它前面的项目可以多次重复执行。

（11）WITH RECOMPILE：强制编译新的计划。如果所提供的参数为非典型参数或数据有很大的改变，使用该选项。建议尽量少使用该选项，因为它会消耗较多的系统资源。

【例 7-3】 执行带输入输出参数的存储过程 msgstudent_proc1（例 7-1 创建的）。查询学生李威的学号。

```
USE StudentManageDB
GO
DECLARE @name varchar(20),@id_num char(10)
set @name='李威'
EXECUTE msgstudent_proc1 @name,@id_num OUTPUT
SELECT @name AS 学生姓名,@id_num AS 学生学号
```

运行结果如图 7-3 所示。

	学生姓名	学生学号
1	李威	S201420101

图 7-3　存储过程 msgstudent_proc1 的执行结果

【例 7-4】 执行例 7-2 中的存储过程 msgstudent_proc2。查看指定学生的课程成绩。

```
USE StudentManageDB
GO
```

```
EXECUTE msgstudent_proc2 '肖韦'
```

运行结果如图 7-4 所示。

图 7-4　存储过程 msgstudent_proc2 的执行结果

说明：当存储过程后不跟任何参数时，将自动使用默认值，如图 7-5 所示。

另外，通过系统存储过程 sp_helptext 可显示规则、默认值、没有加密的存储过程、用户定义函数、触发器或视图的文本。

例如，在查询窗口中输入以下语句，即可查看存储过程 msgstudent_proc1 的定义，如图 7-6 所示。

图 7-5　msgbookstudent_proc2 的执行结果

图 7-6　查看存储过程的定义

7.1.3　修改存储过程

在 SQL Server 2012 中，修改存储过程同样可以使用 T-SQL 语句来实现。使用 T-SQL 语句的 ALTER PROCEDURE 命令修改存储过程的语法格式如下。

```
ALTER PROCEDURE|PROC < PROCedure_name > [;number]
[{@parameter data_type}
[VARYING][ = default][OUTPUT]][,...n1]
[WITH {RECOMPILE|ENCRYPTION|RECOMPILE, ENCRYPTION}]
[FOR REPLICATION]
AS sql_statement[,...n2]
```

其中，各参数的说明与 CREATE PROCEDURE 命令相同。

【例 7-5】　将例 7-1 中创建的存储过程修改为加密的存储过程。

```
ALTER PROCEDURE msgstudent_proc1
@name varchar(20) ,@id_num char(10) OUTPUT
WITH ENCRYPTION
```

```
AS
SELECT @id_num = Stu_Id FROM Student WHERE Stu_Name = @name
```

【例 7-6】 修改例 7-2 中创建的存储过程,查看指定专业的学生课程成绩,并取消加密。

```
ALTER PROCEDURE msgstudent_proc2
@major varchar(20) = '计算机信息管理'
AS
SELECT Student.Stu_Id, Stu_Name,Course.Cour_Id, Cour_Name, Score
FROM Student JOIN SC_result ON Student.Stu_Id = SC_result.Stu_Id JOIN Course
ON Course.Cour_Id = SC_result.Cour_Id WHERE Stu_Major = @major
```

在 SQL Server 2012 中,还可以使用"对象资源管理器"修改存储过程,操作步骤如下。

(1) 在"对象资源管理器"中,展开需要修改存储过程的数据库 StudentManageDB。

(2) 展开"可编程性"结点,展开"存储过程",在右窗格中右击要修改的存储过程,在弹出的快捷菜单中选择"修改"命令,如图 7-7 所示。

图 7-7 选择"修改"命令

(3) 在弹出的窗口中输入相应的 T-SQL 语句,同样可以完成存储过程的修改。

7.1.4 删除存储过程

在 SQL Server 2012 中,删除存储过程有两种方法。

① 使用"对象资源管理器"删除存储过程。

② 使用 T-SQL 语句删除存储过程。

1. 使用"对象资源管理器"删除存储过程

使用"对象资源管理器"删除存储过程的操作步骤如下:

(1) 在"对象资源管理器"中,展开需要删除存储过程的数据库 StudentManageDB。

(2) 右击要删除的存储过程,在弹出的快捷菜单中选择"删除"命令。

(3) 在弹出的"删除对象"对话框中,单击"确定"按钮,即可删除存储过程。

2. 使用 T-SQL 语句删除存储过程

使用 T-SQL 语句的 DROP PROCEDURE 命令删除存储过程的语法格式如下。

```
DROP PROCEDURE < procedure >[ ,...n]
```

语法说明:

(1) procedure 指要删除的存储过程或存储过程组的名称。

(2) n 表示可以同时指定多个存储过程删除。

【例 7-7】 删除存储过程 msgstudent_proc2。

```
DROP PROCEDURE msgstudent_proc2
```

7.2 用户自定义函数

用户自定义函数(UDF)与存储过程很类似,用户自定义函数是一组有序的 T-SQL 语句,这些语句被预先优化和编译,并且可以作为一个单元来进行调用,但是它们也具有一些特定的行为和能力,使之与存储过程相区别。下面首先介绍用户自定义函数的基本概念。

7.2.1 用户自定义函数的概念和类型

1. 用户自定义函数的概念

与存储过程类似,用户自定义函数是一组有序的 T-SQL 语句,这些语句被预先优化和编译,并且可以作为一个单元来进行调用。用户自定义函数与存储过程的主要区别在于结果的返回方式。为了能够支持多种不同的返回值,用户自定义函数比存储过程有更多的限制。

使用存储过程时可以传入参数,也可以传出参数。可以返回值,不过该值是用于指示成功或失败,而非返回数据。也可以返回结果集,但是在没有将结果集插入到某种表(通常是临时表)中以供后面使用的情况下,不能在查询中真正使用它们。

然而,使用用户自定义函数时,可以传入参数,但不可以传出参数。输出参数的概念被更为健壮的返回值取代了。与系统函数一样,可以返回标量值,这个值的好处是它并不像在存储过程中那样只限于整型数据类型,而是可以返回大多数的 SQL Server 数据类型。

在 SQL Server 2012 中,使用用户自定义函数具有以下优点。

(1) 允许模块化程序设计。只需创建一次函数并将其存储在数据库中,以后便可以在程序中任意多次调用。另外,用户自定义函数可以独立于程序源代码进行修改。

(2) 执行速度快。与存储过程相似,用户自定义函数通过缓存计划并在重复执行时重用它来降低 T-SQL 代码的编译开销。这就意味着每次使用用户自定义函数时无须重新解析和重新优化,从而缩短了执行时间,提高了执行速度。

(3) 减少网络流量。基于某种无法用单一标量的表达式表示的复杂约束来过滤数据的操作,可以表示为用户自定义函数。然后,此函数便可以在 WHERE 子句中调用,以减少发送至客户端的数据,从而减少网络流量。

2. 用户自定义函数的类型

在 SQL Server 2012 中,根据函数的返回值类型的不同,将用户自定义函数分为 3 种类型。

(1)标量函数。标量函数返回一个确定类型的标量值。对于多语句标量函数,定义在 BEGIN…END 语句块中函数体包含一系列返回单个值的 T-SQL 语句。标量函数返回值的数据类型为除 text、ntext、image、cursor、timestamp 外的其他任何数据类型。

(2)内联表值函数。表值函数是数据库中一种较为特殊的函数类型,它的返回值不再只是一个数值或一个字符串,而是一张数据表,也就是说,表值函数返回的数据类型是 table。对于内联表值函数,没有函数体,返回的表值是单个 SELECT 语句查询的结果集。使用表值函数的时候,把函数直接当成是表或视图使用,表值函数的参数传入方法与标量函数没有区别。

(3)多语句表值函数。多语句表值函数可以看作是标量函数和表值函数的结合体,该函数的返回值是一个表。但是其又与标量函数一样,有一个用 BEGIN…END 包含起来的函数体,返回值的表中的数据是由函数体中的语句插入的,因此可以进行多次查询,对数据进行多次筛选与合并,弥补了表值函数的不足。

7.2.2 创建与使用用户自定义函数

下面主要介绍用户自定义函数的创建与使用。

1. 创建用户自定义函数

在 SQL Server 2012 中,创建用户自定义函数主要有两种方法。

① 使用 T-SQL 语句创建用户自定义函数。

② 使用"对象资源管理器"创建用户自定义函数。

实际上这两种方法都是要通过 T-SQL 语句来创建用户自定义函数,因此本小节将主要介绍使用 T-SQL 语句来创建用户自定义函数的操作方法。

在 SQL Server 2012 中,使用 T-SQL 语句中 CREATE FUNCTION 命令来创建用户自定义函数,语法格式如下。

```
创建标量函数
CREATE FUNCTION [ schema_name. ] < function_name >
( [ { @parameter_name [ AS ][ type_schema_name. ] parameter_data_type[ = default ]
[ READONLY ] }[ ,…n ] ] )
RETURNS return_data_type
[ WITH < function_option > [ ,…n ] ]
[ AS ]
BEGIN
    function_body
RETURN scalar_expression
END
```

创建内联表值函数

```
CREATE FUNCTION [ schema_name. ] < function_name >
( [ { @parameter_name [ AS ] [ type_schema_name. ] parameter_data_type
    [ = default ] [ READONLY ] }
    [ ,...n ]
]
)
RETURNS TABLE
    [ WITH < function_option > [ ,...n ] ]
    [ AS ]
    RETURN [ ( ] select_stmt [ ) ]
```

创建多语句表值函数

```
CREATE FUNCTION [ schema_name. ]< function_name >
( [ [ { @parameter_name [ AS ] [ type_schema_name. ] parameter_data_type
    [ = default ] [READONLY] }
    [ ,...n ]
]
)
RETURNS @return_variable TABLE < table_type_definition >
    [ WITH < function_option > [ ,...n ] ]
    [ AS ]
    BEGIN
        function_body
        RETURN
    END
```

语法说明：

(1) function_name：用户自定义函数的名称，必须符合标识符命名规则，且对于数据库及其所有者必须唯一。

(2) @parameter_name：用户自定义函数中的参数名称。在 CREATE FUNCTION 中可以声明一个或多个参数。一个函数最多可以有 2100 个参数。执行用户自定义函数时，如果未定义参数的默认值，则用户必须提供每个已声明参数的值。

(3) parameter_data_type：参数的数据类型。对于 T-SQL 函数，可以使用除 timestamp 数据类型之外的所有数据类型（包括 CLR 用户定义类型）。对于 CLR 函数，可以使用除 text、ntext、image 和 timestamp 数据类型之外的所有数据类型（包括 CLR 用户定义类型）。不能将非标量类型 cursor 和 table 指定为 T-SQL 函数或 CLR 函数中的参数数据类型。

(4) default：参数的默认值。如果定义了 default 值，则无须指定此参数的值即可执行函数。如果函数的参数有默认值，则调用函数来检索默认值时必须指定 DEFAULT 关键字。此行为与在存储过程中使用具有默认值的参数不同，在后一种情况下，不提供参数同样意味着使用默认值。

(5) READONLY：指示不能在函数定义中更新或修改参数。如果参数类型为用户定义的表类型，则应指定 READONLY。

（6）n 表示可以指定若干个参数。用户自定义函数最多可以有 2100 个参数。

（7）return_data_type：标量用户自定义函数的返回值。对于 T-SQL 函数，可以使用除 timestamp 数据类型之外的所有数据类型（包括 CLR 用户定义类型）。对于 CLR 函数，允许使用除 text、ntext、image 和 timestamp 数据类型之外的所有数据类型（包括 CLR 用户定义类型）。不能将非标量类型 cursor 和 table 指定为函数中的返回数据类型。

（8）function_body：指定一系列定义函数体的 T-SQL 语句，这些语句在一起使用不会产生负面影响（如修改表）。function_body 仅用于标量函数和多语句表值函数。在标量函数中，这些 T-SQL 语句一起使用的计算结果为标量值。在多语句表值函数中，这些语句将填充 TABLE 返回变量。

（9）scalar_expression：指定标量函数返回的标量值。

（10）TABLE：指定表值函数的返回值为表。只有常量和@local_variables 可以传递到表值函数。在内联表值函数中，TABLE 返回值是通过单个 SELECT 语句定义的。内联函数没有关联的返回变量。在多语句表值函数中，@return_variable 是 TABLE 变量，用于存储和汇总应作为函数值返回的行。只能将@return_variable 指定用于 T-SQL 函数，而不能用于 CLR 函数。

（11）select_stmt：定义内联表值函数返回值的单个 SELECT 语句。

【例 7-8】　创建一个用户自定义的标量函数 msgstudent_func1。根据指定的学生学号，返回该学生的姓名。

```
USE StudentManageDB
GO
CREATE FUNCTION msgstudent_func1(@id_num char(10))
RETURNS varchar(20)
AS
BEGIN
DECLARE @name varchar(20)
SELECT @name = (SELECT Stu_Name FROM Student WHERE Stu_Id = @id_num)
RETURN @name
END
```

运行结果如图 7-8 所示，用户自定义的标量函数 msgstudent_func1 创建完成。

```
消息
命令已成功完成。
```

图 7-8　创建用户自定义标量函数

【例 7-9】　创建一个用户自定义的内联表值函数 msgstudent_func2。查看指定性别的学生的学号、姓名、出生日期和所学专业。

```
CREATE FUNCTION msgstudent_func2 (@sex char(2))
RETURNS TABLE
AS
RETURN
```

```
SELECT Stu_Id,Stu_Name,Stu_Birthday,Stu_Major FROM Student
WHERE Stu_Sex = @sex
```

2. 使用用户自定义函数

在 SQL Server 2012 中,用户自定义函数可以像系统函数一样在查询或存储过程中调用,也可以像存储过程一样使用 EXECUTE 命令来执行。

【例 7-10】 执行用户自定义的标量函数 msgstudent_func1(例 7-8 创建的)。查询学号为 S201410201 的学生姓名。

```
USE StudentManageDB
GO
SELECT dbo.msgstudent_func1('S201410201')
```

运行结果如图 7-9 所示。

	(无列名)
1	钱锋

图 7-9　标量函数 msgstudent_func1 的执行结果

【例 7-11】 执行例 7-9 中的内联表值函数 msgstudent_func2。查看指定性别的学生的学号、姓名、出生日期和所学专业。

```
USE StudentManageDB
GO
SELECT * FROM msgstudent_func2 ('女')
```

运行结果如图 7-10 所示。

	Stu_Id	Stu_Name	Stu_Birthday	Stu_Major
1	S201410101	肖韦	1996-08-07 00:00:00.000	计算机信息管理
2	S201410102	赵非	1996-11-06 00:00:00.000	计算机信息管理
3	S201410202	王倩倩	1995-12-29 00:00:00.000	计算机信息管理
4	S201420202	张璐	1996-05-03 00:00:00.000	电子商务
5	S201440401	上官玲	1996-10-21 00:00:00.000	市场营销

图 7-10　内联表值函数 msgstudent_func2 的执行结果

7.2.3　修改用户自定义函数

在 SQL Server 2012 中,修改用户自定义函数同样可以使用 T-SQL 语句来实现。使用 T-SQL 语句的 ALTER FUNCTION 命令修改用户自定义函数的语法格式如下。

```
ALTER FUNCTION [ schema_name. ] <function_name>
( [ { @parameter_name [ AS ][ type_schema_name. ] parameter_data_type
    [ = default ] }
    [ ,...n ]
  ]
```

```
)
RETURNS return_data_type
    [ WITH < function_option > [ , ...n ] ]
    [ AS ]
    BEGIN
        function_body
        RETURN scalar_expression
    END
```

其中各参数的说明与 CREATE FUNCTION 命令相同。

【例 7-12】 将例 7-8 中创建的用户自定义函数修改为加密的。

```
USE StudentManageDB
GO
ALTER FUNCTION msgstudent_func1(@id_num char(10))
RETURNS varchar(20)
WITH ENCRYPTION
AS
BEGIN
DECLARE @name varchar(20)
SELECT @name = (SELECT Stu_Name FROM Student WHERE Stu_Id = @id_num)
RETURN @name
END
```

在 SQL Server 2012 中，还可以使用“对象资源管理器”修改用户自定义函数，具体的操作步骤如下。

（1）在“对象资源管理器”中展开需要修改用户自定义函数的数据库 StudentManageDB。

（2）展开“可编程性”结点，展开“函数”，在右窗格中右击要修改的用户自定义函数，在弹出的快捷菜单中选择“修改”命令，如图 7-11 所示。

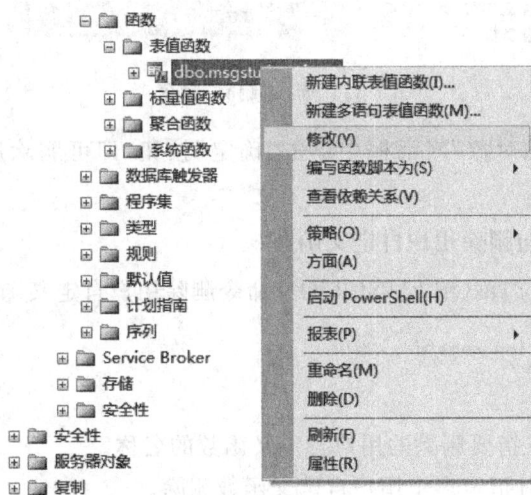

图 7-11 选择“修改”命令

（3）在弹出的窗口中输入相应的 T-SQL 语句，同样可以完成用户自定义函数的修改。

7.2.4　删除用户自定义函数

在 SQL Server 2012 中，删除用户自定义函数有两种方法。

① 使用"对象资源管理器"删除用户自定义函数。

② 使用 T-SQL 语句删除用户自定义函数。

1. 使用"对象资源管理器"删除用户自定义函数

使用"对象资源管理器"删除用户自定义函数的操作步骤如下。

（1）在"对象资源管理器"中展开需要删除用户自定义函数的数据库 StudentManageDB。

（2）右击要删除的用户自定义函数，在弹出的快捷菜单中选择"删除"命令，如图 7-12 所示。

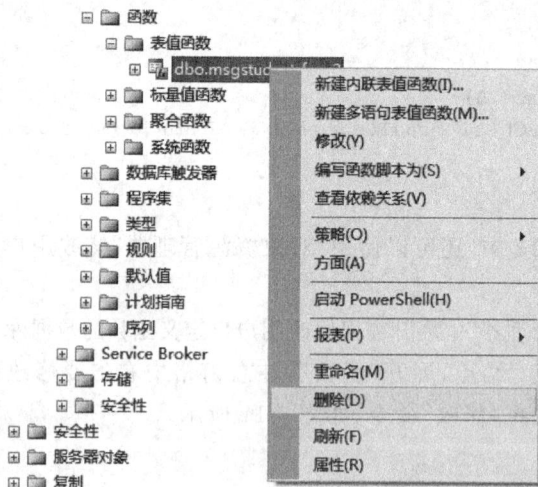

图 7-12　选择"删除"命令

（3）在弹出的"删除对象"对话框中单击"确定"按钮，即可删除用户自定义函数，如图 7-13 所示。

2. 使用 T-SQL 语句删除用户自定义函数

使用 T-SQL 语句的 DROP FUNCTION 命令删除用户自定义函数的语法格式如下。

```
DROP FUNCTION < function_name >[ ,...n]
```

语法说明：

（1）function_name 指要删除的用户自定义函数的名称。

（2）n 表示可以同时指定多个用户自定义函数删除。

【例 7-13】　删除用户自定义函数 msgstudent_func2。

```
DROP FUNCTION msgstudent_func2
```

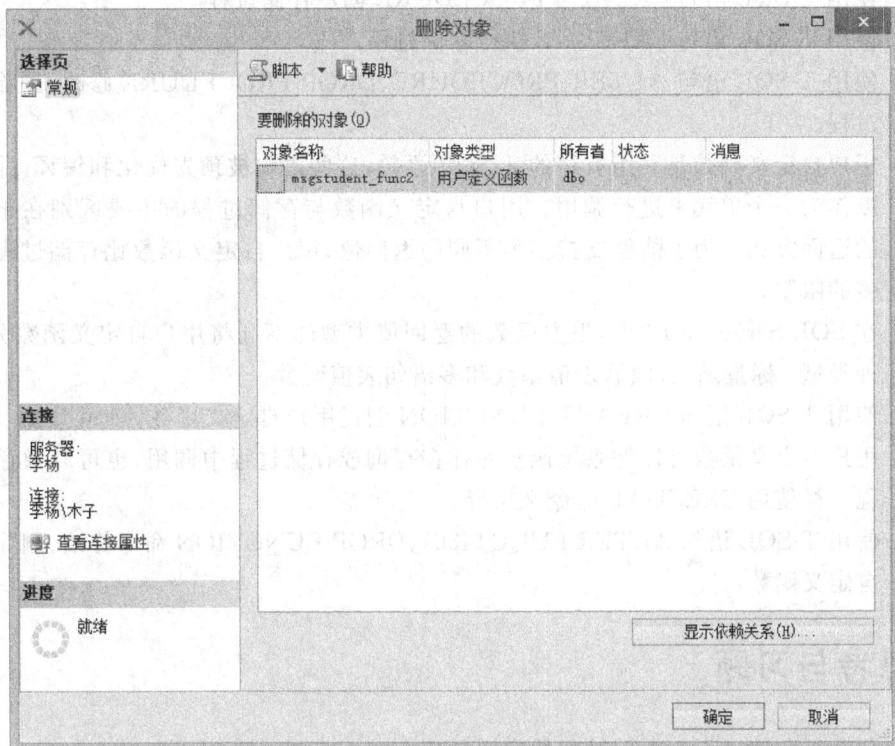

图 7-13 "删除对象"对话框

7.3 实训

（1）创建一个带有输入参数的基于插入操作的存储过程，用于在学生成绩表 SC_result 中插入一条新的学生成绩信息，学生成绩信息由变量形式给出。

（2）创建一个带有输入参数和输出参数的存储过程，输入参数用于指定查询学生的学号信息，输出参数用于保存指定学号的学生姓名、性别、出生日期和专业的信息。

（3）创建一个带有输入参数的基于更新操作的存储过程，用于在课程信息表 Course 中为指定课程名称的学时小于 40 的课程都提高学时到 40，课程名称由输入参数指定。

（4）创建一个用户自定义的标量函数，查看指定姓名的学生的所学专业。

（5）创建一个用户自定义的表值函数，查看指定专业的学生相关信息。

（6）执行上述存储过程和用户自定义函数。

小结

本章主要介绍了存储过程和用户自定义函数。主要内容如下：

- 存储过程是存储在 SQL Server 数据库中的一种数据库对象。它是一组编译在单个执行计划中的 T-SQL 语句，作为一个整体用于执行特定的操作。

- 使用 T-SQL 语句 CREAET PROCEDURE 创建存储过程。
- 使用 T-SQL 语句 EXECUTE 执行存储过程。
- 使用 T-SQL 语句 ALTER PROCEDURE、DROP PROCEDURE 修改、删除存储过程。
- 用户自定义函数是一组有序的 T-SQL 语句,这些语句被预先优化和编译,并且可以作为一个单元来进行调用。用户自定义函数与存储过程的主要区别在于结果的返回方式。为了能够支持多种不同的返回值,用户自定义函数比存储过程有更多的限制。
- 在 SQL Server 2012 中,根据函数的返回值类型的不同将用户自定义函数分为 3 种类型:标量函数、内联表值函数和多语句表值函数。
- 使用 T-SQL 语句 CREAET FUNCTION 创建用户自定义函数。
- 用户自定义函数可以像系统函数一样在查询或存储过程中调用,也可以像存储过程一样使用 EXECUTE 命令来执行。
- 使用 T-SQL 语句 ALTER FUNCTION、DROP FUNCTION 命令修改、删除用户自定义函数。

思考与习题

1. 什么是存储过程? 存储过程的作用是什么?
2. 什么是用户自定义函数? 用户自定义函数是如何分类的?
3. 简述用户自定义函数与存储过程的区别。

第 8 章

触 发 器

引言

触发器是一种数据库对象，是一种特殊类型的存储过程，它被指定关联到某一个对象上，如表、视图或数据库，当对对象执行特定动作，如插入、修改或删除操作时，触发器将被激活自动执行。

本章主要内容是触发器介绍、创建与使用触发器、修改触发器、删除触发器。

8.1 触发器概述

触发器是一种特殊类型的存储过程，它与普通存储过程的区别是，它不需要调用执行，而是通过事件触发自动执行。根据触发事件的不同，可以将触发器分为两大类：数据操纵语言(Data Manipulation Language,DML)触发器和数据定义语言(Data Definition Language,DDL)触发器。

8.1.1 DML 触发器

当在数据库中发生数据操纵语言事件时将自动执行 DML 触发器，数据操纵语言事件包括对表或视图执行 INSERT、UPDATE、DELETE 语句。DML 触发器可分为 AFTER 触发器与 INSTEAD OF 触发器。

(1) AFTER 触发器。AFTER 触发器也称为后触发器，是在执行 INSERT、UPDATE 或 DELETE 语句后被触发执行的，用于进行数据更新后的处理或检查。AFTER 触发器只能定义在表上，不能定义在视图上。对于表的同一操作可以定义多个触发器。

(2) INSTEAD OF 触发器。INSTEAD OF 触发器也称为替代触发器，是在数据更新前被触发，它并不执行激活触发器的事件，如 INSERT、UPDATE 或 DELETE 语句，而是去执行触发器本身所定义的操作。INSTEAD OF 触发器既可以定义在表上,也可以定义在视图上。对于表或视图的同一操作只能定义一个 INSTEAD OF 触发器。

8.1.2　DDL 触发器

当在数据库中发生数据定义语言事件时将自动执行 DDL 触发器,数据定义语言事件包括 CREATE、ALTER、DROP 等对数据库结构进行修改的语句。DDL 触发器主要用于执行数据库中的管理任务,如审核与规范数据库操作、防止数据库结构的修改等。

8.2　创建与使用触发器

在创建触发器时,需了解触发器的 4 个要素。

(1) 名称。触发器有一个符合标识符命名规则的名称。

(2) 定义的目标。触发器必须定义在指定的表、视图、数据库或服务器上。

(3) 触发条件。触发器的触发条件是 UPDATE、INSERT、DELETE 语句还是 CREATE、ALTER、DROP 语句,是决定进行 AFTER 触发还是 INSTEAD OF 触发。

(4) 触发逻辑。触发器被触发之后如何处理。

触发器中可以包含复杂的 T-SQL 语句。一个表、视图中可以创建多个触发器。触发器和触发它的 T-SQL 语句被看作一个事务,如果检测到严重错误,则整个事务就自动回滚。因此,通过触发器可以实现强制性的、复杂的业务规则或要求,同时还可以保证数据的一致性。

8.2.1　创建与使用 DML 触发器

在执行 DML 触发器时,系统会自动创建两个特殊的临时表,即 inserted 表和 deleted 表。

(1) inserted 表。当对表执行插入数据操作时,新的数据行被同时插入到两个表中,即触发器所关联的表和 inserted 表中。

(2) deleted 表。当对表执行删除数据操作时,删除的数据行将被存放到 deleted 表中。

当对表执行修改数据操作时,相当于同时执行了删除操作与插入操作,即删除了旧记录,插入了新记录。旧的记录将被存放到 deleted 表中,新的记录被插入到触发器所关联的表和 inserted 表中。

由于 inserted 表、deleted 表都是临时表,只在触发器执行时存在,触发器执行完后将自动删除,所以只能在触发器的语句中使用这两个表,其查询方法与普通数据表的查询方法相同。

在 T-SQL 语句中使用 CREATE TRIGGER 语句来创建触发器,创建 DML 触发器的语法格式如下。

```
CREATE TRIGGER <trigger_name>
ON <table_name>|<view_name>
AFTER|INSTEAD OF
[INSERT][,UPDATE][,DELETE]
AS
sql_statement [,...n]
```

语法说明：

（1）trigger_name 用于指定触发器名。触发器名必须符合标识符规则，并且在数据库中必须唯一。

（2）table_name|view_name 指在其上执行触发器的表名或视图名。

（3）AFTER|INSTEAD OF 指定触发器是 AFTER 触发器还是 INSTEAD OF 触发器。

（4）INSERT、UPDATE、DELETE 指定在表或视图上用于激活触发器的操作类型。必须至少指定一个选项。在触发器定义中允许使用以任意顺序组合的这些选项。如果指定的选项多于一个，需用逗号分隔这些选项。

（5）sql_statement [,...n]表示激活触发器时所执行的操作，可以有一条或多条 T-SQL 语句。

注意：

① 有些 T-SQL 语句不能包含在触发器中，如所有的 CREATE 语句：CREATE DATABASE、CREATE TABLE 等；所有的 DROP 语句：DROP RULE、DROP VIEW 等；数据库及表的修改语句：ALTER DATABASE 和 ALTER TABLE；清空表语句：TRUNCATE TABLE 以及 GRANT、REVOKE、SELECT INTO 等。

② 约束优先于触发器。约束是在操作执行之前起作用，而触发器则在操作执行之后起作用。即如果触发器所在的表上存在约束，则在的 INSTEAD OF 触发器执行后，在 AFTER 触发器执行前检查这些约束。如果约束破坏，则回滚 INSTEAD OF 触发器操作并且不执行 AFTER 触发器操作。

1. 创建与使用 AFTER 触发器

下面以在 Student 表中统计每名学生选修课程的门数来介绍 AFTER 触发器的各种触发操作。首先执行下列语句，在 Student 表中添加 Stu_Cournum 字段，用于存储学生选修课程的课程门数，并根据 SC_result 表中的数据为 Stu_Cournum 字段赋值。

```
USE StudentManageDB
GO
ALTER TABLE Student
ADD Stu_Cournum tinyint
GO
UPDATE Student SET Stu_Cournum = (SELECT COUNT( * )
FROM SC_result WHERE SC_result.Stu_Id = Student.Stu_Id)
```

语句执行后 Student 表中增加了 Stu_Cournum 列，如图 8-1 所示。

Stu_Id	Stu_Name	Stu_Sex	Stu_Birthday	Stu_MCCP	Stu_Ent...	Stu_Major	Stu_Na...	Stu_Subsidy	Stu_Remark	Stu_Cournum
S201410101	肖韦	女	1996-08-07	True	516	计算机信息管理	北京	300.0000	NULL	2
S201410102	赵非	女	1996-11-06	False	582	计算机信息管理	上海	300.0000	NULL	2
S201410201	钱铎	男	1995-01-02	True	467	计算机信息管理	山西	300.0000	NULL	3
S201410202	王倩倩	女	1995-12-29	False	530	计算机信息管理	云南	300.0000	NULL	0
S201420101	李威	男	1997-03-08	False	512	电子商务	北京	300.0000	NULL	0
S201420202	张璐	女	1996-05-03	True	530	电子商务	福建	300.0000	NULL	1
S201430103	马驰	男	1996-09-10	False	560	软件工程	陕西	300.0000	NULL	0
S201440401	上官玲	女	1996-10-21	False	457	市场营销	山东	300.0000	NULL	0
S201440402	赵非	男	1995-02-09	True	502	市场营销	上海	300.0000	NULL	0
S201510101	孙鑫	男	1996-07-07	False	519	计算机信息管理	山西	300.0000	NULL	0

图 8-1　增加了 Stu_Cournum 列的 Student 表

【例 8-1】　在 SC_result 表上创建一个触发器 SC_result_ins,当向 SC_result 表中插入一条记录时,更新 Student 表中该学生选修课程的门数。

```
CREATE TRIGGER SC_result_ins ON SC_result
AFTER INSERT
AS
BEGIN
DECLARE @Sid char(10)
SELECT @Sid = Stu_Id FROM inserted
UPDATE Student SET Stu_Cournum = (SELECT COUNT( * ) FROM SC_result
WHERE Stu_Id = @Sid) WHERE Stu_Id = @Sid
END
```

语句执行后,在"对象资源管理器"中展开 SC_result 表中的"触发器"结点,就会出现 SC_result_ins 触发器,如图 8-2 所示。

使用下列语句在 SC_result 表中插入一行数据。

```
INSERT INTO SC_result
VALUES('S201410202','C1011',65)
```

在 SC_result 表中插入一行数据后,SC_result_ins 触发器将被激活,新的数据同时被插入到 inserted 表中,inserted 表中的数据如图 8-3 所示。

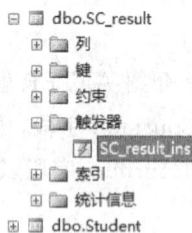

图 8-2　SC_resuli_ins 触发器

Stu_Id	Cour_Id	Score
S201410202	C1011	65

图 8-3　inserted 表中的数据

SC_result_ins 触发器执行时,对新插入成绩记录的学生重新统计选修课程的门数,此时 Student 表中的数据如图 8-4 所示。

【例 8-2】　在 SC_result 表上创建一个触发器 SC_result_upd,当修改 SC_result 表中的数据时,更新 Student 表中学生选修课程的门数。

Stu_Id	Stu_Name	Stu_Sex	Stu_Birthday	Stu_MCCP	Stu_EnterScore	Stu_Major	Stu_Nati...	Stu_Subsidy	Stu_Remark	Stu_Cournum
S201410101	肖韦	女	1996-08-07	True	516	计算机信息管理	北京	300.0000	NULL	2
S201410102	赵非	女	1996-11-06	False	582	计算机信息管理	上海	300.0000	NULL	2
S201410201	钱铎	男	1995-01-02	True	467	计算机信息管理	山西	300.0000	NULL	3
S201410202	王倩倩	女	1995-12-29	False	530	计算机信息管理	云南	300.0000	NULL	1
S201420101	李威	男	1997-03-08	False	512	电子商务	北京	300.0000	NULL	0
S201420202	张璐	女	1996-05-03	True	530	电子商务	福建	300.0000	NULL	1
S201430103	马驰	男	1996-09-10	False	560	软件工程	陕西	300.0000	NULL	0
S201440401	上官玲	女	1996-10-21	False	457	市场营销	山东	300.0000	NULL	0
S201440402	赵非	男	1995-02-09	True	502	市场营销	上海	300.0000	NULL	0
S201510101	孙鑫	男	1996-07-07	False	519	计算机信息管理	山西	300.0000	NULL	0

图 8-4　SC_result 表中插入数据后 Student 表中数据的变化

```
CREATE TRIGGER SC_result_upd ON SC_result
AFTER UPDATE
AS
BEGIN
DECLARE @Sidold char(10), @Sidnew char(10)
SELECT @Sidnew = Stu_Id FROM inserted
SELECT @Sidold = Stu_Id FROM deleted
UPDATE Student SET Stu_Cournum = (SELECT COUNT( * ) FROM SC_result
WHERE Stu_Id = @Sidnew) WHERE Stu_Id = @Sidnew
UPDATE Student SET Stu_Cournum = (SELECT COUNT( * ) FROM SC_result
WHERE Stu_Id = @Sidold) WHERE Stu_Id = @Sidold
END
```

语句执行后，使用下列语句修改 SC_result 表中的一行数据。

```
UPDATE SC_result SET Stu_Id = 'S201420202'
WHERE Stu_Id = 'S201410202' AND Cour_Id = 'C1011'
```

在修改 SC_result 表中数据后，SC_result_upd 触发器将被激活，此时 deleted 表中存放的是修改前的数据，如图 8-5 所示，inserted 表中存放的是修改后的数据，如图 8-6所示。

Stu_Id	Cour_Id	Score
S201410202	C1011	65

图 8-5　deleted 表中的数据

Stu_Id	Cour_Id	Score
S201420202	C1011	65

图 8-6　inserted 表中的数据

SC_result_upd 触发器执行时，对数据修改前、修改后的学生重新统计选修课程的门数，此时 Student 表中的数据如图 8-7 所示。

Stu_Id	Stu_Name	Stu_Sex	Stu_Birthday	Stu_MCCP	Stu_EnterScore	Stu_Major	Stu_NativePla...	Stu_Subsidy	Stu_Remark	Stu_Cournum
S201410101	肖韦	女	1996-08-07	True	516	计算机信息管理	北京	300.0000	NULL	2
S201410102	赵非	女	1996-11-06	False	582	计算机信息管理	上海	300.0000	NULL	2
S201410201	钱铎	男	1995-01-02	True	467	计算机信息管理	山西	300.0000	NULL	3
S201410202	王倩倩	女	1995-12-29	False	530	计算机信息管理	云南	300.0000	NULL	0
S201420101	李威	男	1997-03-08	False	512	电子商务	北京	300.0000	NULL	0
S201420202	张璐	女	1996-05-03	True	530	电子商务	福建	300.0000	NULL	2
S201430103	马驰	男	1996-09-10	False	560	软件工程	陕西	300.0000	NULL	0
S201440401	上官玲	女	1996-10-21	False	457	市场营销	山东	300.0000	NULL	0
S201440402	赵非	男	1995-02-09	True	502	市场营销	上海	300.0000	NULL	0
S201510101	孙鑫	男	1996-07-07	False	519	计算机信息管理	山西	300.0000	NULL	0

图 8-7　修改 SC_result 表中数据后 Student 表中数据的变化

【例 8-3】 在 SC_result 表上创建一个触发器 SC_result_del,当删除 SC_result 表中的一条记录时,更新 Student 表中该学生选修课程的门数。

```
CREATE TRIGGER SC_result_del ON SC_result
AFTER DELETE
AS
BEGIN
DECLARE @Sid char(10)
SELECT @Sid = Stu_Id FROM deleted
UPDATE Student SET Stu_Cournum = (SELECT COUNT( * ) FROM SC_result
WHERE Stu_Id = @Sid) WHERE Stu_Id = @Sid
END
```

语句执行后,使用下列语句删除 SC_result 表中的一行数据。

```
DELETE FROM SC_result
WHERE Stu_Id = 'S201420202' AND Cour_Id = 'C1011'
```

在删除 SC_result 表中的数据后,Student 表中的数据如图 8-1 所示。

例 8-1、例 8-2、例 8-3 的功能也可以通过下列语句统一实现。

```
CREATE TRIGGER SC_result_all ON SC_result
AFTER INSERT, UPDATE, DELETE
AS
UPDATE Student SET Stu_Cournum = (SELECT COUNT( * )
FROM SC_result WHERE SC_result.Stu_Id = Student.Stu_Id)
```

【例 8-4】 在 Student 表上创建一个触发器 Student_del,要求当删除 Student 表中的学生记录时,同时删除 SC_result 表中该学生的成绩信息。

```
CREATE TRIGGER Student_del ON Student
AFTER DELETE
AS
DELETE FROM SC_result
WHERE Stu_Id IN(SELECT Stu_Id FROM deleted)
```

语句执行后,使用下列语句删除 Student 表中的一行数据。

```
DELETE FROM Student
WHERE Stu_Id = 'S201420202'
```

该 DELETE 语句执行后,将出现图 8-8 所示的提示信息,无法完成删除操作。这是因为 Student 表是 SC_result 表中外键约束的外键表,约束优先于触发器,在 AFTER 触发器执行前检查这些约束,因为约束已被破坏,所以并不执行 AFTER 触发器操作。若要完成此删除操作,需先删除约束。

2. 创建与使用 INSTEAD OF 触发器

【例 8-5】 在 Course 表上创建一个触发器 Course_install,不允许对 Course 表中的数据进行插入、修改、删除操作,当执行相应操作时,显示提示信息"不允许对 Course 表中

```
CREATE TRIGGER Student_del ON Student
AFTER DELETE
AS
DELETE FROM SC_result
WHERE Stu_Id IN(SELECT Stu_Id FROM deleted)

DELETE FROM Student
WHERE Stu_Id='S201420202'
```

```
100 %    ◄                    Ⅲ           ►
```

```
消息
消息 547，级别 16，状态 0，第 1 行
DELETE 语句与 REFERENCE 约束"FK_SC_result_Student"冲突。该冲突发生于数据库"StudentManageDB"，
表"dbo.SC_result"，column 'Stu_Id'。
语句已终止。
```

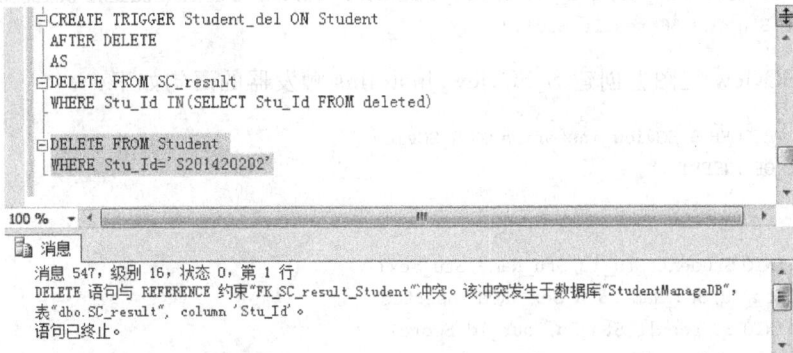

图 8-8　删除操作无法完成

的数据进行更新操作"。

```
CREATE TRIGGER Course_install ON Course
INSTEAD OF INSERT,UPDATE,DELETE
AS
PRINT '不允许对 Course 表中的数据进行更新操作'
```

语句执行后，使用下列语句在 Course 表中插入一行数据。

```
INSERT INTO COURSE VALUES('C1081','C 语言程序设计',4,64)
```

该 INSERT 语句执行结果如图 8-9 所示，并没有在 Course 表中插入数据，而是显示一条提示信息。

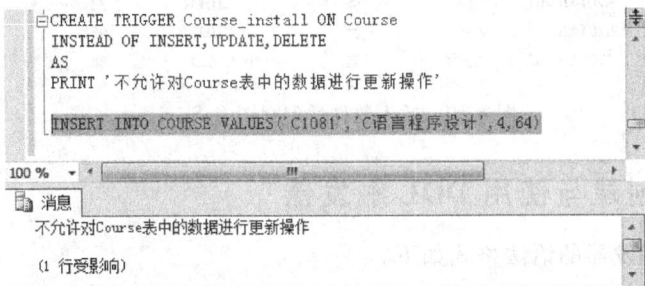

```
CREATE TRIGGER Course_install ON Course
INSTEAD OF INSERT,UPDATE,DELETE
AS
PRINT '不允许对Course表中的数据进行更新操作'

INSERT INTO COURSE VALUES('C1081','C语言程序设计',4,64)
```

```
100 %    ◄                Ⅲ          ►
```

```
消息
不允许对Course表中的数据进行更新操作

(1 行受影响)
```

图 8-9　Course_install 触发器的执行情况

INSTEAD OF 触发器既可以定义在表上，也可以定义在视图上，但不可以定义在带有 WITH CHECK OPTION 的可更新视图上。对于依赖于多个基表的视图，不能进行插入、删除操作，但可以使用 INSTEAD OF 触发器实现插入、删除操作。

【例 8-6】　设 StudentManageDB 数据库中有视图 S_SCview，包含学号、姓名、性别、课程号与成绩。要求在 S_SCview 视图上创建一个触发器 S_SCview_instofins，实现插入数据的功能。

首先可以执行下列语句创建 S_SCview 视图。

```
CREATE VIEW S_SCview AS
```

```
SELECT Student. Stu_Id, Stu_name, Stu_Sex, Cour_Id, Score FROM Student JOIN SC_result ON
Student. Stu_Id = SC_result. Stu_Id
```

在 S_SCview 视图上创建 S_SCview_instofins 触发器的语句如下：

```
CREATE TRIGGER S_SCview_instofins ON S_SCview
INSTEAD OF INSERT
AS
BEGIN
INSERT INTO Student(Stu_Id,Stu_Name,Stu_Sex)
SELECT Stu_Id,Stu_Name,Stu_Sex FROM inserted
INSERT INTO SC_result(Stu_Id,Cour_Id,Score)
SELECT Stu_Id,Cour_Id,Score FROM inserted
END
```

语句执行后，使用下列语句在 S_SCview 视图中插入一行数据。

```
INSERT INTO S_SCview VALUES(('S201430102','刘云飞','男','C1021',88)
```

该 INSERT 语句执行后，视图 S_SCview 中的数据如图 8-10 所示，相应的数据被插入到基表 Student 表、SC_result 表中，实现了向依赖于多个基表的视图中插入数据的操作。

Stu_Id	Stu_name	Stu_Sex	Cour_Id	Score
S201410101	肖韦	女	C1021	90
S201410101	肖韦	女	C1031	80
S201410102	赵非	女	C1041	98
S201410102	赵非	女	C1051	56
S201410201	钱铎	男	C1011	85
S201410201	钱铎	男	C1021	100
S201410201	钱铎	男	C1041	83
S201420202	张璐	女	C1031	95
S201430102	刘云飞	男	C1021	88

图 8-10 插入数据后的视图 S_SCview

8.2.2 创建与使用 DDL 触发器

创建 DDL 触发器的语法格式如下。

```
CREATE TRIGGER < trigger_name >
ON ALL SERVER | DATABASE
AFTER event_type
AS
sql_statement [,...n]
```

语法说明：

（1）ALL SERVER 指所创建的 DDL 触发器的作用域是当前服务器。

（2）DATABASE 指所创建的 DDL 触发器的作用域是当前数据库。

（3）event_type 指定触发 DDL 触发器的事件。

服务器范围内的事件主要有 CREATE_DATABASE、ALTER_DATABASE、DROP_DATABASE、CREATE_LOGIN、ALTER_LOGIN、DROP_LOGIN 等。

数据库范围内的事件主要有 CREATE_TABLE、ALTER_TABLE、DROP_TABLE、CREATE_FUNCTION、ALTER_FUNCTION、DROP_FUNCTION 等。

【例 8-7】 在 StudentManageDB 中创建一个 DDL 触发器 SMDB_ALL，当在数据库中删除一个表时，显示提示信息"不允许删除数据表"，并回滚该删除操作。

```
CREATE TRIGGER SMDB_ALL
ON DATABASE
AFTER DROP_TABLE
AS
BEGIN
  PRINT '不允许删除数据表'
  ROLLBACK TRANSACTION
END
```

语句执行后，在"对象资源管理器"中展开 StudentManageDB 数据库下的"可编程性"结点，在"数据库触发器"结点下会出现 SMDB_ALL 触发器，如图 8-11 所示。

使用下列语句删除 StudentManageDB 数据库中的 Student 表时，将出现图 8-12 所示的提示信息，这是因为 Student 表是 SC_result 表中外键约束的外键表，所以不允许删除。若 Student 表与 SC_result 表不具有外键约束，将出现图 8-13 所示的提示信息，在触发器中回滚删除表的操作。

```
DROP TABLE Student
```

图 8-11　SMDB_ALL 触发器　　　图 8-12　删除表的提示信息

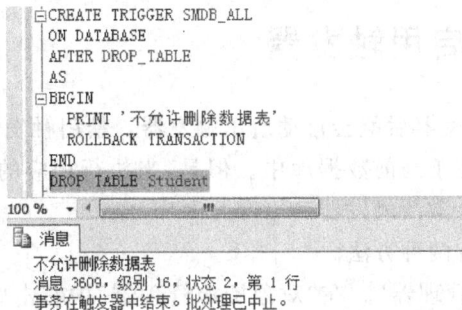

图 8-13　不存在外键约束时的提示信息

【例 8-8】 创建一个服务器作用域的 DDL 触发器 SERVER_TRI,当创建数据库时,显示提示信息"不允许创建数据库",并回滚该操作。

```
CREATE TRIGGER SERVER_TRI
ON ALL SERVER
AFTER CREATE_DATABASE
AS
BEGIN
  PRINT '不允许创建数据库'
  ROLLBACK TRANSACTION
END
```

语句执行后,在"对象资源管理器"中展开"服务器对象"结点,在"触发器"结点下会出现 SERVER_TRI 触发器。在执行下列语句创建数据库时,将出现提示信息,无法创建数据库。

```
CREATE DATABASE MemberManageDB
```

8.3　修改触发器

在 T-SQL 语句中使用 ALTER TRIGGER 语句来修改触发器,修改触发器的语法格式与创建触发器的语法格式相同,在此不再赘述。

【例 8-9】 修改 StudentManageDB 数据库中的 DDL 触发器 SMDB_ALL,除不允许在数据库中删除表之外,也不允许创建表与修改表;否则显示提示信息"不允许操作数据表",并回滚对数据表的操作。

```
ALTER TRIGGER SMDB_ALL ON DATABASE
AFTER DROP_TABLE,CREATE_TABLE,ALTER_TABLE
AS
BEGIN
  PRINT '不允许操作数据表'
  ROLLBACK TRANSACTION
END
```

语句执行后,当在 StudentManageDB 数据库中创建表、修改表、删除表时均会提示"不允许操作数据表"的信息,并回滚该操作。

8.4　禁用或启用触发器

默认情况下,创建触发器后就会自动启用触发器。禁用触发器不会删除该触发器,该触发器仍然作为对象存在于当前数据库中。但是,当执行相应的触发操作,如 INSERT、UPDATE 等语句时,不会激活触发器。

禁用或启用触发器有两种方法。

(1) 使用"对象资源管理器"。在"对象资源管理器"中右击要禁用或启动的触发器,在弹出的快捷菜单中选择"禁用"或"启用"命令,就会出现"禁用触发器"或"启用触发器"

成功的窗口。

(2) 使用 T-SQL 语句。在 T-SQL 语句中,使用 DISABLE TRIGGER 语句来禁用触发器,使用 ENABLE TRIGGER 语句来启用触发器。

禁用触发器的语法格式如下。

```
DISABLE TRIGGER <trigger_name> [ ,...n] ON <table_name>|<view_name>|ALL SERVER|DATABASE
```

启用触发器的语法格式如下。

```
ENABLE TRIGGER <trigger_name> [ ,...n] ON <table_name>|<view_name>|ALL SERVER|DATABASE
```

语法说明:

(1) 禁用或启用触发器,需要使用 ON 关键字指定触发器的作用目标,如某个表或视图名,或是 ALL SERVER 或 DATABASE。

(2) n 表示可以同时禁用或启用多个触发器。

【例 8-10】 使用 T-SQL 语句禁用 Course 表上的触发器 Course_install。

```
DISABLE TRIGGER Course_install ON Course
```

禁用了 Course_install 触发器,就可以实现对 Course 表中数据的插入、修改、删除操作了。

【例 8-11】 使用 T-SQL 语句启用 Course 表上的触发器 Course_install。

```
ENABLE TRIGGER Course_install ON Course
```

重新启用 Course_install 触发器后,对 Course 表中数据进行更新后就会出现图 8-9 所示的提示信息,无法完成更新操作。

8.5 删除触发器

删除触发器有两种方法。

(1) 使用"对象资源管理器"删除触发器。在"对象资源管理器"中右击要删除的触发器,在弹出的快捷菜单中选择"删除"命令,在弹出的"删除对象"对话框中单击"确定"按钮,即可删除触发器。

(2) 使用 T-SQL 语句删除触发器。在 T-SQL 语句中使用 DROP TRIGGER 语句来删除触发器,删除触发器的语法格式如下:

```
DROP TRIGGER <trigger_name> [ ,...n] [ON ALL SERVER|DATABASE]
```

语法说明:

(1) 删除 DDL 触发器时,需要使用 ON 关键字指定触发器的作用域是 ALL SERVER 还是 DATABASE。

(2) n 表示可以同时删除多个触发器。

【例 8-12】 使用 T-SQL 语句删除 Course 表上的触发器 Course_install。

```
DROP TRIGGER Course_install
```

【**例 8-13**】 删除服务器作用域的 DDL 触发器 SERVER_TRI。

```
DROP TRIGGER SERVER_TRI ON ALL SERVER
```

【**例 8-14**】 删除数据库作用域的 DDL 触发器 SMDB_ALL。

```
DROP TRIGGER SMDB_ALL ON DATABASE
```

8.6　实训

(1) 在 Student 表中创建一个 AFTER 触发器 S_upd_del,当修改、删除表中的记录后,显示提示信息"Student 表中的数据已被修改或删除"。

(2) 在 Student 表中创建一个 INSTEAD OF 触发器 S_instins,不允许在表中插入记录,当执行插入操作时,显示提示信息"不允许在 Student 表中插入数据"。

(3) 在 Course 表上创建一个触发器 Cour_upd,要求当修改 Course 表中的课程号时,同时修改 SC_result 表中该门课程的课程号。

(4) 创建一个服务器作用域的 DDL 触发器 SERVER_SAFE,当删除数据库时,显示提示信息"不允许删除数据库",并回滚该操作。

(5) 修改触发器 SERVER_SAFE,当删除与修改数据库时,均显示提示信息"不允许修改或删除数据库",并回滚该操作。

(6) 使用"对象资源管理器"禁用 Student 表中的 S_upd_del 触发器,使用 T-SQL 语句禁用 Student 表中的 S_instins 触发器,并使用 T-SQL 语句重新启用这两个触发器。

(7) 使用"对象资源管理器"删除 S_instins 触发器,使用 T-SQL 语句删除 DML 触发器 Cour_upd,使用 T-SQL 语句删除 DDL 触发器 SERVER_SAFE。

小结

本章主要介绍触发器的创建与使用、修改、禁用或启用、删除的方法。主要内容如下：

* 触发器是一种特殊类型的存储过程,它不需要调用执行,而是通过事件触发自动执行。
* 根据触发事件的不同,触发器可分为两大类：DML 触发器与 DDL 触发器。DML 触发器又可分为 AFTER 触发器与 INSTEAD OF 触发器。
* DML 触发器的触发事件主要有 INSERT、UPDATE、DELETE 语句。DDL 触发器的触发事件主要有 CREATE、ALTER、DROP 等对数据库结构进行修改的语句。
* 触发器的创建、修改、删除语句分别为 CREATE TRIGGER、ALTER TRIGGER、DROP TRIGGER。
* 可以使用"对象资源管理器"与 T-SQL 语句两种方法实现触发器的禁用或启用,禁用或启用触发器的语句分别为 DISABLE TRIGGER、ENABLE TRIGGER。

思考与习题

1. 什么是触发器？触发器与存储过程有什么不同？

2. 分别说明 DDL 触发器与 DML 触发器、AFTER 触发器与 INSTEAD OF 触发器的区别。

3. 说明临时表 inserted 表与 deleted 表的功能与作用域。

4. 说明 CREATE TRIGGER、ALTER TRIGGER、DROP TRIGGER 语句的基本语法格式。

第 9 章

SQL Server 2012 的安全性

引言

　　数据库基础架构的安全对于任何组织来说都是极其重要的,微软公司每次更新都会在安全方面有所提升。SQL Server 的安全性是指当服务器运行 SQL Server 时,避免非法用户访问数据库,保证了数据库中数据的访问安全性。本章主要讲解 SQL Server 2012 的安全机制、两种验证模式以及用户管理、权限管理、角色管理。

9.1　SQL Server 2012 的安全机制

　　SQL Server 2012 整个安全体系结构从顺序上可以分为认证和授权两个部分,其安全机制可以分为 5 个层级。这些层级由高到低,所有的层级之间相互联系,用户只有通过了高一层的安全验证,才能继续访问数据库中低一层的内容。下面分别阐述这 5 个层级的特点。

1. 客户机安全机制

　　数据库管理系统需要运行在某一特定的操作系统平台下,客户机操作系统的安全性直接影响到 SQL Server 2012 的安全性。当用户用客户机通过网络访问 SQL Server 2012 服务器时,用户首先要获得客户机操作系统的使用权限。保护操作系统的安全性是操作系统管理员或网络管理员的任务。

2. 网络传输安全机制

　　SQL Server 2012 对关键数据进行了加密,即使攻击者通过了防火墙和服务器上的操作系统到达了数据库,还要对数据进行破解。SQL Server 2012 提供了对数据与备份加密的方法。

　　数据加密执行所有数据库级别的加密操作,消除了应用程序开发人员创建定制的代码来加密和解密数据的过程,数据在写到磁盘时进行加密,从磁盘读的时候进行解密。对备份进行加密可以防止数据泄露或被篡改。

3. 实例级别安全机制

SQL Server 2012 采用了标准 SQL Server 登录和集成 Windows 登录。无论使用哪种登录方式,用户在登录时必须提供账号和密码,管理和设计合理的登录方式是 SQL Server 数据库管理员的重要任务,也是 SQL Server 安全体系中重要的组成部分。

SQL Server 2012 服务器中预设了很多固定服务器的角色,用来为具有服务器管理员资格的用户分配使用权限,固定服务器角色的成员可以用于服务器级的管理权限。

4. 数据库级别安全机制

在建立用户的登录账号信息时,SQL Server 提示用户选择默认的数据库,并分给用户权限,以后每次用户登录服务器后,会自动转到默认数据库上。SQL Server 2012 允许用户在数据库上建立新的角色,然后为该用户授予多个权限,最后再通过角色将权限赋予 SQL Server 2012 的用户,使其他用户获取具体数据的操作权限。

5. 对象级别安全机制对象

安全性检查是数据库管理系统的最后一个安全的等级。创建数据库对象时,SQL Server 2012 将自动把该数据库对象的用户权限赋予该对象的所有者,对象的拥有者可以实现该对象的安全控制。

9.2 SQL Server 2012 的验证模式

当用户登录到 SQL Server 服务器时,必须输入有效的用户名和密码,然后系统对其进行身份验证,如果验证通过才接受这次登录;如果不成功将会拒绝本次连接。验证的方法有两种,即 Windows 身份验证模式和混合身份验证模式。

9.2.1 Windows 身份验证模式

在 SQL Server 初始安装或使用 SQL Server 连接其他服务器时,用户需要指定验证模式。如果使用 Windows 身份验证模式,只允许用户通过使用 Windows 系统的用户账户对数据库进行连接。Windows 身份验证模式适用于只在一定范围内(如一个部门或一个公司)对数据库进行访问的情况。

登录到 Windows 系统后,当用户对 SQL Server 进行连接时,系统将 Windows 的组和用户账号传送给 SQL Server,然后在系统表 syslogins 的 SQL Server 用户清单中查找是否有该用户的 Windows 用户账号或者组账号,如果有则接受这次身份验证连接。由于 Windows 系统已经验证用户的口令是否有效,因此 SQL Server 就不再重新验证口令。

采用 Windows 身份验证模式主要有以下几个优点。

① 数据库管理员的工作只集中在对数据库的管理上,而把烦琐的用户账户管理交给 Windows 系统去完成。

② 提供了更多的基于安全的功能,如安全确认和口令加密、审核、口令失效、最小口令长度和账号锁定等。

③ 使用户可以快速访问 SQL Server 系统,而不必使用另一个登录账号和口令。

④ Windows 的组策略支持多个用户同时被授权访问 SQL Server。

【例 9-1】　更改身份验证模式(注意:当修改完验证模式后,必须重新启动 SQL Server 服务后,新的设置才能生效)。

其步骤如下。

(1) 在"对象资源管理器"中右击服务器名,在弹出的快捷菜单中选择"属性"命令,如图 9-1 所示。

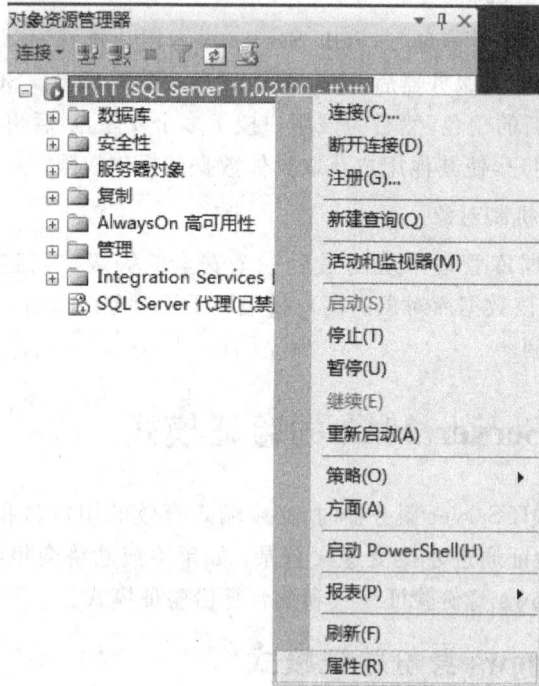

图 9-1　右击服务器名

(2) 在左侧列表中选择"安全性"选项页,可以看到供选择的模式有两种:Windows 身份验证模式与 SQL Server 和 Windows 身份验证模式,如图 9-2 所示。

9.2.2　混合身份验证模式

使用混合验证模式时,用户可以使用 Windows 身份验证或者使用 SQL Server 身份验证与 SQL Server 连接。混合模式最适合用于外界用户访问数据库或是在不能登录到 Windows 域时对数据库进行访问的情况。

在混合验证模式下,用户使用哪种模式则取决于最初的通信时使用的网络环境。如果用户使用的是 TCP/IP 套接字,则将使用 SQL Server 验证模式;如果用户使用命名管理方式,则登录时将采用 Windows 身份验证模式。

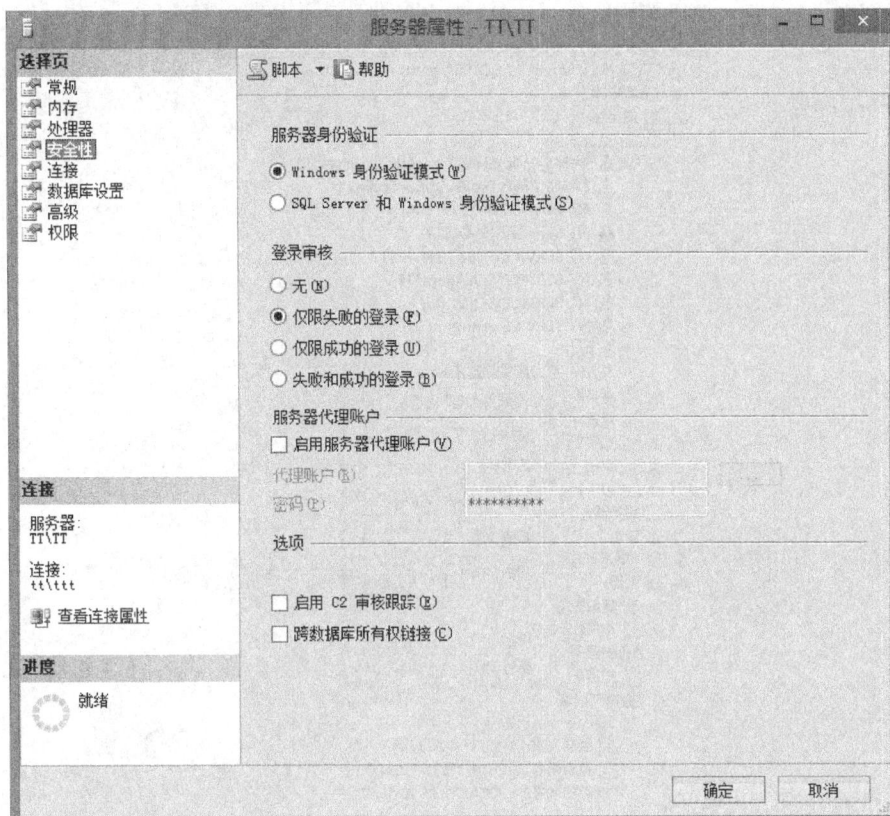

图 9-2　"安全性"选项页

　　SQL Server 身份验证模式的处理步骤：当用户输入用户名和密码后，SQL Server 在系统注册表中检测输入的用户名和密码是否存在，如果存在且密码正确，则用户可以登录到 SQL Server 服务器上，否则本次身份验证失败，系统拒绝该用户的连接。

　　采用混合验证模式主要有以下几个优点。

　　① 既支持 Windows 的用户验证模式，又支持 SQL Server 的用户验证模式。

　　② 支持更大范围的用户。

　　③ 为应用程序开发人员和数据库管理人员提供更多的选择方式。

　　如果选择 Windows 身份验证模式，则 SQL Server 身份验证中创建 sa 账户，但会禁用该账户。如果需要使用 sa 账户就要更改身份验证模式为混合模式，在图 9-2 中选中"SQL Server 和 Windows 身份验证模式"单选按钮。启用了混合模式身份验证后，sa 账户是禁用状态，需要启用 sa 账户才能登录 SQL Server 服务器。

　　【例 9-2】　启用 sa 账户。

　　其步骤如下：在"对象资源管理器"中展开"安全性"结点，再展开"登录名"就可以看见登录名 sa，右击 sa，在弹出的快捷菜单中选择"属性"命令，如图 9-3 所示。打开"登录属性-sa"对话框，在左侧列表中选择"状态"选项，在右侧的"登录"处选中"已启用"单选按钮，如图 9-4 所示，单击"确定"，就可以使用 sa 账户登录了。

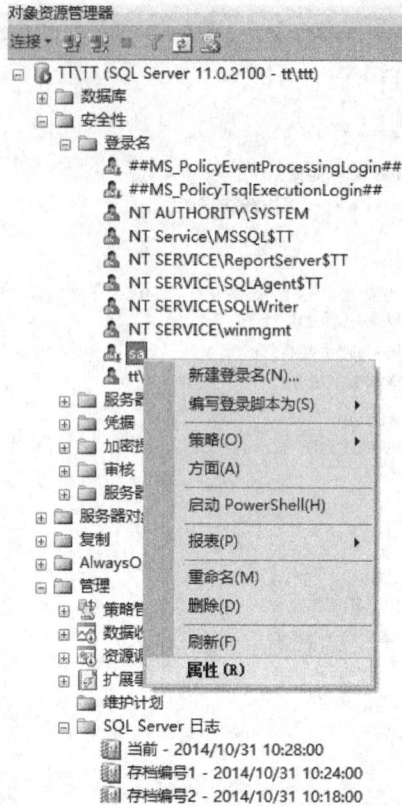

图 9-3　查看 sa 属性

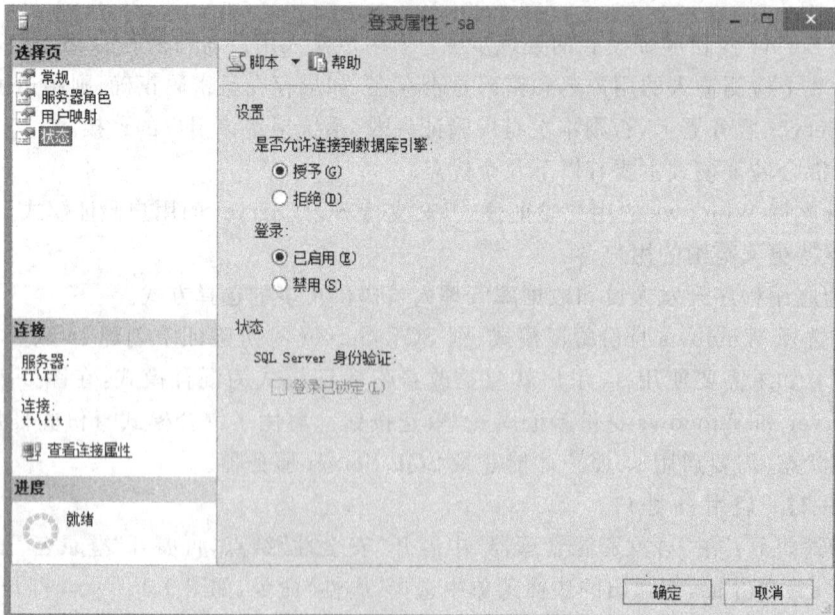

图 9-4　"登录属性-sa"对话框

9.3 登录账户管理

9.3.1 创建登录账户

1. 使用"对象资源管理器"创建登录账户

用户使用 SQL Server 时,首先要登录到 Windows 服务器上才能连接 SQL Server 服务器。登录 Windows 服务器时需要 Windows 登录账户,下面来介绍如何创建 Windows 登录账户。

【例 9-3】 创建 Windows 登录账户 Sql2012user。

其步骤如下。

(1) 打开系统的"控制面板",双击"管理工具"图标,在"管理工具"窗口中双击"计算机管理"图标,打开"计算机管理"窗口,如图 9-5 所示。

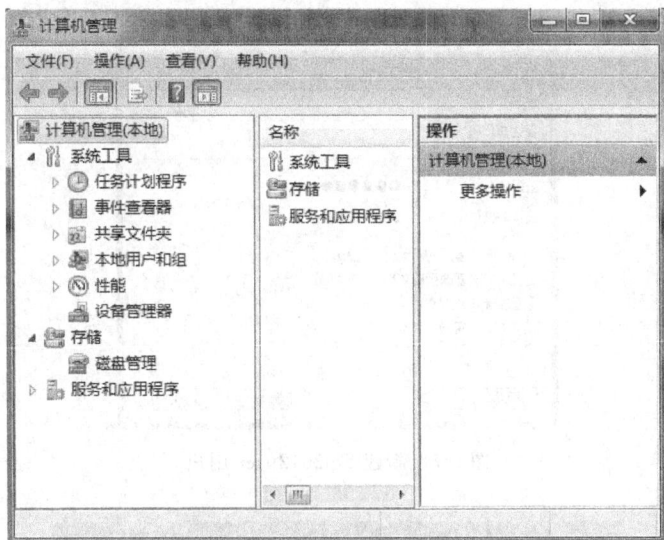

图 9-5 "计算机管理"窗口

(2) 在左侧树形目录中单击"系统工具"前面的 ◢ 号,再单击"本地用户和组"前面的 ◢ 号,选择"用户"后可以看见 Windows 现有账户,如图 9-6 所示。

(3) 右击"用户",在弹出的快捷菜单中选择"新用户"命令,打开"新用户"对话框。在"用户名"文本框内输入 Sql2012user,在"密码"和"确认密码"文本框内输入 123456,勾选"密码永不过期"复选框,单击"创建"按钮,即可创建 Sql2012user 账户,如图 9-7 所示。

(4) 新用户创建成功后,可以在"计算机管理"窗口中的用户列表中查看到,如图 9-8 所示。

创建完 Windows 登录账户之后就可以创建要映射到这个账户的 Windows 登录,与 SQL Server 服务器建立连接。

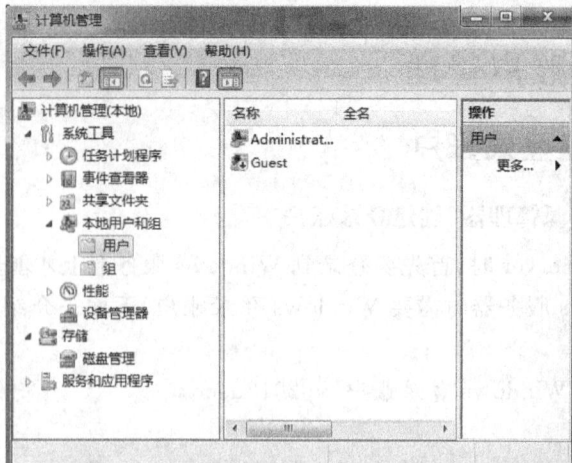

图 9-6　Windows 现有账户

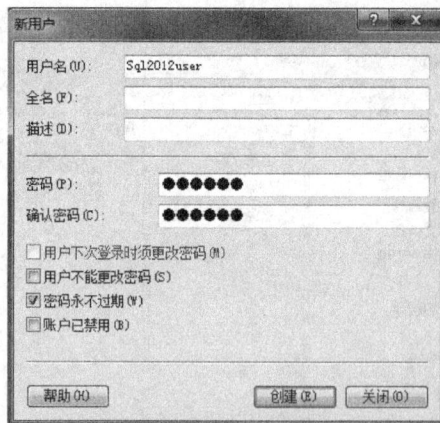

图 9-7　新建 Sql2012user 用户

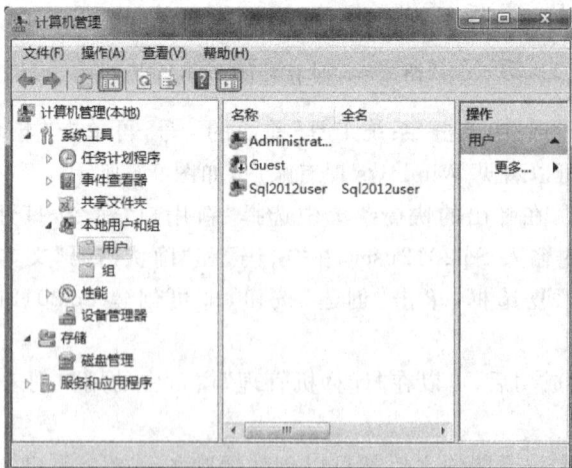

图 9-8　查看新建用户

【例 9-4】　创建映射到 Sql2012user 账户的 Windows 登录名。

其步骤如下。

（1）在"对象资源管理器"中展开"安全性"结点，右击"登录名"，在弹出的快捷菜单中选择"新建登录名"命令，打开"登录名-新建"窗口，如图 9-9 所示。

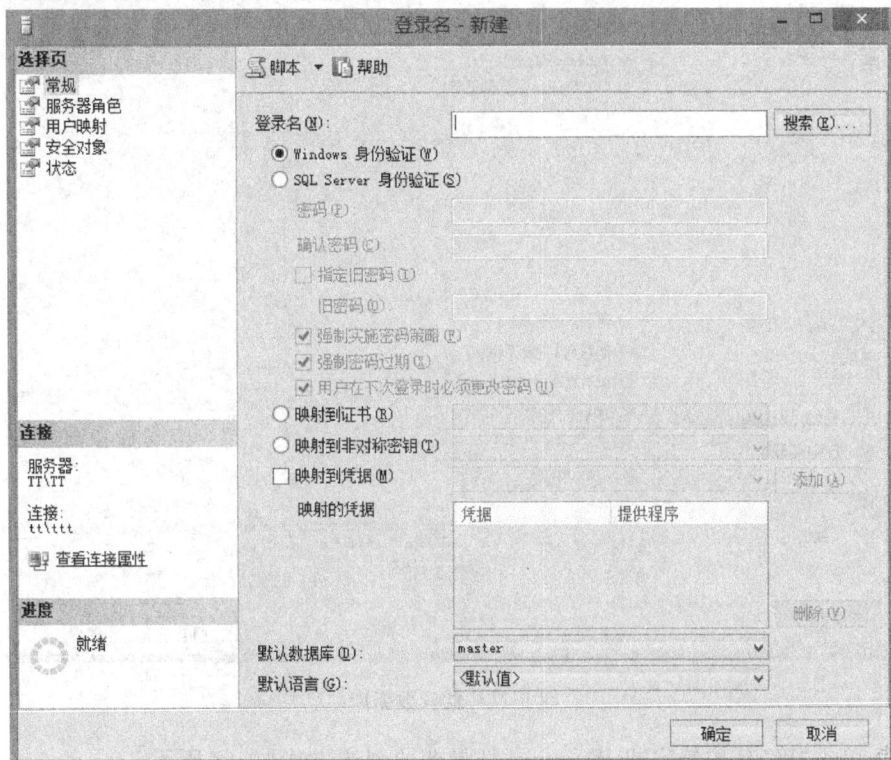

图 9-9　"登录名-新建"对话框

（2）单击"搜索"按钮，在弹出的"选择用户或组"对话框中输入 Sql2012user，单击"检查名称"按钮，如图 9-10 所示，单击"确定"按钮。

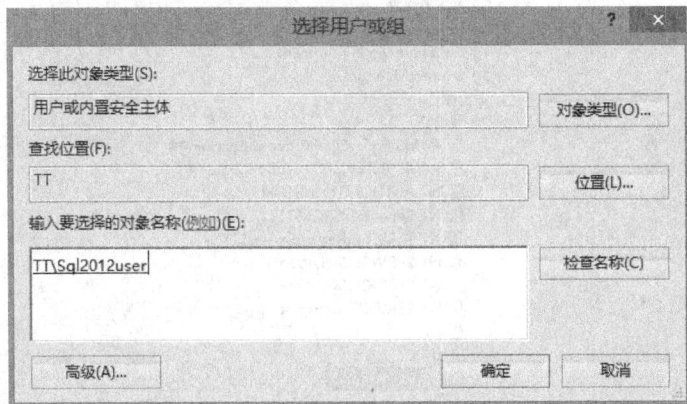

图 9-10　"选择用户或组"对话框

(3) 选择"Windows 身份验证"模式,默认数据库选择 StudentManageDB,如图 9-11 所示。

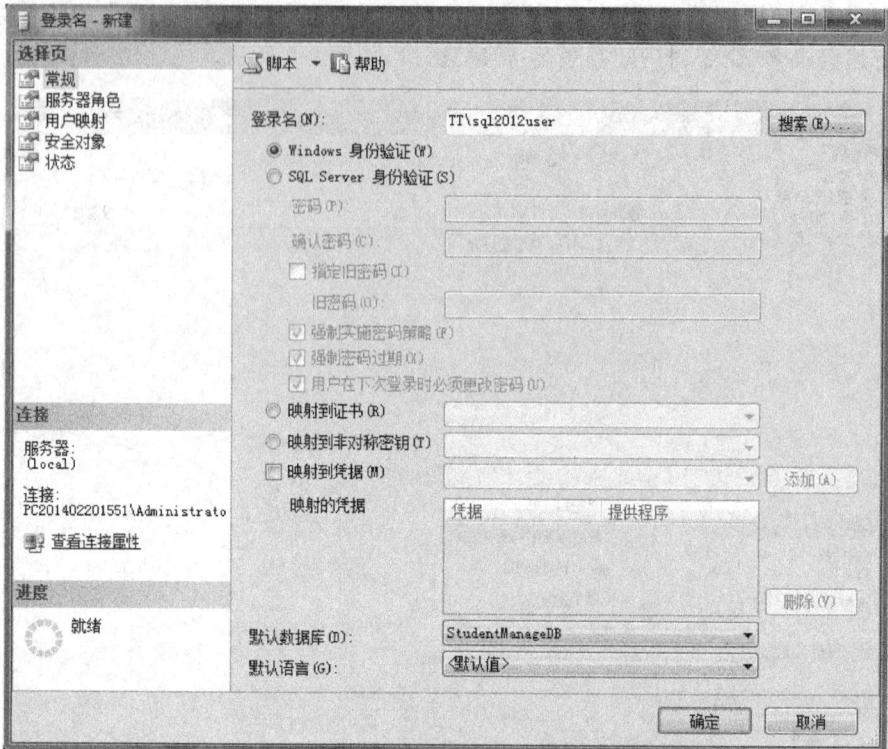

图 9-11　默认数据库

(4) 单击"确定"按钮完成 Windows 登录名的创建,如图 9-12 所示。

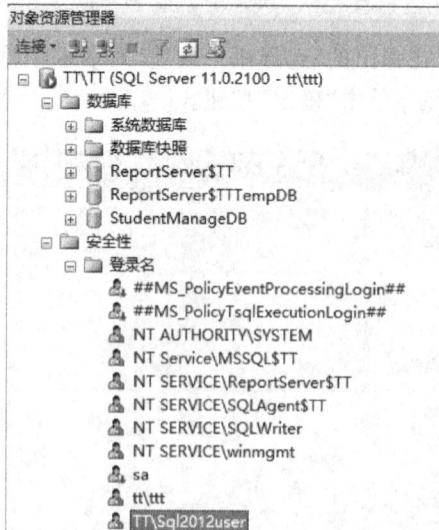

图 9-12　创建登录名 Sql2012user

在图 9-11 中选择"SQL Server 身份验证"模式,并输入登录名与密码即可创建 SQL Server 身份验证的登录名。

2. 使用 T-SQL 语句创建登录账户

【例 9-5】 使用 T-SQL 语句完成例 9-4 中 Windows 登录账户 Sql2012user 的创建。

```
CREATE LOGIN [TT\Sql2012user]
FROM WINDOWS
WITH DEFAULT_DATABASE = [StudentManageDB]
```

【例 9-6】 使用 T-SQL 语句创建 SQL Server 登录账户 Sqluser1,密码是 123456,默认数据库为 master。

```
CREATE LOGIN Sqluser1
WITH PASSWORD = '123456',
DEFAULT_DATABASE = [master]
```

9.3.2　修改登录账户

1. 使用"对象资源管理器"修改登录账户

【例 9-7】 修改登录账户 sqluser1,禁止其登录。

其步骤如下。

(1) 在"对象资源管理器"中展开"安全性"结点,在"登录名"结点下右击 sqluser1 账户,在弹出的快捷菜单中选择"属性"命令,打开"登录属性-sqluser1"对话框,如图 9-13 所示。

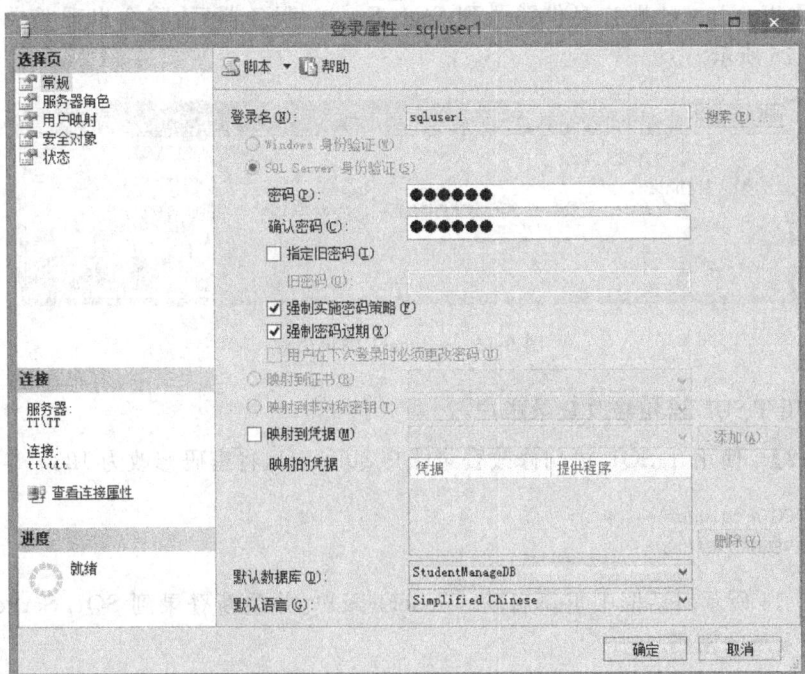

图 9-13　sqluser1 登录属性

（2）选择左侧列表中的"状态"选项，切换到"状态"窗口。在"登录"选项处选中"禁用"单选按钮，如图 9-14 所示，单击"确定"按钮，则拒绝该账户登录。

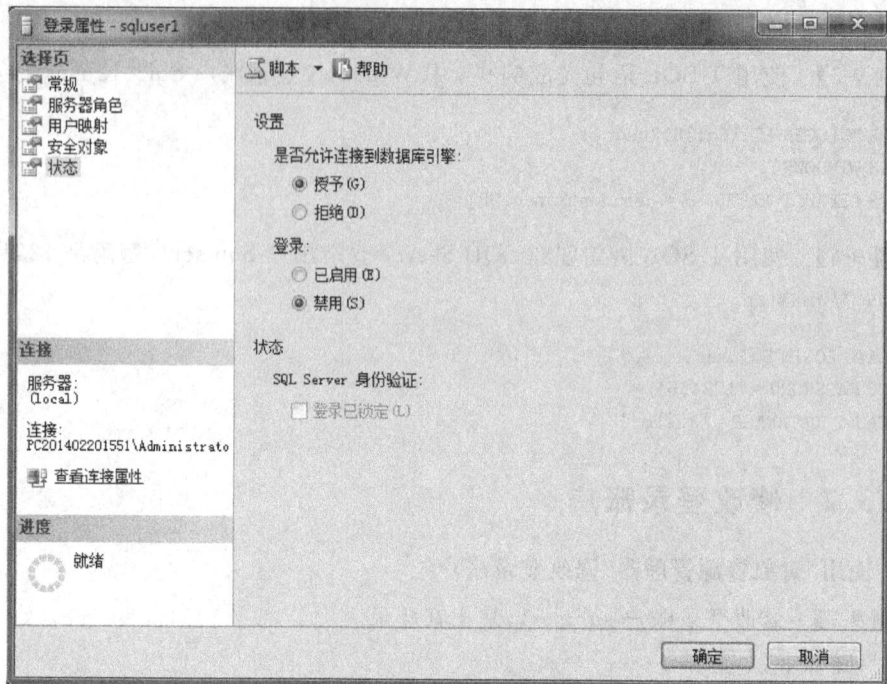

图 9-14　sqluser1 状态设置

当再次以 sqluser1 账户身份登录到 SQL Server 服务器后，将会出现登录失败的提示，如图 9-15 所示。

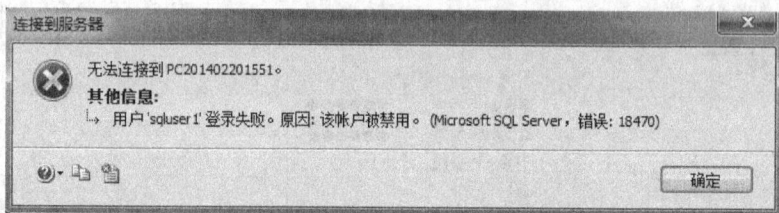

图 9-15　sqluser1 登录失败

2. 使用 T-SQL 语句修改登录账户

【例 9-8】　使用 T-SQL 语句修改登录账户 sqluser1，将密码修改为 123。

```
ALTER LOGIN sqluser1
WITH PASSWORD = '123'
```

在图 9-14 所示对话框中重新启动 sqluser1 账户，并重新登录到 SQL Server 服务器时，需要输入新的密码。

9.3.3 删除登录账户

为了保证数据库安全,数据库管理员必须及时将停用账户进行删除。删除账户方法很简单,下面通过实例讲解删除账户的方法及步骤。

1. 使用"对象资源管理器"删除登录账户

【例9-9】 删除账户 TT\Sql2012user。

其步骤如下。

(1) 在"对象资源管理器"中展开"安全性"结点,在"登录名"结点下右击 TT\Sql2012user 账户,在弹出的快捷菜单中选择"删除"命令,打开"删除对象"对话框,单击"确定"按钮会弹出提示消息框,如图 9-16 所示。

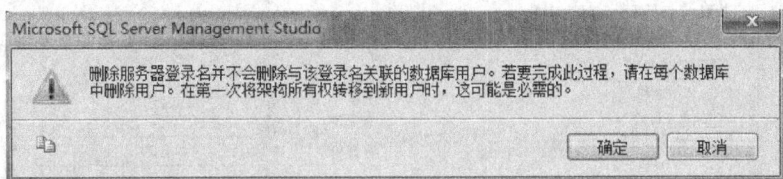

图 9-16 删除账户的提示消息框

(2) 再次单击"确定"按钮,完成对登录账户的删除操作。

2. 使用 T-SQL 语句删除登录账户

删除账户 TT\Sql2012user 也可以使用下列 T-SQL 语句。

```
DROP LOGIN [TT\Sql2012user]
```

9.4 数据库用户管理

登录账户创建完成后,可利用登录账户连接 SQL Server 服务器,但还不能访问具体的数据库。若要访问具体的数据库,还需要创建数据库用户,数据库用户是登录账户在数据库中的映射,一个登录账户可对应多个用户,但一个登录账户在一个数据库中只能映射一次。

9.4.1 创建数据库用户

1. 使用"对象资源管理器"创建数据库用户

【例9-10】 在 StudentManageDB 数据库中创建登录名 sqluser1 映射的数据库用户 SMuser。

其步骤如下。

(1) 在"对象资源管理器"中展开"数据库"结点,再单击数据库 StudentManageDB 前面的加号,展开"安全性"结点。

(2) 右击"用户",在弹出的快捷菜单中选择"新建用户"命令,打开"数据库用户-新建"对话框,在"用户名"文本框中输入 SMuser。单击"登录名"后的按钮,打开"选择登录名"对话框,单击"浏览"按钮,选择 sqluser1,单击"确定"按钮,如图 9-17 所示。

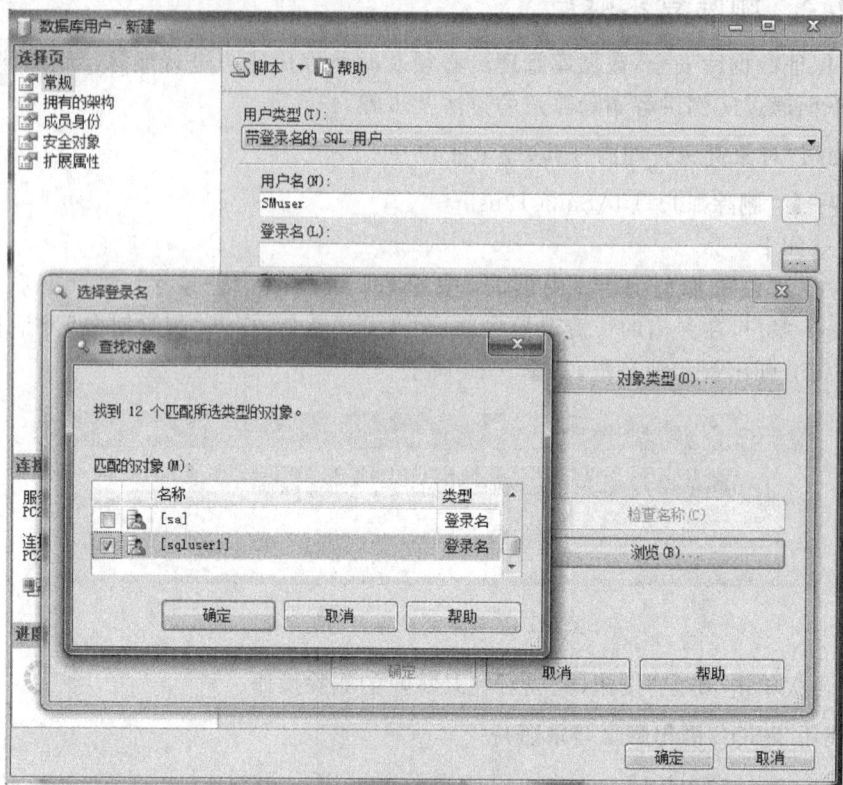

图 9-17 新建数据库用户窗口

(3) 再次单击"确定"按钮,完成数据用户的创建,如图 9-18 所示。

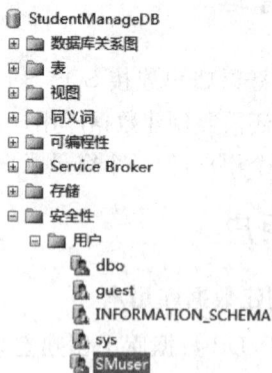

图 9-18 创建 SMuser 用户

2. 使用 T-SQL 语句创建数据库用户

【例 9-11】 使用 T-SQL 语句完成例 9-10 中数据库用户的创建。

USE StudentManageDB

```
CREATE USER SMuser
FOR LOGIN sqluser1
```

9.4.2 删除数据库用户

1. 使用"对象资源管理器"删除数据库用户

其操作步骤如下：在"对象资源管理器"中右击"用户"结点下要删除的数据库用户名，在弹出的快捷菜单中选择"删除"命令，打开"删除对象"对话框，单击"确定"按钮，即可完成数据库用户的删除操作。

2. 使用 T-SQL 语句删除数据库用户

可使用 DROP USER 语句删除数据库用户，语法格式如下。

```
DROP USER <username>
```

9.5 权限管理

9.5.1 权限的种类

数据库用户能够对相应的数据库执行哪些操作，是通过设置权限实现的。在 SQL Server 2012 中包括 3 种类型的权限，即对象权限、语句权限和暗示性权限。

1. 对象权限

对象权限是指为特定对象、特定类型的所有对象设置的权限，这些对象包括表、视图、存储过程等。常用对象权限如表 9-1 所示。

表 9-1 常用对象权限

对象权限名称	对象权限含义
Control	控制权限，拥有对数据库内所有对象的控制权限
Alter	允许用户创建、修改或删除受保护对象
Insert	允许用户在表中插入新的行
Update	允许用户修改表中数据，但不允许添加或者删除表中行
Delete	允许用户从表中删除行
Select	允许用户从表中或者视图中读取数据
Execute	允许用户执行被应用了该权限的存储过程

2. 语句权限

语句权限是创建数据库或数据库中的对象时需要设置的权限，这些语句通常是一些具有管理性的操作，如创建表、视图、存储过程等。常用语句权限如表 9-2 所示。

3. 暗示性权限

暗示性权限是系统预先授予预定义角色的权限，即不需要授权就有的权限。例如，sysadmin 固定服务器角色成员自动继承这个固定角色的全部权限。

表 9-2 常用语句权限

语　句	说　明	语　句	说　明
CREATE DATABASE	创建数据库	CREATE INDEX	创建索引
CREATE TABLE	创建表	CREATE RULE	创建规则
CREATE VIEW	创建视图	CREATE DEFAULT	创建默认值
CREATE PROCEDURE	创建存储过程	CREATE FUNCTION	创建函数

9.5.2 设置权限

1. 使用"对象资源管理器"设置权限

1) 授予权限

授予权限是指把权限赋给指定的数据库用户或角色。

【例 9-12】 为 StudentManageDB 数据库中数据库用户 SMuser 授予对 Student 表的插入、删除、选择权限。

其步骤如下。

(1) 在"对象资源管理器"中选择 StudentManageDB 数据库,展开"安全性"结点,在"用户"结点下右击 SMuser 用户,在弹出的快捷菜单中选择"属性"命令,打开"数据库用户-SMuser"对话框,单击"安全对象"后的"搜索"按钮,弹出"添加对象"对话框,如图 9-19 所示。

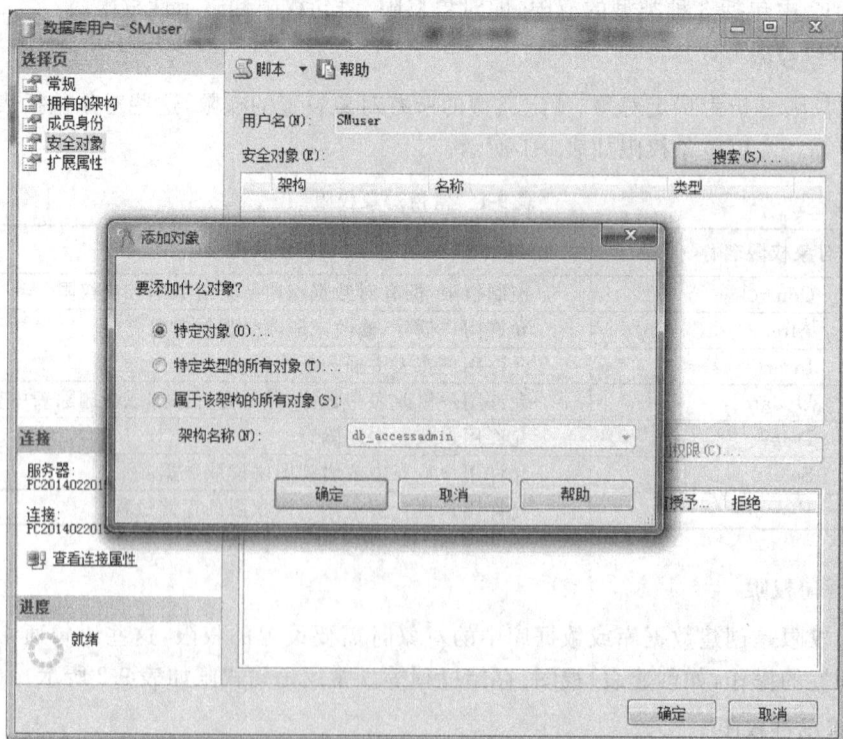

图 9-19 数据库用户窗口

（2）选中"特定对象"单选按钮，单击"确定"按钮，在"选择对象"对话框中单击"对象类型"按钮，选择"表"。单击"浏览"按钮，从弹出的"查找对象"对话框中选择 dbo. Student 表，如图 9-20 所示，单击"确定"按钮。

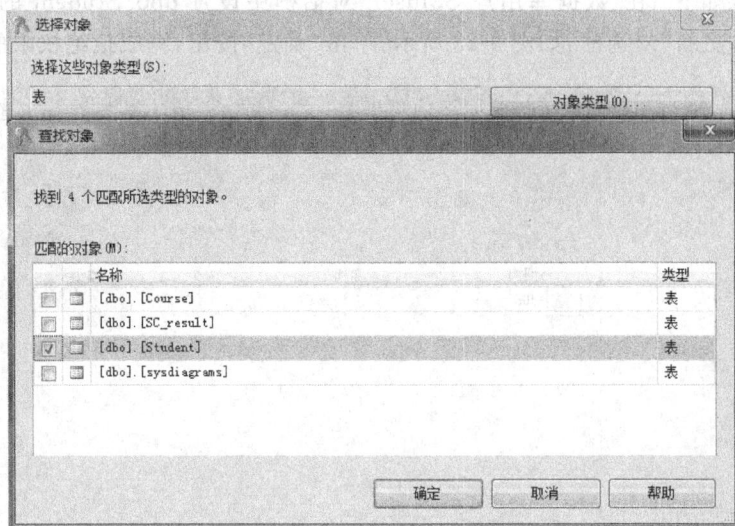

图 9-20 "查找对象"对话框

（3）在"数据库用户-SMuser"对话框中设置 dbo. Student 的权限，在"授予"列下选中"插入""删除""选择"复选框，如图 9-21 所示，单击"确定"按钮，完成授权。

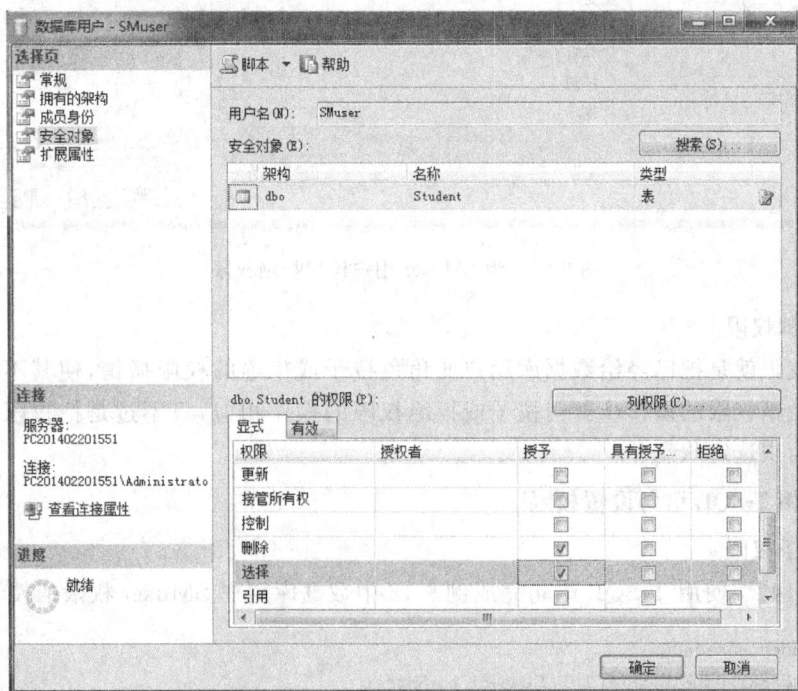

图 9-21 为 SMuser 用户授权

2）拒绝权限

拒绝权限是指使数据库用户或角色拒绝使用权限的操作。

【例 9-13】 拒绝数据库用户 SMuser 对 Student 表使用更新权限。

操作步骤如下：在"数据库用户-SMuser"对话框中设置 dbo.Student 的权限，在"拒绝"列下选中"更新"复选框，如图 9-22 所示，单击"确定"按钮，完成拒绝权限的操作。

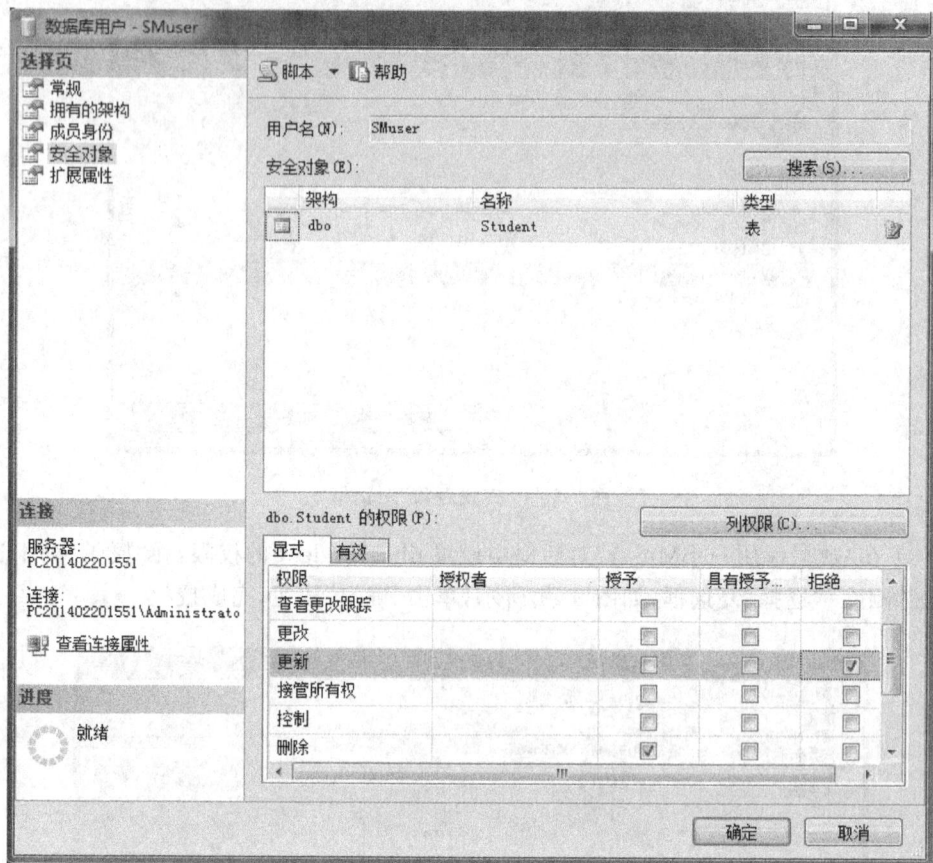

图 9-22　为 SMuser 用户设置拒绝权限

3）撤销权限

撤销权限就是把已经给数据库用户或角色授予或拒绝的权限撤销，使其不具备相应的权限。撤销权限的操作步骤与授予或拒绝权限的操作相似，只不过是把权限状态的复选框改变为未选定状态。

2. 使用 T-SQL 语句设置权限

1）授予权限

【例 9-14】 使用 T-SQL 语句完成例 9-12 中数据库用户 SMuser 权限的授予。

```
USE StudentManageDB
GRANT INSERT,DELETE,SELECT ON Student to SMuser
```

2) 拒绝权限

【例 9-15】 使用 T-SQL 语句完成例 9-13 中拒绝数据库用户 SMuser 对 Student 表使用更新权限。

```
DENY UPDATE ON Student to SMuser
```

3) 撤销权限

【例 9-16】 使用 T-SQL 语句撤销对数据库用户 SMuser 已经授予或拒绝的对 Student 表的删除、更新权限。

```
REVOKE DELETE,UPDATE ON Student to SMuser
```

语句运行后,数据库用户 SMuser 的权限如图 9-23 所示。

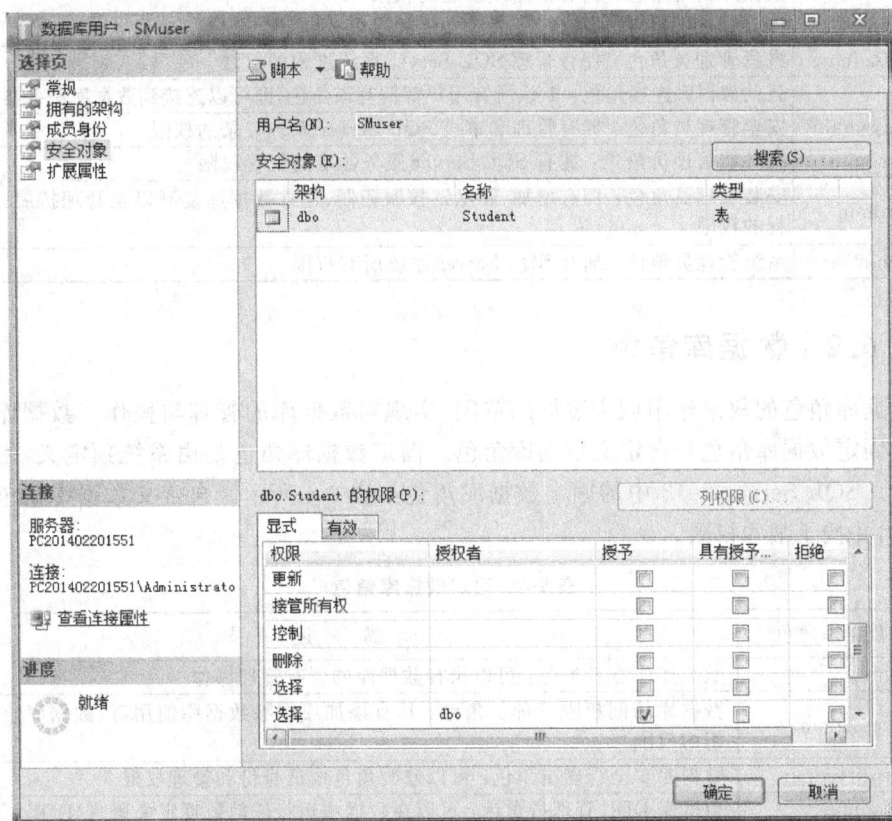

图 9-23 撤销 SMuser 用户的删除与拒绝更新权限

9.6 角色管理

角色是一种权限机制,同一角色具有相同的权限。当多个用户具有相同权限时,可以不必一一授权,而是为其指派同一角色。角色一般分为服务器角色和数据库角色。

9.6.1　服务器角色

服务器角色也称为固定服务器角色,由系统预定义,用户不能自定义。服务器级角色的权限作用域为服务器范围。固定服务器角色已经具备了执行指定操作的权限,将登录账户作为成员添加到固定服务器角色中后,登录账户就可以继承固定服务器角色的权限。在 SQL Server 2012 中定义了 9 个固定服务器角色,如表 9-3 所示。系统默认的两个登录账户 sa 和 Windows 登录账户被自动设置为 public 和 sysadmin 服务器角色。

表 9-3　固定服务器角色

固定服务器角色	描　　述
bulkadmin	批量数据输入管理员角色:拥有管理批量输入大量数据操作的权限
dbcreator	数据库创建角色:拥有数据库创建的权限
diskadmin	磁盘管理员角色:拥有管理磁盘文件的权限
processadmin	进程管理员角色:拥有管理 SQL Server 系统进程的权限
public	公共数据库连接角色:默认所有用户都拥有该角色,即可以连接到数据库服务器权限
securityadmin	安全管理员角色:拥有管理和审核 SQL Server 系统登录的权限
serveradmin	服务器管理员角色:拥有 SQL Server 服务器端的配置权限
setupadmin	安装管理员角色:拥有增加、删除链接服务器、建立数据库复制以及管理扩展存储过程的权限
sysadmin	系统管理员角色:拥有 SQL Server 系统所有权限

9.6.2　数据库角色

数据库角色的权限作用域为数据库范围,实现对数据库的管理与操作。数据库角色可分为固定数据库角色与自定义数据库角色。固定数据库角色是由系统预定义,用户不能修改。SQL Server 2012 中的固定数据库角色如表 9-4 所示。自定义数据库角色由用户创建,并授予某些权限。

表 9-4　固定数据库角色

固定数据库角色	描　　述
db_owner	数据库所有者角色:可以执行数据库的所有管理操作
db_accessadmin	数据库访问权限管理员角色:具有添加或删除数据库使用者、数据库角色和组的权限
db_securityadmin	数据库安全管理员角色:可以修改角色成员身份和管理权限
db_ddladmin	数据库 DDL 管理员角色:可以在数据中运行任何数据定义语言(DDL)命令
db_backupoperator	数据库备份操作员角色:具有备份数据库的权限
db_datareader	数据库数据读取者角色:具有读取所有用户表中数据的权限
db_datawriter	数据库数据写入者角色:具有在所有用户表中添加、删除或者更改数据的权限
db_denydatareader	数据库拒绝数据读取者角色:不能读取数据库中的任何数据
db_denydatawriter	数据库拒绝数据写入者角色:不能对数据库内数据表中的数据执行添加、修改或删除操作
public	一个特殊的数据库角色:每个数据库用户都是 public 数据库角色的成员。通常将一些公共的权限赋给 public 角色

【例 9-17】　为登录账户 sqluser1 指派服务器角色与数据库角色。

其步骤如下。

(1) 在"对象资源管理器"中展开"安全性"结点,在"登录名"结点下右击 sqluser1 账户,在弹出的快捷菜单中选择"属性"命令,打开"登录属性-sqluser1"对话框。

(2) 选择左侧列表中的"服务器角色"选项,切换到"服务器角色"对话框,可以为登录账户 sqluser1 指派服务器角色,此处保持默认的 public 角色,如图 9-24 所示。

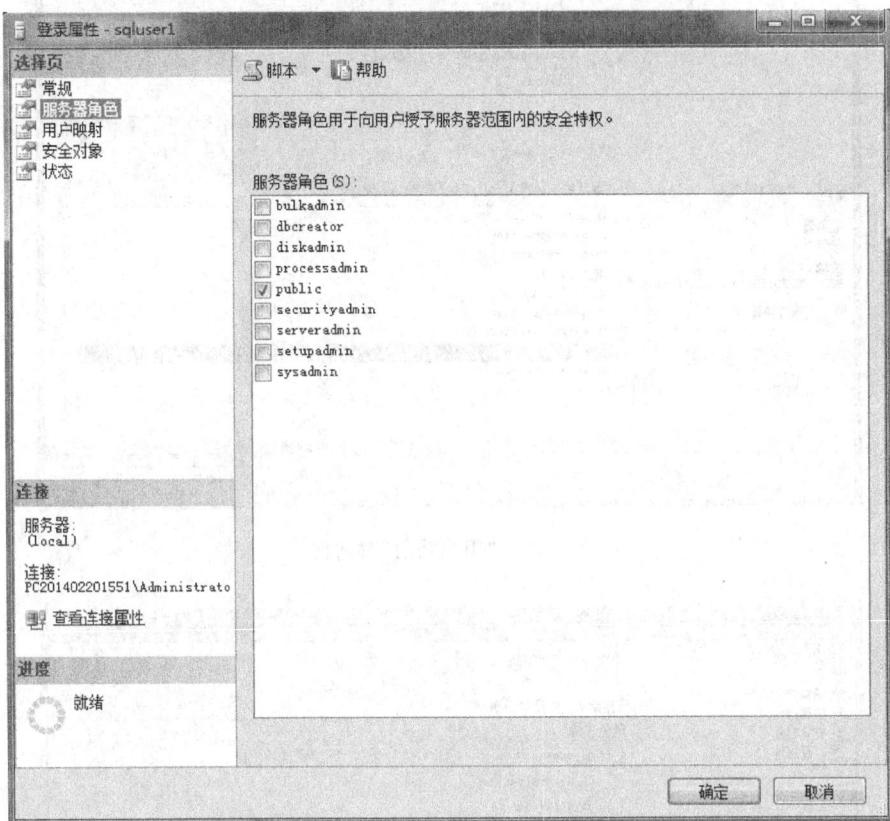

图 9-24　"服务器角色"对话框

(3) 选择左侧列表中的"用户映射"选项,切换到"用户映射"对话框,可以为登录账户 sqluser1 选择可以访问的数据库与数据库角色,选择 StudentManageDB 数据库与 db_owner 角色,如图 9-25 所示。

(4) 单击"确定"按钮,完成角色的指派。

此时打开"数据库用户-SMuser"对话框,选择左侧列表中的"成员身份"选项,可以查看数据库用户 SMuser 的数据库角色 db_owner,如图 9-26 所示。

当再次以 sqluser1 身份登录到 SQL Server 服务器后,可以对 StudentManageDB 数据库执行所有操作。

【例 9-18】　创建自定义数据库角色 newrole,授予对 Course 表的"更新""删除""选择"权限。

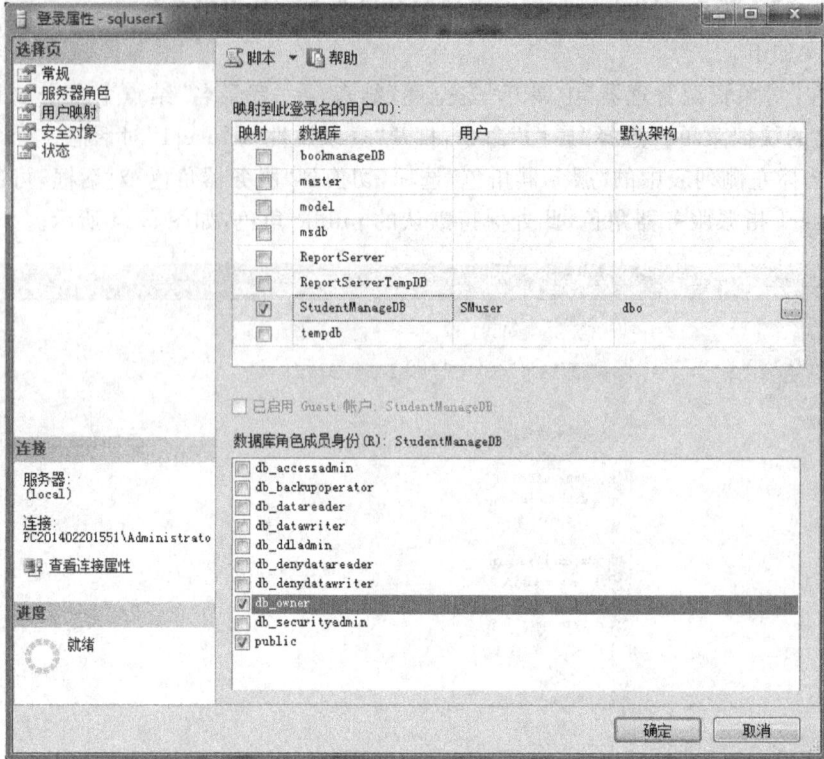

图 9-25 "用户映射"对话框

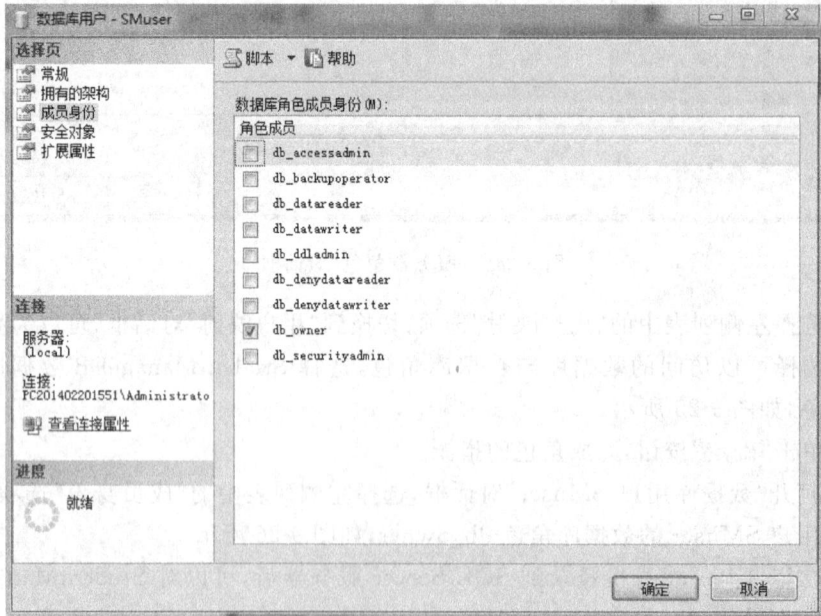

图 9-26 "数据库用户-SMuser"对话框

其步骤如下。

（1）在"对象资源管理器"中选择 StudentManageDB 数据库，展开"安全性"结点，右击"角色"，在弹出的快捷菜单中选择"新建数据库角色"命令，打开"数据库角色-新建"对话框。在角色名称中输入 newrole，所有者选择 dbo，如图 9-27 所示。

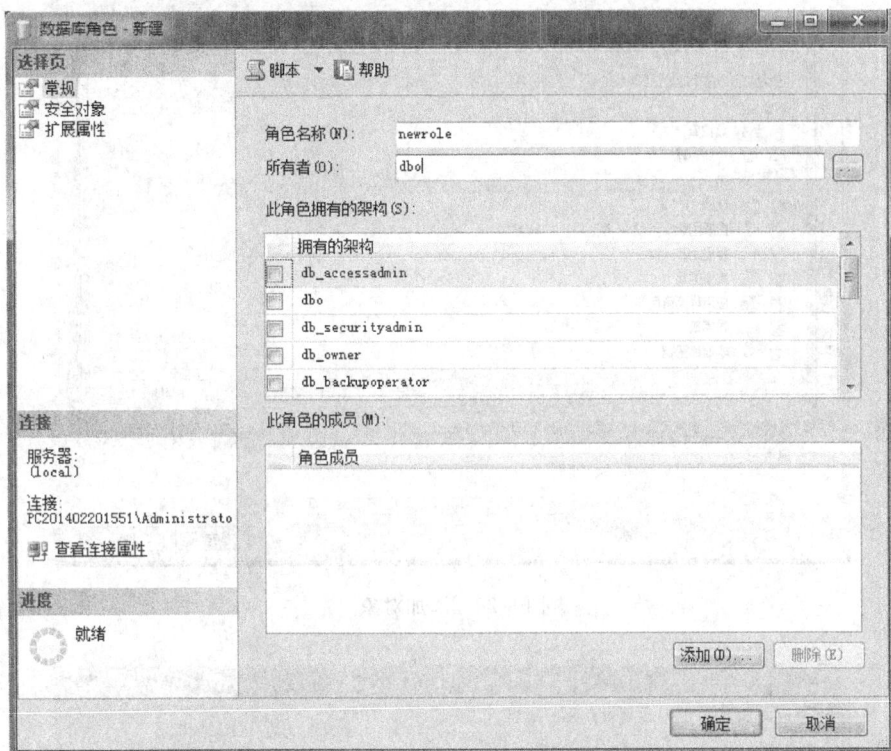

图 9-27　"数据库用户-新建"对话框

（2）选择左侧列表中的"安全对象"选项，单击"搜索"按钮，打开"添加对象"对话框，选择"特定类型的所有对象"选项，单击"确定"按钮后弹出"选择对象类型"对话框，勾选"表"复选框，如图 9-28 所示，单击"确定"按钮后数据表出现在安全对象列表中。

（3）选中 Course 数据表，在 dbo. Course 的权限列表中，在"授予"列下选中"更新""删除""选择"复选框，如图 9-29 所示。单击"确定"按钮，自定义角色 newrole 创建完毕，如图 9-30 所示。

在数据库角色创建过程中或创建完成后，可在"数据库角色-新建"对话框中单击"添加"按钮为数据库角色添加成员。删除数据库角色的方法非常简单，只需要选中要删除的数据库角色，然后右击，在弹出的快捷菜单中选择"删除"命令，即可删除。

【例 9-19】　使用 T-SQL 语句完成例 9-18 中自定义数据库角色 newrole 的创建。

```
USE StudentManageDB
CREATE ROLE newrole AUTHORIZATION dbo
GRANT UPDATE,DELETE,SELECT ON Course to newrole
```

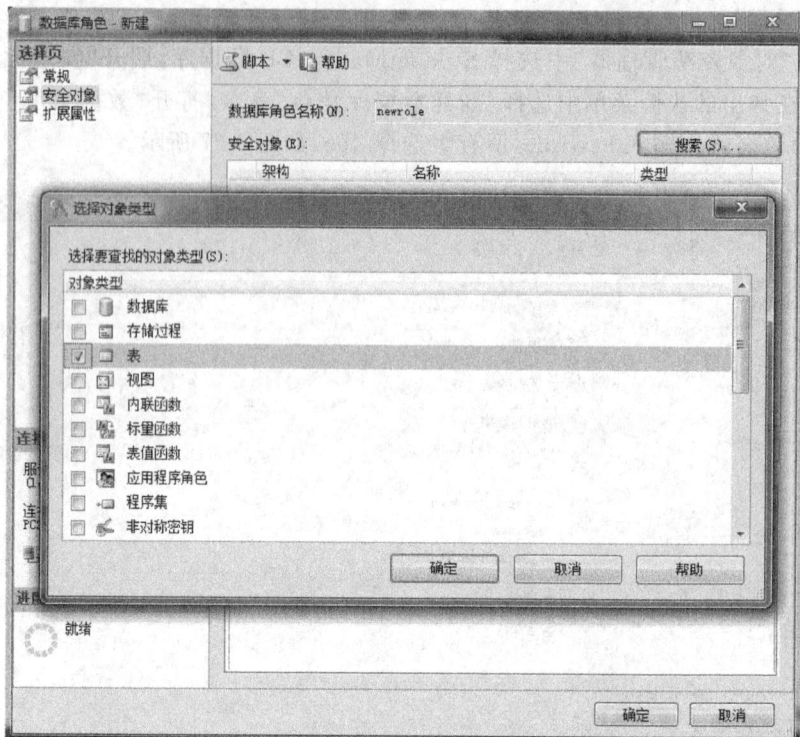

图 9-28　添加对象

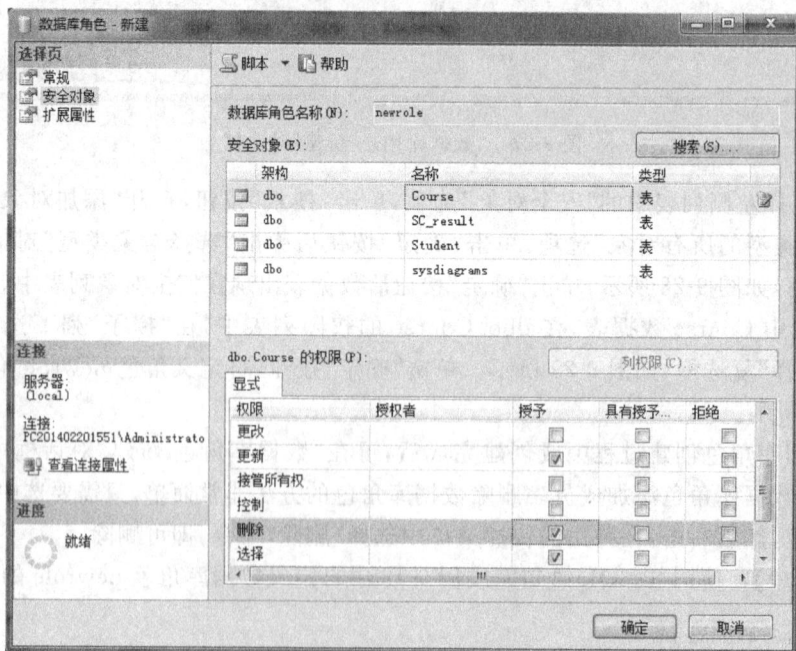

图 9-29　为角色分配权限

图 9-30 创建 newrole 用户

可以使用系统存储过程 sp_addrolemember 向数据库角色中添加成员。若 StudentManageDB 数据库中已存在一个数据库用户 MIKE,则向数据库角色 newrole 中添加成员 MIKE 的语句如下。

```
sp_addrolemember 'newrole', 'MIKE'
```

此时在"数据库角色属性-newrole"对话框中显示该角色的成员为 MIKE,如图 9-31 所示。

图 9-31 为 newrole 角色添加成员

数据库用户 MIKE 对 Course 表具有的"更新""删除""选择"权限。

【例 9-20】 使用 T-SQL 语句删除自定义数据库角色 newrole。

使用 T-SQL 语句删除自定义数据库角色时,数据库角色需为空。可以使用系统存储过程 sp_droprolemember 删除数据库角色中的成员后,再使用 DROP ROLE 语句删除角色。

```
sp_droprolemember 'newrole', 'MIKE'
DROP ROLE newrole
```

9.7　实训

(1) 更改 SQL Server 2012 服务器的登录模式。

(2) 创建 Windows 登录账户 mary,并在 StudentManageDB 数据库中创建 mary 映射的数据库用户 maryuser。

(3) 使用 T-SQL 语句创建 SQL Server 登录账户 teacherlogin,密码是 000,默认数据库为 StudentManageDB。并在 StudentManageDB 数据库中创建 teacherlogin 映射的数据库用户 teacheruser。

(4) 使用 T-SQL 语句为数据库用户 teacheruser 授予对 Course 表的选择、更新权限,拒绝删除权限,并撤销删除权限。

(5) 创建自定义角色 myrole,授予其查看数据表 SC_result 的权限,为 myrole 角色添加成员 maryuser。

(6) 使用 T-SQL 语句删除 myrole 角色。

(7) 使用 T-SQL 语句删除数据库用户 maryuser 与 Windows 登录账户 mary。

小结

本章主要介绍了数据库安全的相关知识,主要内容包括:

- 概述 SQL Server 2012 的安全机制,安全机制分为 5 个层级。
- SQL Server 2012 的验证模式:Windows 身份验证模式和混合验证模式。
- 登录账户的创建、修改与删除方法。
- 数据库用户的创建与删除方法。
- SQL Server 2012 包括 3 种权限:对象权限、语句权限和暗示性权限。
- 设置授权:授予权限、拒绝权限、撤销权限的方法。
- 服务器角色与数据库角色的管理。

思考与习题

1. 简述 SQL Server 的安全管理机制。
2. 说明登录账户与数据库用户账户之间的关系。
3. 说明拒绝权限与撤销权限的区别。
4. 简述数据库角色的概念和使用方法。

第 **10** 章

数据库的备份、
恢复与数据的导入、导出

引 言

　　数据库要不断进行维护才能保障数据的安全以及用户的正常使用,数据库的维护包括导入/导出数据、备份/恢复数据等多种方式,通过这些方式可以实现数据的共享、转移和安全保护。

　　本章主要介绍数据库的备份恢复的方法以及数据在 SQL Server 中和其他形式的数据进行交换的方法。

10.1　备份与恢复

10.1.1　备份与恢复概述

　　数据库在运行过程中可能会遇到自然灾难(如地震、火灾、战争、盗窃)、硬件故障(如磁盘损坏)、软件故障(如操作系统漏洞)、人为误操作(如管理员误删除某个表)等不可预测情况造成灾难性数据丢失。

　　数据库的备份是指创建数据库的副本,从而可以还原数据库到某一状态,而数据库的恢复是指数据库从错误状态恢复到某一正确状态。数据库的备份与恢复是保证数据安全的重要措施。数据库的恢复是以数据库的备份为基础的,定期对数据库进行备份,可以在数据丢失或出现错误的时候及时进行数据恢复,从而尽可能地降低数据灾难损失,增强数据库的高可用性特征。

1. 备份时机

　　数据库的备份内容可分为数据文件和日志文件两部分。对于系统数据库和用户数据库,其备份时机是不同的。

1) 系统数据库

系统数据库 master、msdb 和 model 中的任何一个被修改以后，都要将其备份。master 数据库包含了系统有关数据库的全部信息，如果 master 数据库损坏，那么 SQL Server 可能无法启动。master 数据库被破坏而没有 master 数据库的备份时，就必须重建全部系统数据库了。

修改了系统数据库 msdb 或 model 时，也必须备份，以便在系统出现故障时恢复作业以及用户创建的数据库信息。

注意：数据库 tempdb 仅包含临时数据，因此不需要备份。

2) 用户数据库

当创建数据库或加载数据库时，应备份数据库。当为数据库创建索引时，应备份数据库，以便恢复时能节省时间。当清理了日志或执行了不记日志的 T-SQL 命令时，应备份数据库，这是因为若日志记录被清除或命令未记录在事务日志中，日志中将不包含数据库的活动记录，因此不能通过日志恢复数据。

不记日志的命令有 BACKUP LOG WITH NO_LOG、WRITETEXT、UPDATETEXT、SELECT INTO、命令行实用程序、BCP 命令等。

2. 数据库备份的类型

数据库备份的类型主要有以下几种。

1) 完整备份

完整数据库备份，备份的内容包括所有对象、系统表及数据。在备份开始时，SQL Server 复制数据库中的一切，包括备份进行过程中的事务日志部分。所以说，使用完整备份可以还原数据库完整的状态。

完整备份是对数据库的完全备份，因为是完全备份，所以速度会比较慢，而且将占用大量磁盘空间。在对数据库进行完整备份时，所有未完成的事务和发生在备份过程中的事务都被忽略。

2) 差异备份

差异备份是备份最近一个完整备份时间点之后改变的数据。因为备份的只有变动的内容，所以差异备份比完整备份速度更快、数据量更小。但是完整备份是差异备份的基础，因此进行差异备份的前提是进行至少一次的完整备份。

3) 文件或文件组备份

文件或文件组备份是指在进行数据库备份时，只备份单独的一个或者几个数据库文件或文件组，而不是整个数据库。文件或文件组备份可以选择性地只备份几个文件而不是整个数据库，所以可以节省时间。

在使用文件或文件组备份时，还必须备份事务日志，所以不能在启用"在检查点截断日志"选项的情况下使用这种备份技术。此外，如果数据库中的对象跨多个文件或文件组，则必须同时备份所有相关文件和文件组。

4) 事务日志备份

事务日志备份是备份所有数据库修改的记录，用来在还原操作期间提交完成的事务以及回滚未完成的事务。在备份事务日志时，备份将存储自上一次事务日志备份后发生的改变,然后截断日志,以此清除已经被提交或放弃的事务。

3. 恢复模式

依据数据损坏程度不同,数据库恢复主要有 3 种模式。

1) 简单恢复模式

简单恢复模式是指将数据库恢复到上一次数据完整备份时间点的状态。这种模式下可以使用的备份策略由完整备份和差异备份组成。启用简单恢复模式时,不能执行事务日志备份。

2) 完整恢复模式

完整恢复模式是指将数据库恢复到故障点或者指定时间点。使用这种模式,所有操作被写入日志中,包括大容量操作和大容量数据加载。这种模式下可以使用的备份策略包括完整、差异及事务日志备份。

3) 大容量日志恢复模式

大容量日志恢复模式使用数据库和日志备份恢复数据库,这种模式可以减少日志空间的使用,但仍然保持完整恢复模式的大多数灵活性,以最低限度将大容量操作和大容量加载写入日志。

如果数据库在执行一个完整或差异备份以前失败,将需要手动重做大容量操作和大容量加载。使用这种模式的备份策略应该包括完整、差异及事务日志备份。

10.1.2　备份数据库

1. 备份设备

备份设备是用来存储数据库备份的存储介质,包括磁盘、磁带和逻辑备份设备,在备份数据库之前,必须先指定或创建备份设备。

1) 创建备份设备

创建备份设备有两种方法:一种是使用"对象资源管理器"创建;另一种是使用系统存储过程创建。

(1) 使用"对象资源管理器"创建备份设备。

【例 10-1】　在 D:\backup 文件夹下创建名为"Student 数据库备份"的备份设备。

其步骤如下。

① 在"对象资源管理器"中依次打开"服务器对象"→"备份设备",右击"备份设备",在弹出的快捷菜单中选择"新建备份设备"命令,如图 10-1 所示。

② 打开"备份设备"对话框。在"设备名称"文本框中输入"Student 数据库备份",单击"文件"后的设置按钮,在弹出的"定位数据库文件"对话框中设置好目标文件地址和文件名,这里目标磁盘必须保证有足够的空间,文件名以 .bak 为后缀名,如图 10-2 所示。设置完成后单击"确定"按钮,完成创建永久备份设备。

(2) 使用系统存储过程创建备份设备。

创建备份设备的系统存储过程为 sp_addumpdevice 语句,基本语法格式如下。

图 10-1　选择"新建备份设备"命令

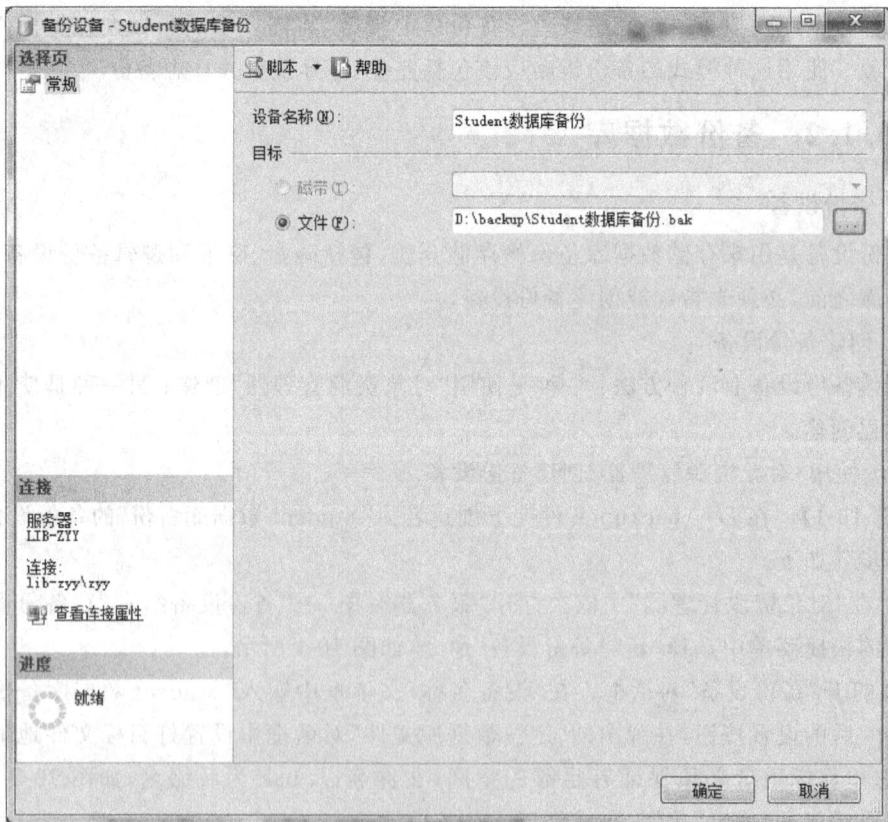

图 10-2　"备份设备"对话框

```
sp_addumpdevice [@devtype = ] 'device_type'
,[ @logicalname = ] 'logical_name'
,[ @physicalname = ] 'physical_name'
```

语法说明：

① [@devtype =] 'device_type'：备份设备的类型，值为 disk 或者 tape，disk 指硬盘，tape 指磁带。

② [@logicalname =] 'logical_name'：在 BACKUP 和 RESTORE 语句中使用的逻辑名称。logical_name 数据类型是 sysname，不能为 NULL 且无默认值。

③ [@physicalname =] 'physical_name'：备份设备的物理名称。物理名称需包含完整路径。

【例 10-2】 使用 sp_addumpdevice 命令创建名为 mydiskdump 的永久备份设备，物理名称为 D:\ backup\Studentdump. bak。

```
EXEC sp_addumpdevice 'disk','mydiskdump','D:\backup\Studentdump.bak'
```

语句执行后，创建一个逻辑名为 mydiskdump，物理设备名为 D:\backup\Studentdump. bak 的永久备份设备。

（3）创建临时备份设备。

如果不打算反复使用该设备文件，或者只使用一次，那么可以创建临时备份设备。可以使用 T-SQL 语言的 BACKUP DATABASE 语句对数据库创建临时备份设备。对使用临时备份设备进行的数据库备份，SQL Server 创建临时备份文件。

BACKUP DATABASE 语句的语法格式如下。

```
BACKUP DATABASE { database_name/@database_name_var}
TO < backup_file > [,...n]
```

其中：

```
<backup_file>::=
{backup_file_name/@backup_file_name_evar}/
{DISK/TAPE} = {temp_file_name/@temp_file_name_evar}
```

语法说明：database_name 是被备份的数据库名；DISK/TAPE 为介质类型。

【例 10-3】 在磁盘上创建一个临时备份设备，用来备份数据库 StudentManageDB。

```
BACKUP DATABASE StudentManageDB
TO DISK = 'D:\backup\Studentbackup.bak'
```

2）查看备份设备

查看当前服务器上的备份设备的状态信息有两种方法：一种是通过"对象资源管理器"查看；另一种是通过系统存储过程查看。

（1）通过"对象资源管理器"查看。

可以在备份设备如 mydiskdump 上右击，在弹出的快捷菜单中选择"属性"命令，直接打开"属性"对话框，查看备份设备的文件名和存储位置，如图 10-3 所示。

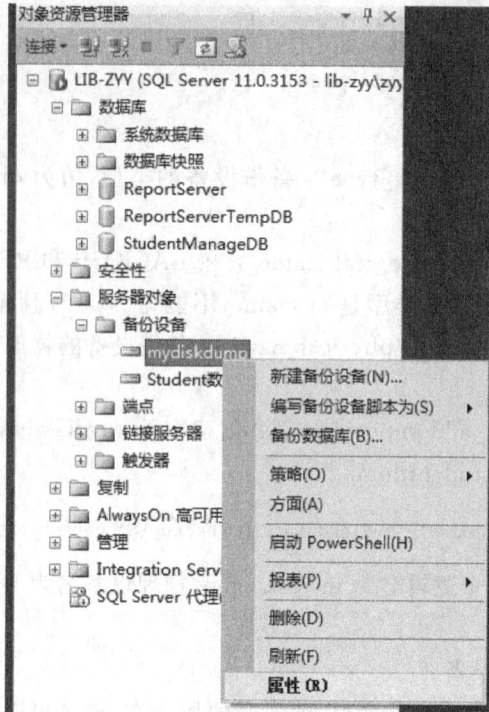

图 10-3　选择"属性"命令

(2) 通过系统存储过程查看。

使用系统存储过程 sp_helpdevice 可以查看服务器上备份设备的状态信息。

在查询窗口中输入以下命令。

```
sp_helpdevice
```

执行结果如图 10-4 所示。

	device_name	physical_name	description	status	cntrltype	size
1	Student数据库备份	D:\backup\Student数据库备份.bak	disk, backup device	16	2	0
2	mydiskdump	d:\backup\Studentdump.bak	disk, backup device	16	2	0

图 10-4　查看备份设备状态

3) 删除备份设备

当备份设备不再需要使用时,可以使用"对象资源管理器"或系统存储过程删除它。

(1) 在"对象资源管理器"中删除备份设备。

可以在备份设备如 mydiskdump 上右击,在弹出的快捷菜单中选择"删除"命令,删除备份设备。若被删除的"命名备份设备"是磁盘文件,那么必须在其物理路径下用手工删除该文件。

(2) 使用系统存储过程删除备份设备。

删除备份设备使用系统存储过程 sp_dropdevice。删除命名备份文件时,若被删除的

"备份设备"的类型为磁盘,那么必须指定 DELFILE 选项,但备份设备的物理文件一定不能直接保存在磁盘根目录下。

sp_dropdevice 语句的语法格式如下:

```
sp_dropdevice [ @logicalname = ] 'device'
[, [ @delfile = ] 'delfile' ]
```

语法说明:

(1) [@logicalname =] 'device' 表示逻辑磁盘备份设备名。

(2) [@delfile =] 'delfile' 表示是否同时删除磁盘备份物理设备名。没有此参数表示不删除物理文件,有此参数表示删除物理文件。

【例 10-4】 删除备份设备 mydiskdump。

```
EXEC sp_dropdevice mydiskdump
```

或

```
EXEC sp_dropdevice mydiskdump, delfile
```

语句执行结果如图 10-5 所示,备份设备 mydiskdump 被删除了,其中第二条语句表示同时删除物理文件。

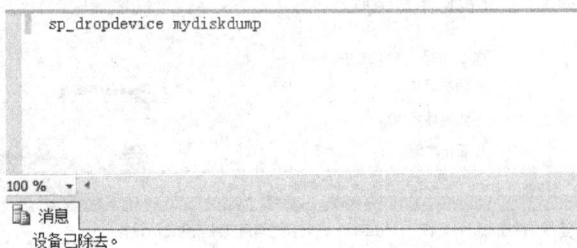

图 10-5 系统存储过程删除备份设备

2. 创建完整备份

1) 使用"对象资源管理器"创建完整备份

【例 10-5】 在备份设备"Student 数据库备份"上创建 StudentManageDB 数据库的完整备份。

其步骤如下。

(1) 在"对象资源管理器"中,展开"数据库"结点下的 StudentManageDB 数据库,右击 StudentManageDB 数据库,在弹出的快捷菜单中选择"任务"→"备份"命令,如图 10-6 所示。

(2) 弹出"备份数据库"对话框,在对话框左侧的"常规"选择页中,可以选择源数据库、备份类型和目标备份到的物理文件。这里,数据库选择 StudentManageDB;备份类型选择"完整";目标备份到磁盘处,单击"添加"按钮,打开"选择备份目标"对话框,选择"备份设备"为"Student 数据库备份",如图 10-7 所示,单击"确定"按钮。

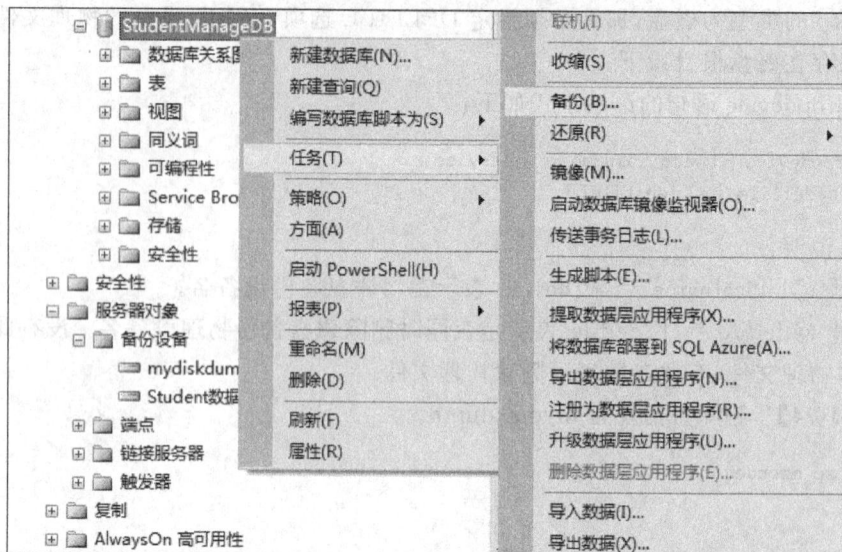

图 10-6　备份数据库

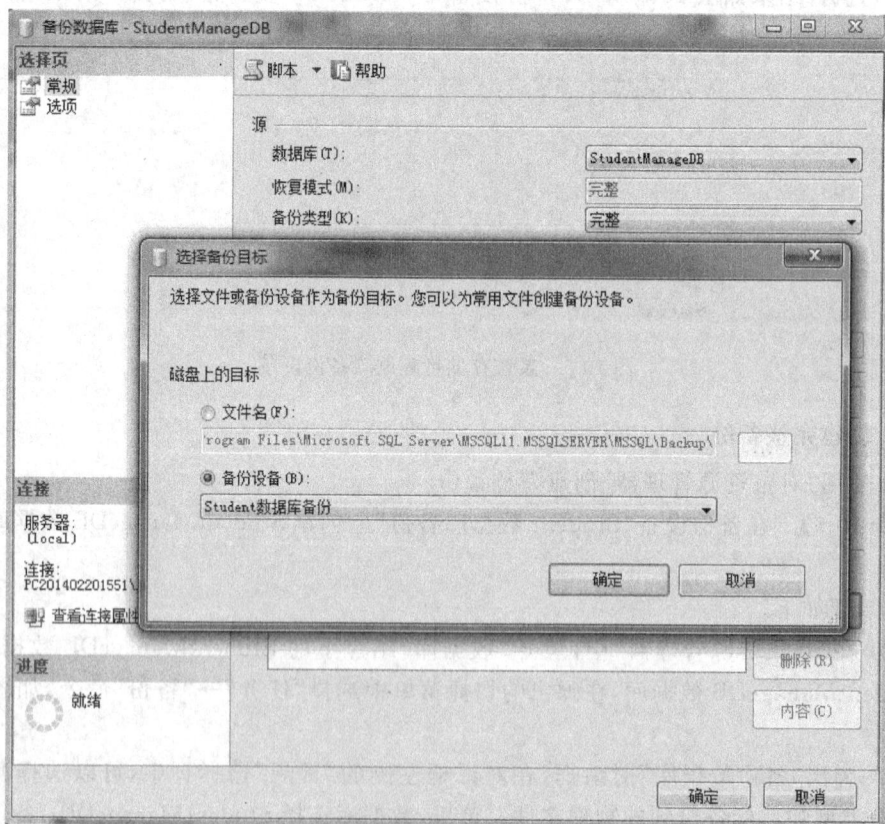

图 10-7　备份数据库"常规"选择页

（3）单击"选项"选择页，将"备份到现有介质集"选中"覆盖所有现有备份集"单选按钮，"可靠性"选中"完成后验证备份"复选框，如图10-8所示。

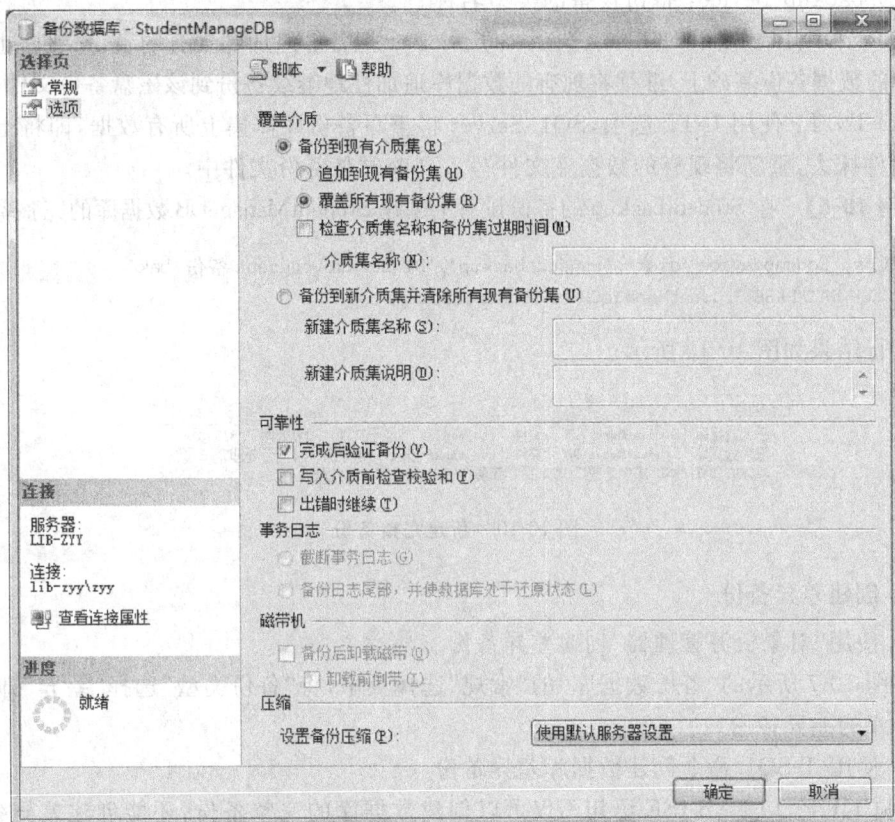

图10-8 "选项"选择页

（4）单击"确定"按钮，完成 StudentManageDB 数据库的完整备份，如图10-9所示。

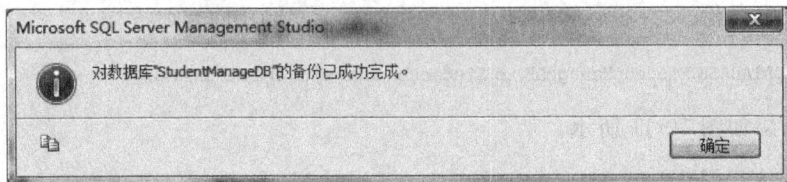

图10-9 完成备份

2）使用 T-SQL 语句创建完整备份

使用 BACKUP DATABASE 语句能够完成完整备份数据库、差异备份数据库、备份文件和文件组、备份事务日志文件。BACKUP DATABASE 语句的基本语法格式如下。

```
BACKUP DATABASE{database_name|@database_name_var} <file_or_filegroup> [ ,...f ]
TO <backup_device> [ ,...n ] ..[[,]{INIT|NOINIT}]
```

语法说明：

（1）database_name：备份的数据库名称

（2）backup_device：备份设备的类型名称。

（3）NOINIT：使用 NOINIT 选项，SQL Server 把备份追加到现有的备份文件，也就是在原有的数据备份基础上，继续将现有的数据库追加性地继续备份到该磁盘备份文件中。

（4）INIT：使用 INIT 选项，SQL Server 将重写备份媒体集上所有数据，即将上次备份的文件抹去，重新将现有的数据库文件写入到该磁盘备份文件中。

【例 10-6】 在 Studentbackup 的备份设备上创建 StudentManageDB 数据库的完整备份。

```
EXEC sp_addumpdevice 'disk','Studentbackup','D:\Backup\student 备份.bak'
BACKUP DATABASE StudentManageDB to Studentbackup
```

运行结果如图 10-10 所示。

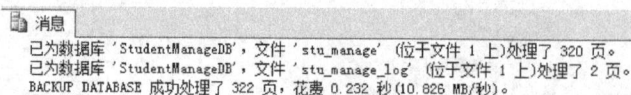

图 10-10　新建完整备份

3. 创建差异备份

1）使用"对象资源管理器"创建差异备份

在图 10-7 所示的"备份数据库"的"常规"选择页中，将"备份类型"选择"差异"即可实现数据库的差异备份。

2）使用 T-SQL 命令创建数据库差异备份

BACKUP DATABASE 语句不仅可以创建数据库的完整备份，还能创建差异备份，执行差异备份的语法与完全数据备份基本一致，不同的是需要在语句的最后写上 WITH DIFFERENTIAL 参数。

【例 10-7】 创建 StudentManageDB 数据库的差异备份，要求在 Studentbackup 的备份设备上进行备份。

```
BACKUP DATABASE StudentManageDB to Studentbackup with DIFFERENTIAL
```

运行结果如图 10-11 所示。

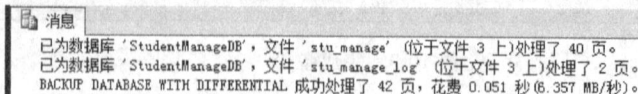

图 10-11　差异备份执行结果

4. 创建事务日志备份

1）使用"对象资源管理器"创建事务日志备份

其步骤如下。

（1）在图 10-7 所示的"备份数据库"的"常规"选择页中，将"备份类型"选择"事务日志"，目标备份到"磁盘"，单击"添加"按钮，打开"选择备份目标"对话框，选择备份设备，如图 10-12 所示。

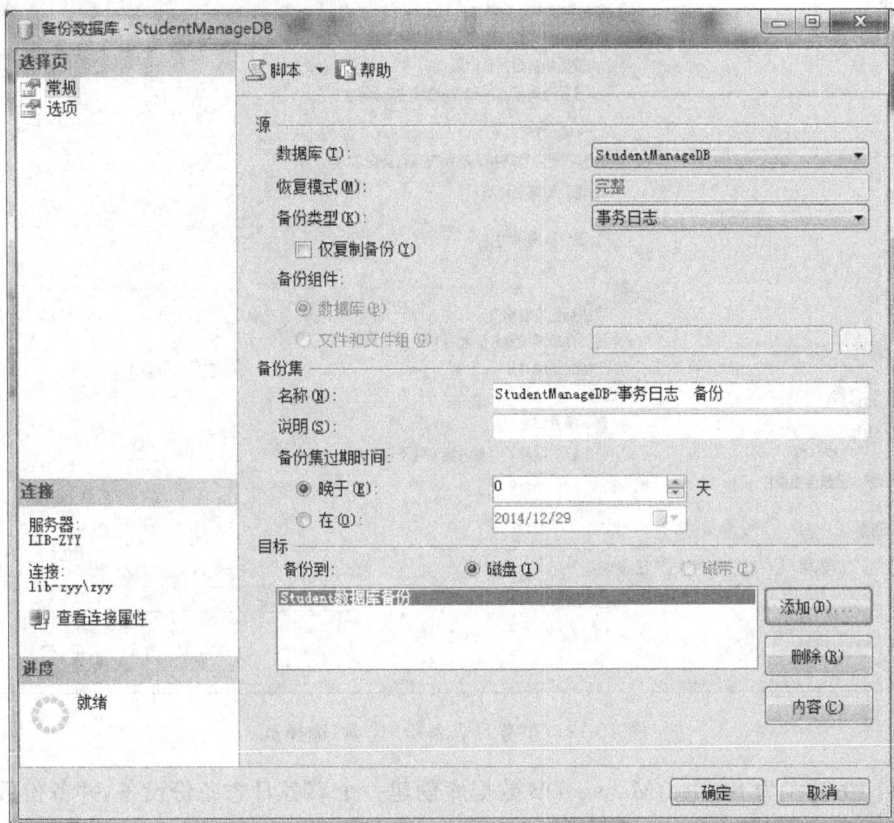

图 10-12 "备份数据库"对话框

（2）接下来选择"选项"选择页，将"备份到现有介质集"选择"覆盖所有现有备份集"单选按钮，"可靠性"选择"完成后验证备份"复选框，"事务日志"选择"截断事务日志"单选按钮，如图 10-13 所示。单击"确定"按钮即可完成数据库的事务日志备份。

2）使用 T-SQL 命令语句备份事务日志

完整数据备份是其他一切备份的基础，必须预先存在一个完整数据备份才能进行其他备份，因此，执行日志文件备份前，必须要有一个完整数据备份。备份日志文件使用 BACKUP LOG 语句，语法格式如下。

```
BACKUP LOG { database_name | @database_name_var }
{TO < backup_device > [ ,...n ][ WITH [ , ] { INIT | NOINIT } ][ [ , ] NO_TRUNCATE]}
```

语法说明：NO-TRUNCATE 选项可以完全备份所有数据库的最新活动信息，该参数是只能够与 BACKUP LOG 命令一起使用的，作用是指定不截断日志，并使数据库引擎尝试执行备份，而不考虑数据库的状态。

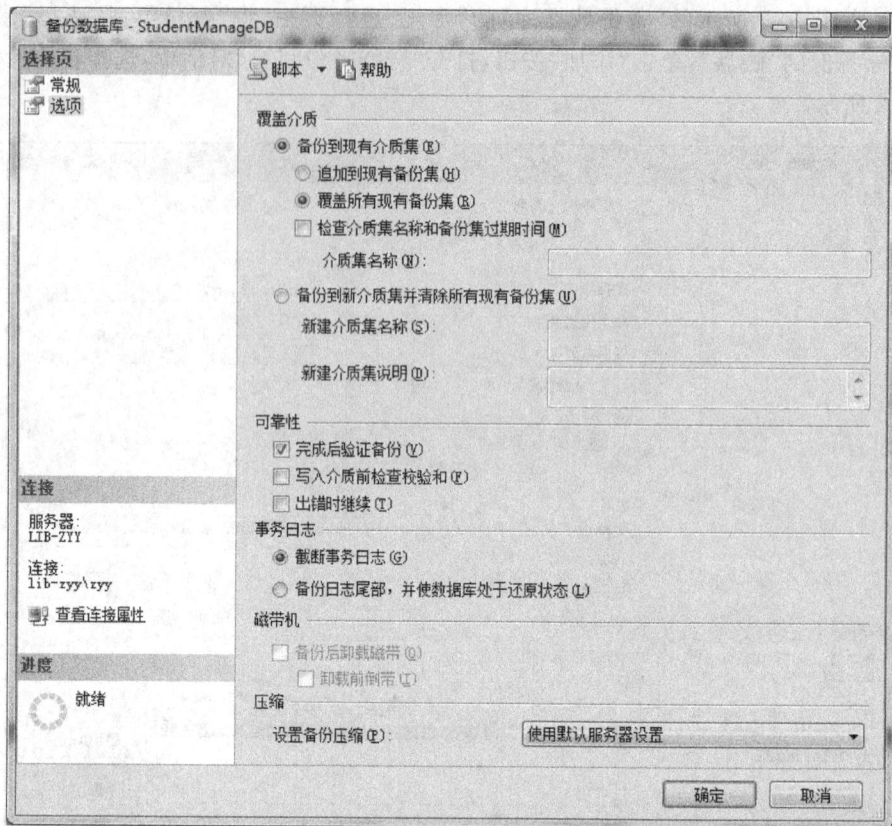

图 10-13　事务日志备份"选项"选择页

　　【例 10-8】　为 StudentManageDB 数据库创建一个事务日志备份设备,并备份数据库的事务日志。

```
EXEC sp_addumpdevice 'disk','Studentlog','D:\backup\Studentlog.bak'
BACKUP LOG StudentManageDB to Studentlog
```

　　【例 10-9】　对 StudentManageDB 执行事务日志备份,要求追加到现有设备 Studentlog 上的现有日志文件中。

```
BACKUP LOG StudentManageDB to disk = 'D:\backup\Studentlog.bak' WITH NOINIT
```

语句执行后,创建一个追加到现有日志上的事务日志备份。

　　【例 10-10】　备份事务日志,重写现有日志文件。

```
BACKUP LOG StudentManageDB to disk = 'D:\backup\Studentlog.bak' WITH NOINIT,NO_TRUNCATE
```

5. 创建文件组备份

　　【例 10-11】　使用"对象资源管理器"在 StudentManageDB 数据库中创建文件组备份。

　　由于 StudentManageDB 数据库中没有文件组,所以首先需要创建一个文件组,再进行文件组备份。

其步骤如下。

(1) 在"对象资源管理器"中依次展开"数据库"→StudentManageDB 数据库,右击 StudentManageDB 数据库,在弹出的快捷菜单中选择"属性"命令,弹出"数据库属性"对话框,如图 10-14 所示。

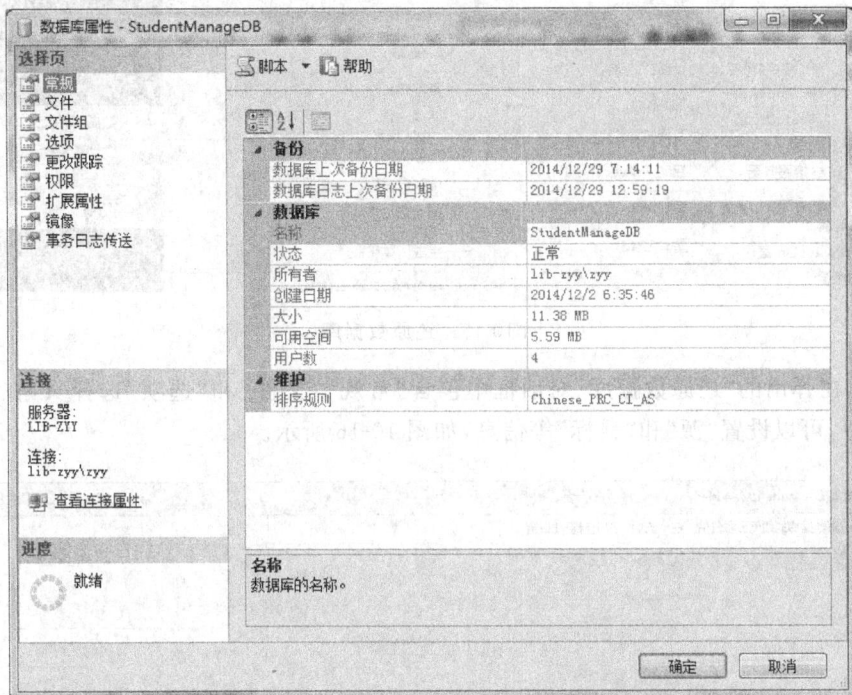

图 10-14 "数据库属性"对话框

(2) 创建一个新的文件组和一个新的文件。在"数据库属性"对话框中选择"文件组"选择页,单击"添加"按钮,添加文件组,名称为 filegroup。在"数据库属性"对话框中选择"文件"选择页,单击"添加"按钮,添加文件,逻辑名称为 stu2,文件组为 filegroup。

(3) 备份文件组。右击 StudentManageDB 数据库,在弹出的快捷菜单中选择"任务"→"备份"命令。

(4) 在弹出的"备份数据库"对话框中选择"常规"选择页。在"常规"选项内,"备份组件"选择"文件和文件组",弹出"选择文件和文件组"对话框,在该对话框中选择刚才创建的文件组和文件,单击"确定"按钮。

(5) 选择"选项"选择页。将"备份到现有介质集"选择"追加到现有备份集","可靠性"选择"完成后验证备份"。文件组备份创建完成。

10.1.3 恢复数据库

1. 使用"对象资源管理器"恢复数据库

其步骤如下。

(1) 在"对象资源管理器"中右击要还原的数据库,在弹出的快捷菜单中选择"任务"→

"还原"→"数据库"命令,如图 10-15 所示。

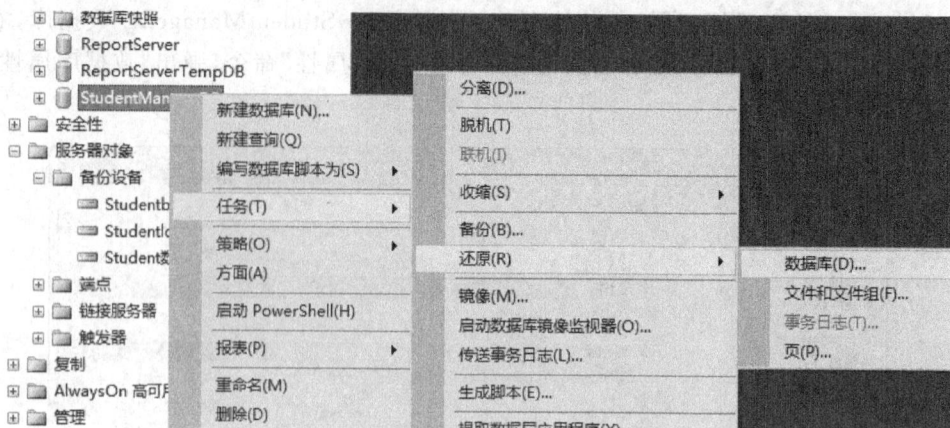

图 10-15　还原数据库

(2) 在弹出的"还原数据库"对话框中包含"常规""文件"和"选项"选择页,在"常规"选择页中,可以设置"源"和"目标"等信息,如图 10-16 所示。

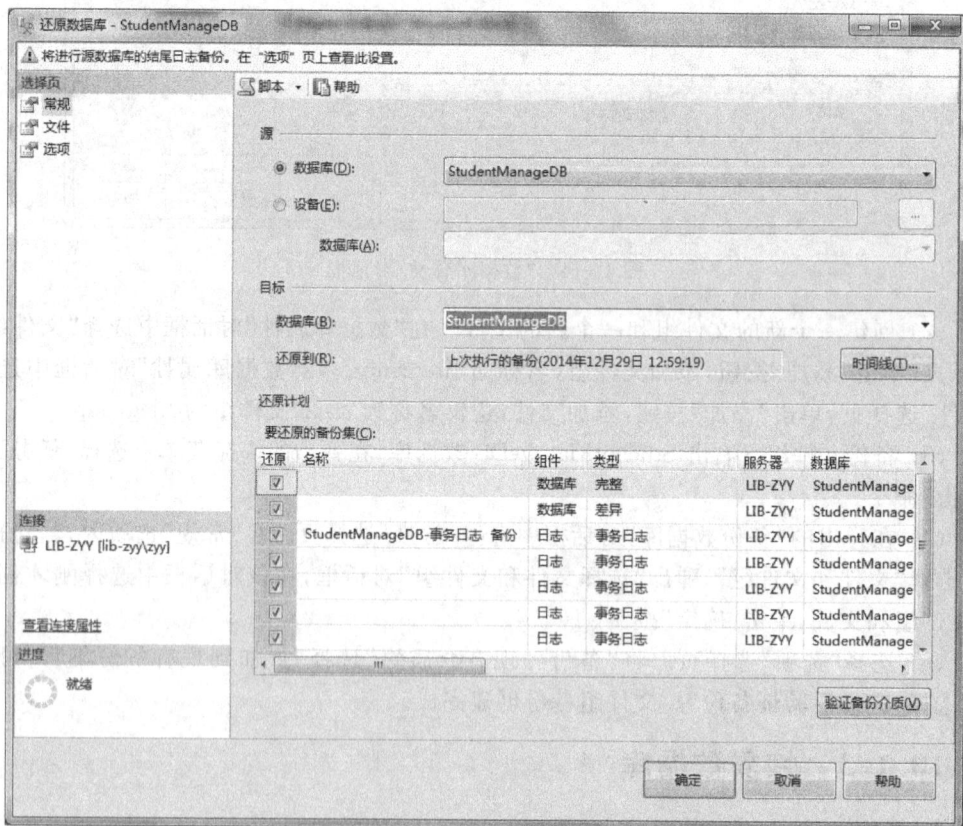

图 10-16　"还原数据库"对话框的"常规"选择页

目标数据库选择要还原的数据库,目标时间点指定还原数据库的时间,如果有事务日志备份的话,可以还原到某个时间点的数据库状态,该选项默认值为最近时间点。"源"区域指定用于还原的备份集的源和位置。"要还原的备份集"列表框中列出所有可用于还原的备份集。

(3) 选择"选项"选项页,用户可以设置具体的还原选项、结尾日志备份和服务器连接等信息,如图 10-17 所示。此处,在"还原选项"中选择"覆盖现有数据库"复选框。在"恢复状态"中选择第二项"不对数据库执行任何操作,不回滚未提交的事务,可以还原其他事务日志",单击"确定"按钮,开始还原操作。

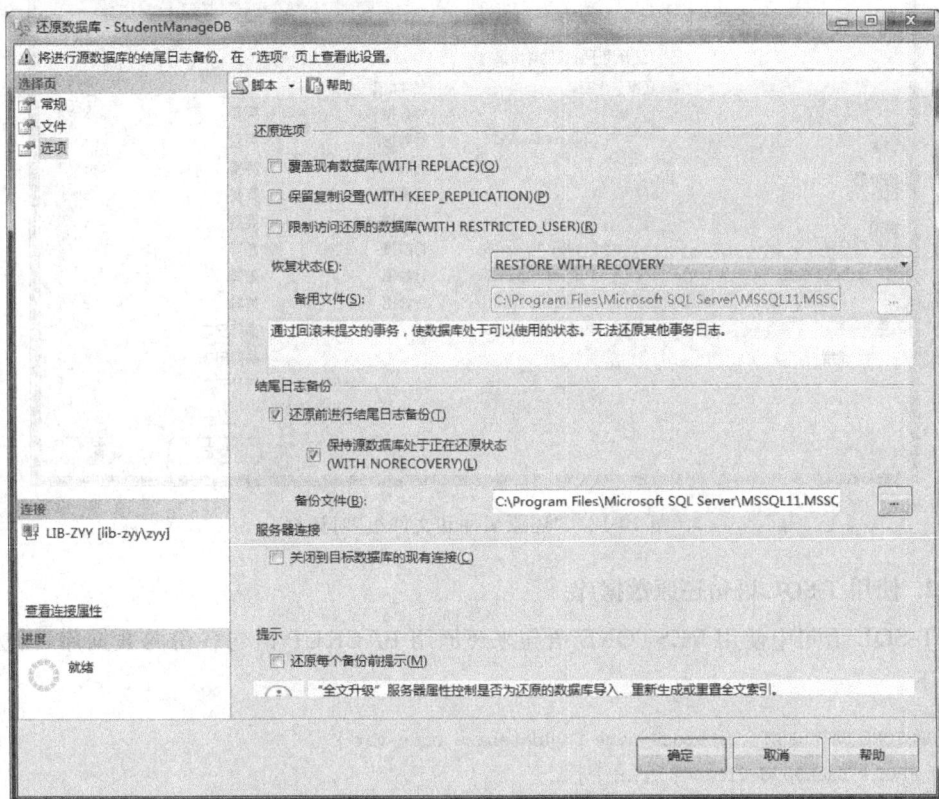

图 10-17　"还原数据库"对话框中"选项"选项页

如果只是还原一个或多个文件而不是还原数据库,那么还可以在"对象资源管理器"中进行如下操作。

(1) 在"对象资源管理器"中右击要还原的数据库,在弹出的快捷菜单中选择"任务"→"还原"→"文件和文件组"命令。

(2) 在弹出的"还原文件和文件组"对话框中,设置还原的目标和源,如图 10-18 所示。

(3) 在"选项"选项页中选择参数设置,设置完毕后单击"确定"按钮,执行还原操作。

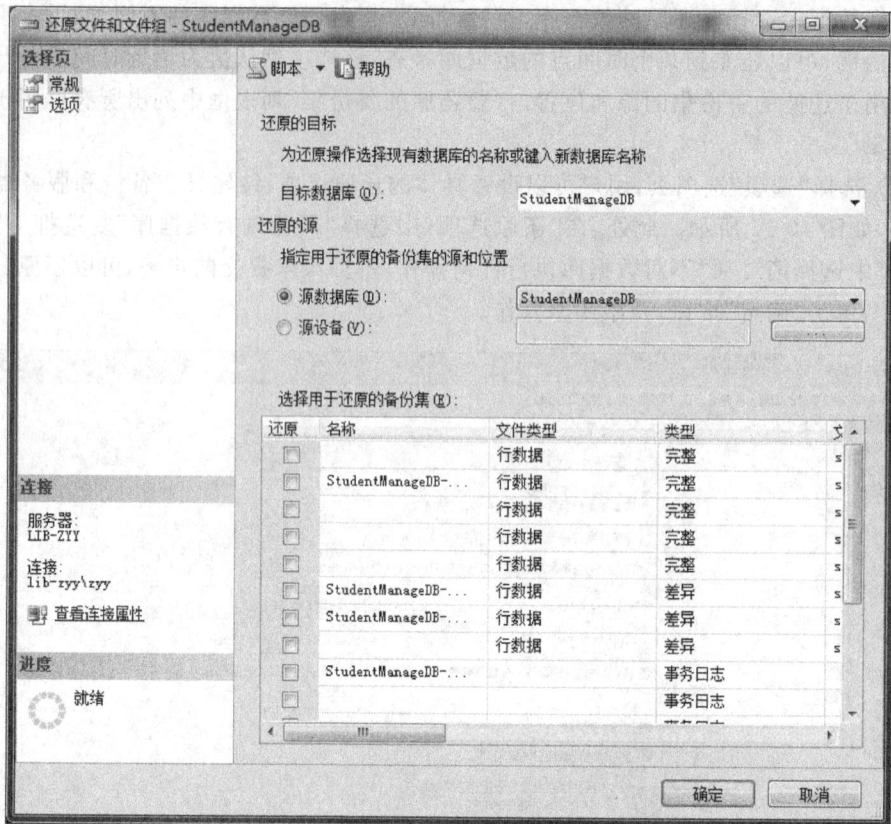

图 10-18　"还原文件和文件组"对话框

2. 使用 T-SQL 语句还原数据库

T-SQL 语句中使用 RESTORE 语句来还原用 BACKUP 语句备份的数据库,语法格式如下。

```
RESTORE DATABASE { database_name | @database_name_var }
[ FROM < backup_device > [ ,...n ] ]
[ WITH
[ RESTRICTED_USER ]
[ [ , ] FILE = { file_number | @file_number } ]
  [ [ , ] { NORECOVERY | RECOVERY | STANDBY = undo_file_name } ]
  [ [ , ] REPLACE ]
[ [ , ] RESTART ]
[ [ , ] STATS [ = percentage ] ] ]
```

语法说明:

(1) DATABASE:指定从备份还原整个数据库。如果指定了文件和文件组列表,则只还原那些文件和文件组。{database_name | @database_name_var}是将日志备份或整个数据库备份还原到的数据库。

（2）RECOVERY：是系统的默认选项。该选项用于恢复最后一个事务日志或者完全数据库恢复，可以保证数据库的一致性。如果必须使用增量备份恢复数据库，就不能使用该选项。

（3）NORECOVERY：当需要恢复多个备份时，使用该选项。在数据库恢复之前，数据库是不能使用的。

（4）FROM：指定从中还原备份的设备。如果没有指定 FROM 子句，则不会发生备份还原，而是恢复数据库。

（5）FILE ＝ { file_number | @file_number }：标识要还原的备份集。例如，file_number 为 1 表示备份媒体上的第一个备份集，file_number 为 2 表示第二个备份集。

【例 10-12】　使用备份文件还原数据库。

```
RESTORE DATABASE StudentManageDB
FROM Studentbackup
WITH REPLACE
```

【例 10-13】　在数据库 StudentManageDB 上执行差异备份还原。

```
RESTORE DATABASE StudentManageDB FROM Studentbackup
WITH file = 1,NONRECOVERY, REPLACE
RESTORE DATABASE StudentManageDB FROM Studentbackup
WITH file = 2
```

本数据库中，在备份设备中差异备份是 Studentbackup 设备中的第二个备份集，因此需要 file＝2 参数。

【例 10-14】　在数据库 StudentManageDB 上执行事务日志备份还原。

```
RESTORE DATABASE StudentManageDB FROM Studentbackup
WITH file = 1, NONRECOVERY, REPLACE
RESTORE DATABASE StudentManageDB FROM Studentbackup
WITH file = 3
```

或者使用 RESTORE LOG 语句还原事务日志备份，语句如下：

```
RESTORE DATABASE StudentManageDB FROM Studentbackup
WITH file = 1, NONRECOVERY, REPLACE
RESTORE LOG StudentManageDB FROM Studentbackup
WITH file = 3
```

10.2　数据的导入与导出

数据的导入与导出是数据库维护的一个重要方面。在创建数据库或者数据库使用维护的过程中经常会使用其他数据形式，这时需要能够对数据进行不同数据形式以及不同数据库管理系统之间的转换，这样才能更快捷地处理数据；否则面对庞大的数据源将会是一个繁重的工作。

10.2.1 数据的导入

1. 将文本文件数据导入到 SQL Server 数据库

其步骤如下。

(1) 新建一个文本文件，命名为 D:\course.txt，数据如图 10-19 所示。

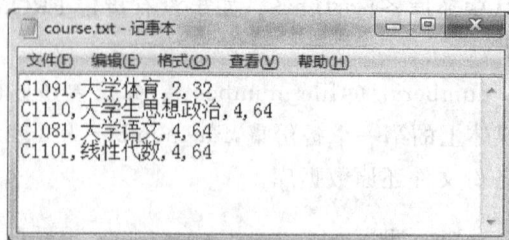

图 10-19　待导入文本数据

(2) 在"对象资源管理器"中，依次展开"数据库"→StudentManageDB，右击该数据库，在弹出的快捷菜单中选择"任务"→"导入数据"命令。

(3) 在弹出的"SQL Server 导入和导出向导"对话框中单击"下一步"按钮，选择导入数据的数据源，如图 10-20 所示。选择"数据源"为"平面文件源"，"文件名"为 D:\course.txt，单击"下一步"按钮。

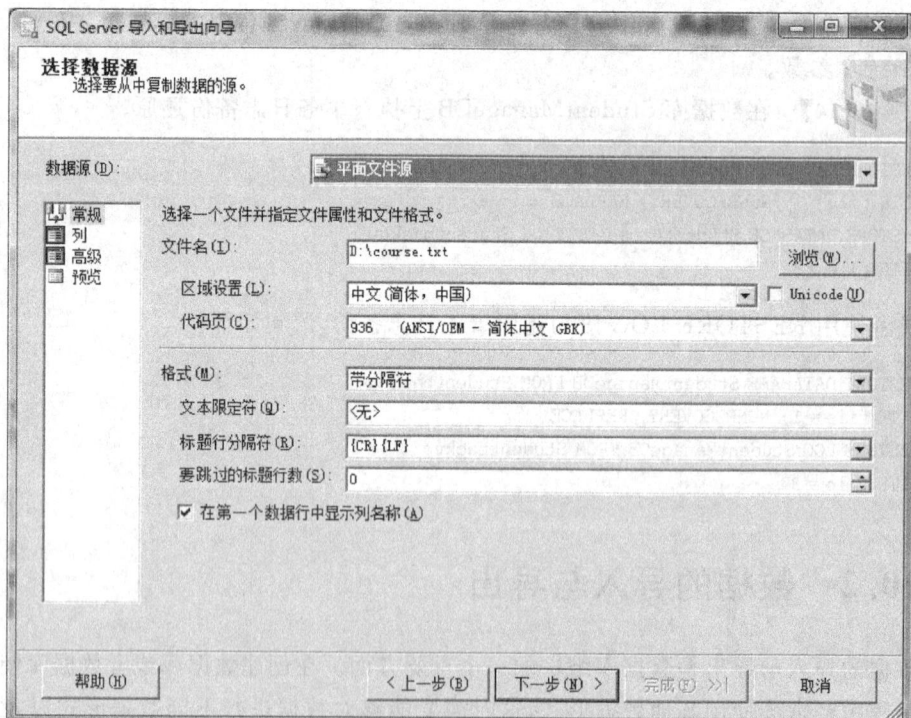

图 10-20　选择数据源

（4）在"SQL Server 导入和导出向导"对话框中选择导出数据的目标，如图 10-21 所示。在"目标"中选择 SQL Server Native Client 11.0 选项，"数据库"选择 StudentManageDB，然后单击"下一步"按钮。

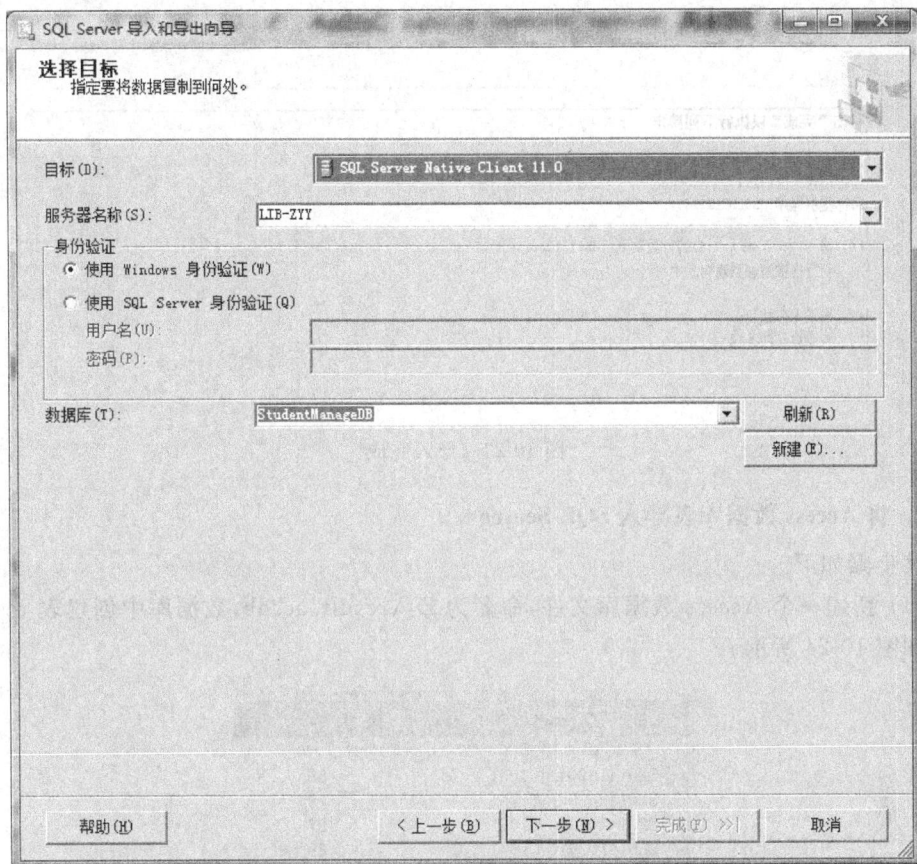

图 10-21 选择目标

（5）在"SQL Server 导入和导出向导"对话框中，选择复制数据的源表或源视图，如图 10-22 所示。在"目标"下拉列表框中选择数据库中的表 course，然后单击"下一步"按钮。

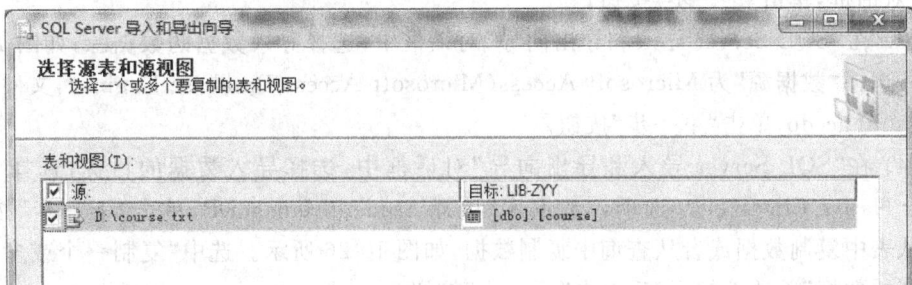

图 10-22 选择源表

（6）在"SQL Server 导入和导出向导"对话框中，选中"立即执行"复选框，然后单击

"下一步"按钮。完成导入数据的向导设置后,在"SQL Server 导入和导出向导"对话框中,单击"完成"按钮,执行结果如图 10-23 所示,成功导入 4 条数据。

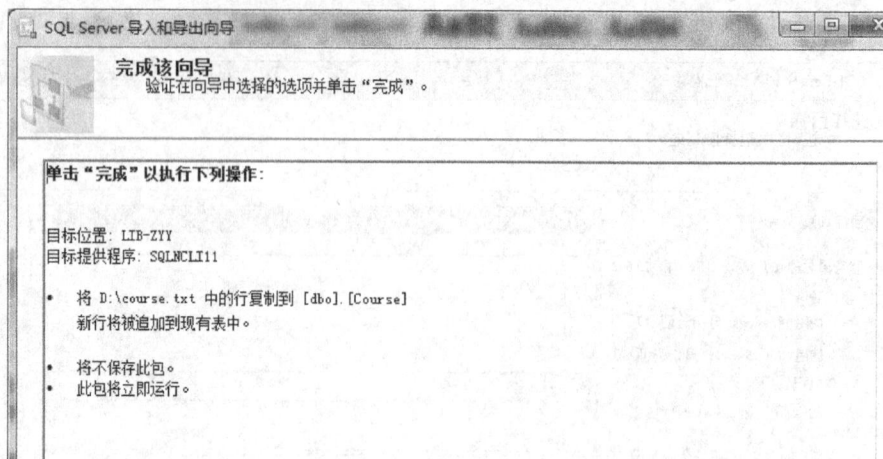

图 10-23　导入完成

2. 将 Access 数据库表导入 SQL Server

其步骤如下。

(1) 新建一个 Access 数据库文件,命名为 D:\result.accdb,数据库中创建表 result,数据如图 10-24 所示。

图 10-24　导入源数据

(2) 在"对象资源管理器"中依次展开"数据库"→StudentManageDB。右击该数据库,在弹出的快捷菜单中选择"任务"→"导入数据"命令。打开"SQL Server 导入和导出向导"对话框,单击"下一步"按钮。

(3) 在"SQL Server 导入和导出向导"对话框中,选择导入数据的数据源,如图 10-25 所示。选择"数据源"为 Microsoft Access(Microsoft Access Database Engine),文件名为 D:\result.accdb,单击"下一步"按钮。

(4) 在"SQL Server 导入和导出向导"对话框中,选择导入数据的目标,选择 SQL Server Native Client 11.0 选项,"数据库"选择 StudentManageDB,单击"下一步"按钮。选择从表中复制数据或者从查询中复制数据,如图 10-26 所示。选中"复制一个或多个表或视图的数据"单选按钮,然后单击"下一步"按钮。

(5) 在"SQL Server 导入和导出向导"对话框中,选择复制数据的源表或源视图,在下拉列表框中选择表 SC_result,然后单击"下一步"按钮。

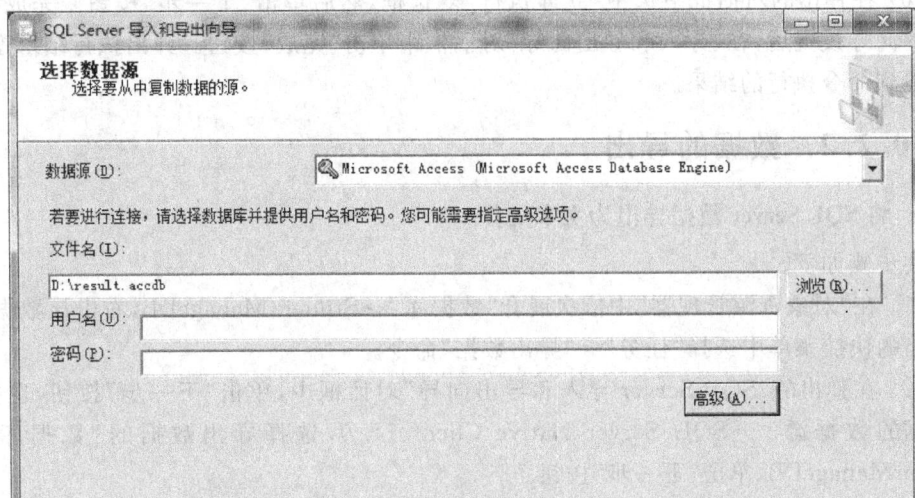

图 10-25　选择数据源

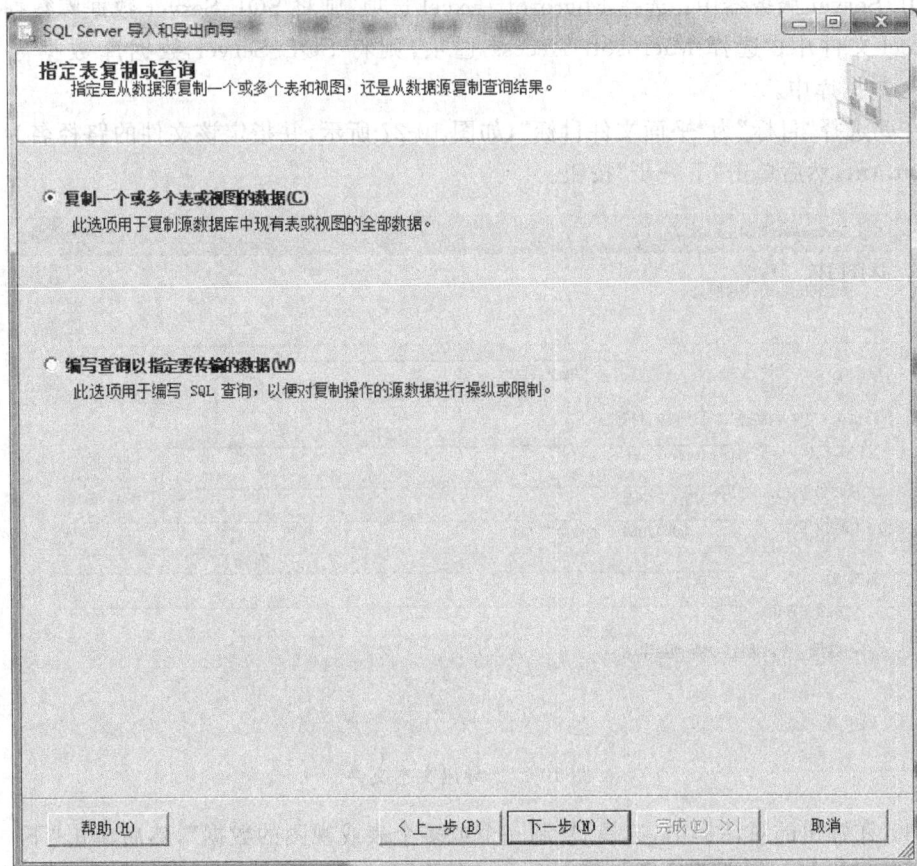

图 10-26　指定表复制或查询

(6) 在弹出的对话框中选中"立即执行"复选框,然后单击"下一步"按钮。完成导入数据的向导设置后,在"导入和导出向导"对话框中单击"完成"按钮。弹出执行结果窗口,可以看到命令执行的结果。

10.2.2 数据的导出

1. 将 SQL Server 数据导出为文本文件

共步骤如下。

(1) 在"对象资源管理器"中依次展开"数据库"→StudentManageDB,右击该数据库,在弹出的快捷菜单中选择"任务"→"导出数据"命令。

(2) 在弹出的"SQL Server 导入和导出向导"对话框中,单击"下一步"按钮,选择导出数据的数据源——SQL Server Native Client 11.0,选择导出数据的"数据库"为StudentManageDB,单击"下一步"按钮。

(3) 继续在"SQL Server 导入和导出向导"对话框中选择导出数据的目标:选择 SQL Server Native Client 10.0 选项,则将本机的 SQL Server 数据库数据导出到其他计算机的 SQL Server 服务器中;选择 Microsoft Excel 选项,则将 SQL Server 数据库数据导出到 Excel 文件中;选择 Microsoft Access 选项,则将 SQL Server 数据库数据导出到 Access 数据库中。

在此选择"目标"为"平面文件目标",如图 10-27 所示,并指定该文件的路径名为 D:\student.txt,然后单击"下一步"按钮。

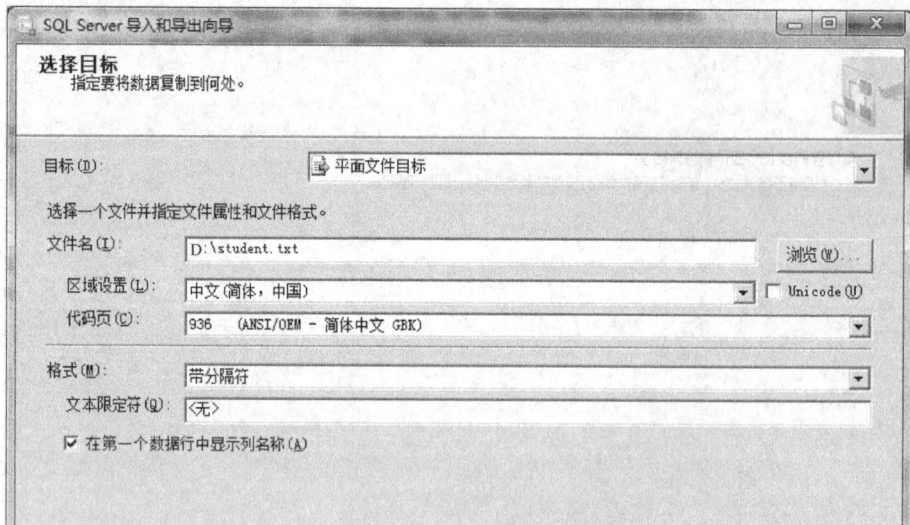

图 10-27　导出文本文件

(4) 在弹出的对话框中,选择"复制一个或多个表或视图的数据",然后单击"下一步"按钮。接着选择配置平面文件目标。在"源表或源视图"下拉列表框中选择表 Student,然后单击"下一步"按钮,如图 10-28 所示。

(5) 接着在弹出的对话框中选中"立即执行"复选框,然后单击"下一步"按钮。完成导出数据的向导设置后,在"SQL Server 导入和导出向导"对话框中单击"完成"按钮,数据导出执行完毕。导出文本的文件如图 10-29 所示。

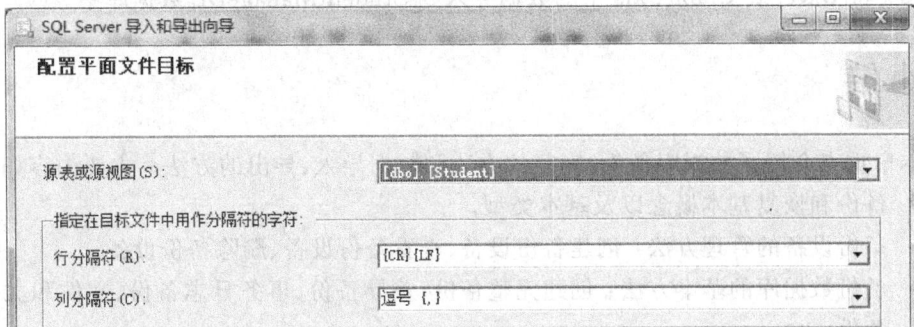

图 10-28　配置平面文件目标

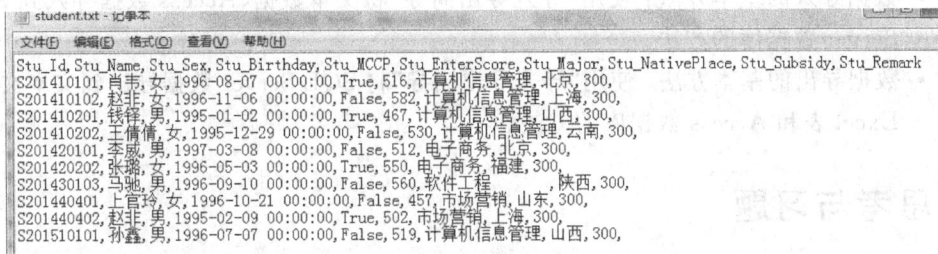

图 10-29　导出结果

2. 将 SQL Server 数据导出到 Access 数据库或者 Excel 表

将 SQL Server 数据导出到 Access 数据库或者 Excel 表的步骤基本与导出到文本文档步骤一致,最重要是在导出数据源的类型选择中按需要选择。接着按导出向导逐步导出数据,直到成功。

10.3　实训

(1) 使用"对象资源管理器"在 D：\mybackup 文件夹下创建名为"SMdb 完整备份"的备份设备。

(2) 使用 T-SQL 语句在 D：\mybackup 文件夹下创建名为"SMdb 差异备份"的备份设备。

(3) 使用"对象资源管理器"在备份设备"SMdb 完整备份"上创建 StudentManageDB 数据库的完整备份。

(4) 在 StudentManageDB 数据库中添加一个新表 newtable,格式内容任意。

(5) 使用 T-SQL 语句在备份设备"SMdb 差异备份"上创建 StudentManageDB 数据库的差异备份。

(6) 使用"对象资源管理器"在 StudentManageDB 数据库上执行完整备份还原。

(7) 使用 T-SQL 语句在 StudentManageDB 数据库上执行差异备份还原。

(8) 将 StudentManageDB 数据库中的 Course 表导出到 Excel 表 Ctable. xls 中。

(9) 将 Excel 表 Ctable. xls 中的数据导入到 StudentManageDB 数据库中。

小结

本章重点介绍了数据库备份、恢复的方法和数据导入、导出的方法。主要内容如下：

- 备份和恢复基本概念以及基本类型。
- 备份设备的管理方法：创建备份设备、查看备份设备、删除备份设备。
- 备份数据库的基本方法：创建完整备份、差异备份、事务日志备份、文件和文件组备份。
- 恢复数据库的基本方法：完整备份还原、差异备份还原及事务日志备份还原。
- 数据导入的基本方法：使用"导入导出向导"将文本数据、Access 数据导入到 SQL Server 数据库的方法。
- 数据导出的基本方法：使用"导入导出向导"将 SQL Server 数据导出到文本文档、Excel 表和 Access 数据库的方法。

思考与习题

1. 数据库备份包括哪些类型？
2. 数据库备份过程中应注意哪些问题？
3. 如何使用 T-SQL 命令进行数据库备份与还原？
4. 将 Access 数据导入到 SQL Server 数据库时数据源应该选择哪种？
5. 如何将 SQL Server 数据导出到 Excel 文件中？

第 11 章

SQL Server 2012 综合应用实例

引言

　　用户要想完成数据管理功能,还需要通过开发数据库应用系统来实现。本章将通过应用 ASP 技术来设计和实现一个简单的教学任务管理系统,讲解建立一个数据库应用系统的方法和步骤。

11.1　教学任务管理系统的需求分析

　　本系统主要完成的是全体教师教学任务及教学工作量的管理,使用本系统的用户为各级教学秘书,即由教学秘书使用本系统提供功能完成教学任务的下达、教学任务信息的编辑、修改和教学工作量的统计。

　　系统开发前应该明确组织的战略目标和信息战略目标,从而导出信息系统的目标,在此基础上,做出待开发的信息化项目规划,确定每个具体项目的范围、质量、进度和成本的目标。在信息系统项目的目标需求已经确定,对组织的基本情况有所了解的情况下,系统建设人员就可以开始对项目进行可行性分析,即根据系统的环境、资源等条件,判断所提出的信息系统项目是否有必要、有可能开始进行。

　　在可行性分析完成之后,就应该进行具体的需求分析,最终完成数据库的设计以及确定开发系统的功能。本系统的功能主要包括以下内容。

　　① 用户管理。用户(教学秘书)身份认证、登录及注销功能的实现。

　　② 教学任务管理。按教师查看教学任务及教学工作量功能的实现。

　　③ 全体教师工作量管理。全体教师工作量统计功能的实现。

11.2　教学任务管理系统的运行环境

11.2.1　软、硬件主要配置参数

　　① 处理器:Intel(R) Core(TM)i3-2350M CPU @ 2.30GHz。

② 内存：2GB。

③ 操作系统：Windows 7 旗舰版。

11.2.2 服务器安装——Windows 7 IIS 安装

安装步骤如下：打开"控制面板"→"程序"→"程序和功能"，打开或关闭 Windows 功能，在打开的对话框中选中"Internet 信息服务"（IIS）及万维网相关的程序，如图 11-1 所示。

图 11-1 IIS 安装

11.2.3 SQL Server 2012 安装

SQL Server 2012 的安装过程见第 1 章内容。本章将要创建一个名为 teacher 的数据库，存储位置在 C:\inetpub\wwwroot\jxrw\tcmdb 下，相关数据库对象的创建见本章后续小节内容。

11.2.4 ODBC 数据源设置

本章开发的应用系统将采用 ODBC 数据源方式连接数据库。具体操作步骤如下。

（1）打开"控制面板"→"系统和安全"→"控制面板"→"数据源（ODBC）"，如图 11-2 所示。

（2）选择"系统 DSN"选项卡，单击"添加"按钮，打开"创建新数据源"对话框，选择 SQL Server 驱动程序，如图 11-3 所示。

（3）创建"名称"是 te_DB 的数据源，如图 11-4 所示。

（4）设置登录验证方式为混合模式验证，并输入登录时的 ID 和密码，如图 11-5 所示。

（5）设置"更改默认的数据库为"为 teacher，如图 11-6 所示。

（6）单击"下一步"按钮之后单击"完成"按钮。

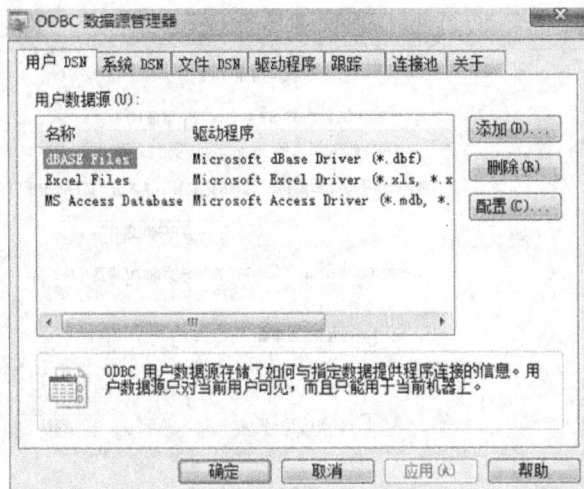

图 11-2 "ODBC 数据源管理器"对话框

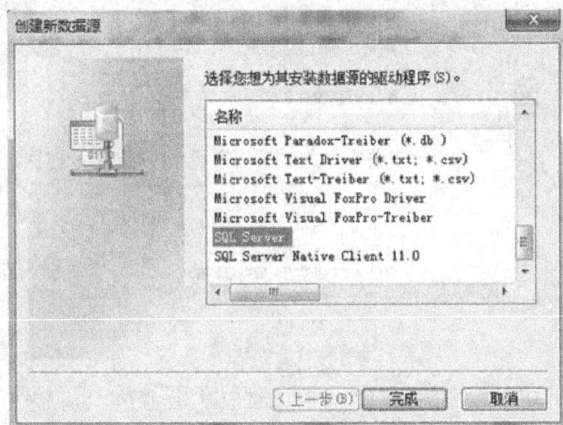

图 11-3 "创建新数据源"对话框

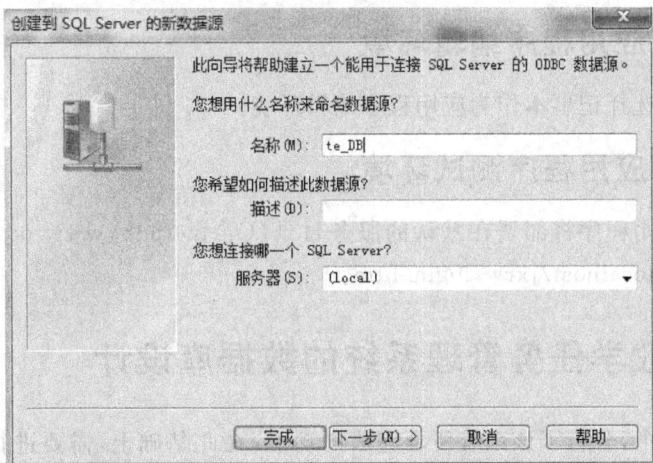

图 11-4 创建 te_DB 数据源

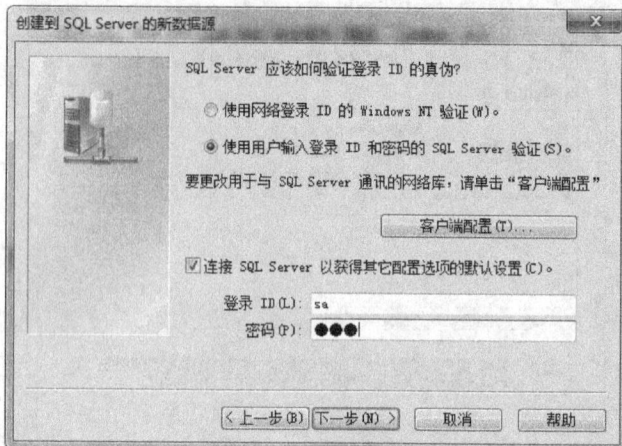

图 11-5　设置验证模式

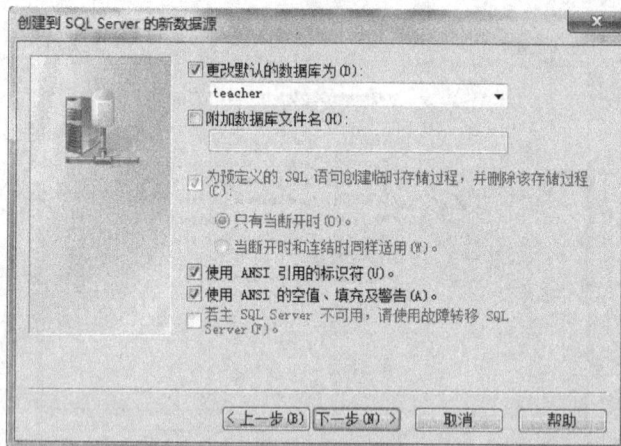

图 11-6　更改默认数据库

11.2.5　应用程序编辑环境

本系统开发选择记事本作为应用程序编辑环境。

11.2.6　应用程序测试环境

编辑好的应用程序将部署在默认的服务目录(C:\inetpub\wwwroot\jxrw)下,测试路径为:http://localhost/jxrw/login.htm。

11.3　教学任务管理系统的数据库设计

在上述小节中,分析了该系统所要完成的功能,在此基础上,需要进行数据库的分析和设计。其步骤如下。

(1) 创建名为 teacher 的数据库。

(2) 创建数据表,本数据库包括 5 个表,表结构分别如表 11-1 至表 11-5 所示。

表 11-1 用户表（usertable 表）

字 段 名 称	数 据 类 型	是否允许空值	说　　明
id	int	否	
usernum	nvarchar(11)	否	用户名
username	nvarchar(10)	否	姓名
passwd	nvarchar(50)	是	密码
gender	nvarchar(50)	是	性别
email	nvarchar(50)	是	邮箱

表 11-2 教师信息表（tcinfor 表）

字 段 名 称	数 据 类 型	是否允许空值	说　　明
tc_id	int	否	教师编号,主键
tc_name	nvarchar(50)	否	姓名
tc_sex	nvarchar(50)	是	性别
tc_birt	nvarchar(50)	是	出生年月
tc_indate	nvarchar(50)	是	入校时间
tc_code	nvarchar(50)	是	身份证号
tc_address	nvarchar(50)	是	家庭住址联系电话
tc_zhy	nvarchar(50)	是	所学专业
tc_dw	nvarchar(50)	是	所在单位
tc_flag	nvarchar(50)	是	教师类型

表 11-3 教学任务信息表（course 表）

字 段 名 称	数 据 类 型	是否允许空值	说　　明
c_id	int	课程 id	c_id,主键
kcdm	nvarchar(50)	课程代码	kcdm
kcmc	nvarchar(50)	课程名称	kcmc
kcxz	nvarchar(50)	课程性质	kcxz
ksxz	nvarchar(50)	考试性质	ksxz
xf	nvarchar(50)	学分	xf
zxs	nvarchar(50)	总学时	zxs
xq	nvarchar(50)	校区	xq
bj	nvarchar(50)	班级	bj
rs	nvarchar(50)	人数	rs
lxxs	nvarchar(50)	理论学时	lxxs
syxs	nvarchar(50)	实验学时	syxs
sxxs	nvarchar(50)	实训学时	sxxs

字 段 名 称	数 据 类 型	是否允许空值	说　　明
bsxs	nvarchar(50)	毕设学时	bsxs
kcflag	nvarchar(50)	是否选课	kcflag
mergeflag	nvarchar(50)	是否进行合班处理	mergeflag

表 11-4　选课信息表(xk 表)

字 段 名 称	数 据 类 型	是否允许空值	说　　明
tc_id	int	否	教师 id,联合主键
c_id	int	否	课程 id,联合主键
lxmerge	nvarchar(50)	是	理论和班标志
symerge	nvarchar(50)	是	实验合班标志
sxmerge	nvarchar(50)	是	实训合班标志
bsmerge	nvarchar(50)	是	毕设人数
zxs	int	否	总学时
xxhj	int	否	学时合计

表 11-5　工作量信息表(gzlhz 表)

字 段 名 称	数 据 类 型	是否允许空值	说　　明
tc_id	int	否	教师 id,主键
lxzhxs	float	否	理论学时
syzhxs	float	否	实验学时
sxzhxs	float	否	实训学时
bszhxs	float	否	毕设学时
zxs	float	否	总学时

(3) 建立表间关系,实施参照完整性,如图 11-7 所示。

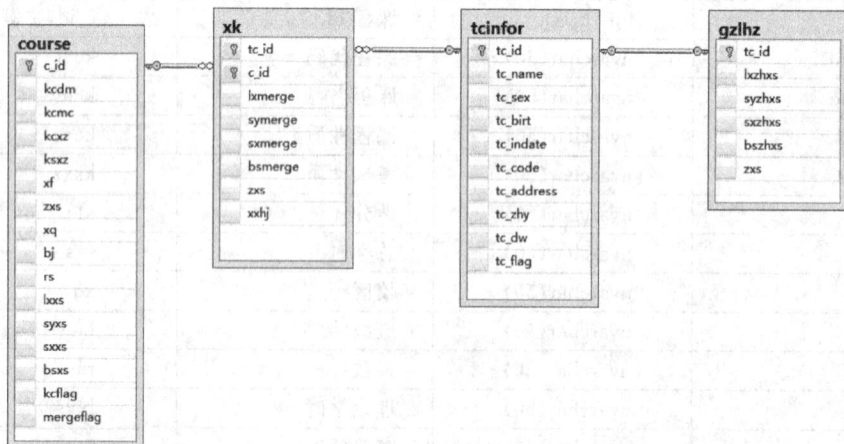

图 11-7　表间的关系

（4）建立视图 gzl 和 merg，如图 11-8 和图 11-9 所示。

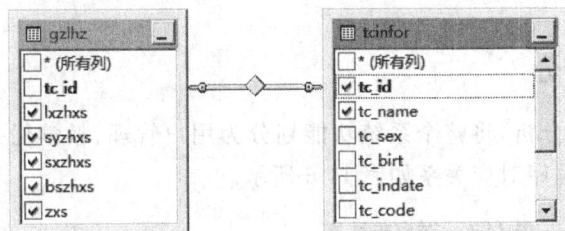

列	别名	表	输出	排序类型	排序顺序	筛选器	或...	或...
tc_id		tcinfor	☑					
tc_name		tcinfor	☑					
lxzhxs		gzlhz	☑					
syzhxs		gzlhz	☑					
sxzhxs		gzlhz	☑					
bszhxs		gzlhz	☑					
zxs		gzlhz	☑					

图 11-8　视图 gzl

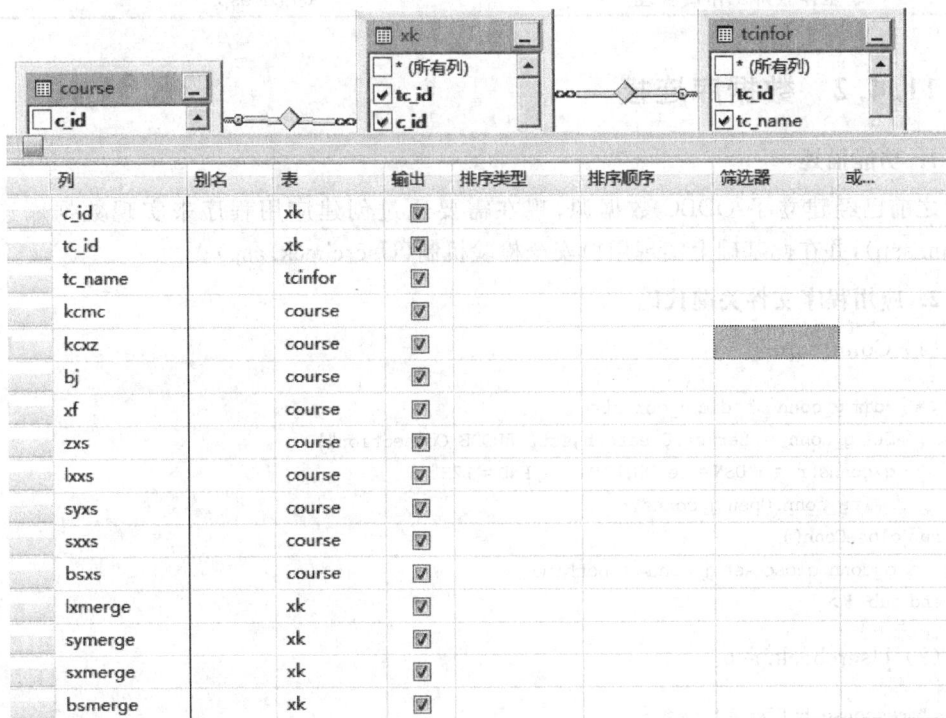

列	别名	表	输出	排序类型	排序顺序	筛选器	或...
c_id		xk	☑				
tc_id		xk	☑				
tc_name		tcinfor	☑				
kcmc		course	☑				
kcxz		course	☑				
bj		course	☑				
xf		course	☑				
zxs		course	☑				
lxxs		course	☑				
syxs		course	☑				
sxxs		course	☑				
bsxs		course	☑				
lxmerge		xk	☑				
symerge		xk	☑				
sxmerge		xk	☑				
bsmerge		xk	☑				

图 11-9　视图 merg

11.4 系统实现

11.4.1 系统功能划分

根据对教学任务管理系统的分析,将整个系统功能划分为用户管理、教学任务管理、全体教师工作量管理,其与应用程序对应关系如表 11-6 所示。

表 11-6 对应关系表

功　　能	应 用 程 序
数据库连接	Conn. asp
	Usercheck. asp
用户管理	Login. htm
	Loginok. asp
	Loginout. asp
教学任务管理	Leftmain. html
	Left. asp
	Teachercourse. asp
	Merge. asp
	Count. asp
全体教师工作量管理	Qtgzl. asp

11.4.2 数据库连接

1. 功能描述

之前已经建立了 ODBC 数据源,现在需要通过创建应用程序来实现数据库连接(conn. asp),并在此基础上实现用户安全检验机制(Usercheck. asp)。

2. 应用程序文件关键代码

(1) Conn. asp。

```
<%    dim g_conn     dim g_connstr
    Set g_conn = Server.CreateObject("ADODB.Connection")
    g_connstr = "DSN = te_DB;UID = sa;PWD = 123"
        g_conn.Open g_connstr
sub closeConn()
    g_conn.close set g_conn = nothing
end sub %>
```

(2) Usercheck. asp。

```
<% response.buffer = true %>
<!-- # include file = "conn.asp" -->
<html><head><title></title></head>
<body><% if request.cookies("time") = "" then
```

```
response.write "< script > alert('对不起,您尚未登录或超时,请先登录.');parent.opener =
null;parent.close();window.open('login.htm');</script>"
 response.end   end if
if DateDiff("s",request.cookies("time"),now)>600 then
   response.cookies("chkname") = ""     response.cookies("chkpass") = ""
   response.cookies("time") = ""
else   response.cookies("time") = now() end if
dim chkname,chkpass,chksign
chkname = replace(request.cookies("chkname"),"'","")
chkpass = replace(request.cookies("chkpass"),"'","")
if chkname = "" or chkpass = "" then
response.write "< script > alert('对不起,您尚未登录或超时,请先登录.');parent.opener =
null;parent.close();window.open('login.htm');</script>"
response.end   end if
 set rs = server.createobject("adodb.recordset")
sql = "select * from usertable where usernum = '"&chkname&"' and passwd = '"&chkpass&"'"
rs.Open sql,g_Conn,2,2
   if rs.eof then
response.cookies("chkname") = ""
response.cookies("chkpass") = ""
response.write "< script > alert('对不起,您填写的信息有误,请重新填写.');parent.opener
= null;parent.close();window.open('login.htm');</script>"
response.end end if   rs.close set rs = nothing   %></body></html>
```

11.4.3 用户管理

1. 用户登录

1) 功能描述

访问教学任务管理系统,必须以合法用户的身份登录,需要用户输入用户名和密码,如输入的是合法信息将允许用户登录。用户登录页面如图11-10所示。

登录	
用户名	
密码	
提交	重置

图11-10 用户登录页面

2) 应用程序文件关键代码

(1) Login.htm。

```
< html >< head >< title >登录</title ></head >
< body >
< form name = "form1" method = "post" action = "loginok.asp">
   < table >< tr >< td colspan = "2" width = "238">< div align = "center">登录</div ></td ></
tr >< tr >< td width = "71">< div align = "center">用户名</div ></td >< td width = "183" valign
= "top">< input name = "username" type = "text" id = "username" size = "25"></td ></tr >< tr >
< td width = "71">< div align = "center">密码</div >< /td >< td valign = "top" width = "183">
```

```
< input name = "password" type = "password" id = "password" size = "25"></td></tr><tr><td
colspan = "2" width = "238"><div align = "center">< input type = "submit" name = "Submit"
value = "提交">< input type = "reset" value = "重置" name = "B1"> </div></td></tr>
</table>
</form></body></html>
```

该应用程序主要通过表单标记录定义用户登录输入区域,并将用户输入信息提交至 loginok. asp 处理。

（2）Loginok. asp。

```
<% response. buffer = true %>
<!-- #include file = "conn. asp" -->
< html >< head >< title >登录结果</title></head><body>
< p align = "center">
<% dim username, password
username = request("username")   password = request("password")
 set rs = server. createobject("adodb. recordset")
 sql = "select * from usertable where usernum = '"&username&"'"
 rs. open sql, g_Conn, 2, 2
 if rs. eof then
  response. write "< script language = javascript >"&chr(13)&"alert('登录失败');"&"history.
back()"&"</script >"
  response. end
  else
    if rs("passwd")<> password then
      response. write "< script language = javascript >"&chr(13)&"alert('登录失败');"&"
history. back()"&"</script >"
      response. end          end if
    session("username") = username
    response. write"< script language = javascript >"&chr(13)&"alert('登录成功');</script >"
    response. cookies("chkname") = username
    response. cookies("chkpass") = password
    response. cookies("time") = now() %>
< font size = "6">
  欢迎<% = rs("username") %>来到教师教学任务及工作量信息统计系统 </font >
< p align = "center"> </p>
< p align = "center">< a href = "leftmain. html">进入主页</a>     
  < a href = "loginout. asp">退出<a><% end if %></p></body></html>
```

该应用程序实现的是服务器获取用户输入并与存储在 usertable 表中的用户信息进行比较,相匹配的信息代表是合法用户,允许其登录,如图 11-11 所示。不匹配的信息代表是非法用户,显示登录失败,如图 11-12 所示。

2. 用户退出

1）功能描述

当用户结束教学任务管理系统的访问时,必须使用退出功能实现用户的正常退出,如图 11-13 所示。

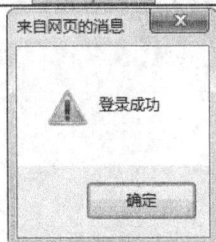

图 11-11 "登录成功"对话框   图 11-12 "登录失败"对话框

欢迎赵如意来到教师教学任务及工作量信息统计系统

进入主页   退出

图 11-13 退出功能

2) 应用程序文件关键代码

Loginout.asp 的代码如下：

```
<% response.buffer = true %>
<html><head><title>退出登录</title>
<% response.cookies("chkname") = ""
response.cookies("chkpass") = ""
session.Abandon() %></head>
<body><script>alert('您已经成功退出!');parent.opener = null;parent.close();window.open
("login.htm");</script></body></html>
```

11.4.4　教学任务管理

1. 系统功能主界面

1) 功能描述

用户正常登录后,会进入到系统的功能主界面(leftmail.html 文件),如图 11-14 所示。其中,本页面是左右框架,左框架(left.asp 文件)显示本系统主要功能;右框架(teachercourse.asp 文件)显示查询教学任务功能。

2) 应用程序文件关键代码

(1) Leftmain.html。

```
<html><head><title>教学任务管理</title></head>
<frameset cols = "150, * ">
    <frame name = "left"   src = "left.asp" scrolling = "auto" target = "main">
```

```
< frame name = "main" src = "teachercourse.asp"  scrolling = "auto">
</frameset ></html >
```

用户名：jxms1

查询教学任务

查询工作量

选择教学任务

退出

按教师查询教学任务

请选择教师：陈聪 ▽ 提交

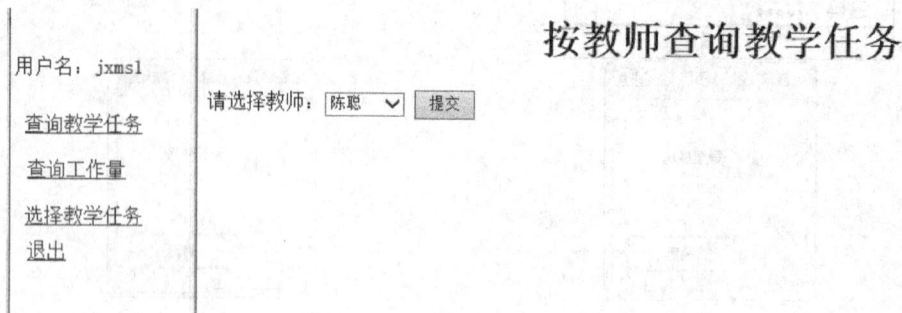

图 11-14 功能主界面

（2）Left.asp。

```
<!--  # Include file = "usercheck.asp" -->
< html >< head >< title>左框架</title >< base target = "main"></head >
< body TOPMARGIN = "40" bottomMargin = "4" leftMargin = "4" rightMargin = "12" >
< table width = "100 %" border = "0" cellspacing = "10" cellpadding = "10">
  用户名：<% = session("username") %></table >
< table border = "0" cellspacing = "10" width = "100 %" cellpadding = "0"></table >< table
border = "0" cellspacing = "8" width = "100 %" cellpadding = "0" >
< tr >< td >< a href = "teachercourse.asp" target = "main">查询教学任务</a>    </td>  </tr>
</table >< table border = "0" cellspacing = "10" width = "100 %" cellpadding = "0" >< tr >< td >< a
href = "qtgzl.asp" target = "main">查询工作量</a ></td ></tr ></table > < table width =
"100 %" border = "0" cellspacing = "8" cellpadding = "0">< tr >< td height = "5">< a href =
"choosecourse.asp" target = "main">选择教学任务</a>  </td></tr></table><table border =
"0" cellspacing = "0" width = "100 %" cellpadding = "2" >< tr >< td height = "20">  < a
href = "loginout.asp">退出</a ></td ></tr > </table ></body >
```

2. 按教师查看教学任务

1）功能描述

在进入主功能页面后，右框架显示按教师查询教学任务功能（teachercourse.asp 文件）。
实现教师姓名的选择，按照姓名查找并显示该教师的教学任务选择情况（merge.asp 文件）。
在本页面还能完成查看该教师教学工作量的功能（count.asp 文件），如图 11-15 所示。

2）应用程序文件关键代码

（1）Teachercourse.asp。

```
< HTML >< HEAD >  < TITLE >选课</TITLE >
<!-- # include file = "usercheck.asp" -->
< BODY >< center >< h1 >按教师查询教学任务</h1 ></center >
<% Set rsteacher = Server.CreateObject("ADODB.Recordset")
sqlt = "Select * From tcinfor order by tc_name"
rsteacher.Open sqlt,g_Conn,1,1 %>
< form name = "f1" action = "merge.asp" method = "post">
```

```
请选择教师：<select name = "tc_id">
    <% do while Not rsteacher.EOF %>
<option value = '<% = rsteacher("tc_id") %>'><% = rsteacher("tc_name") %></option>
    <% rsteacher.MoveNext
        Loop    %>  </select>
<input type = "submit" value = "提交"></form></BODY></HTML>
```

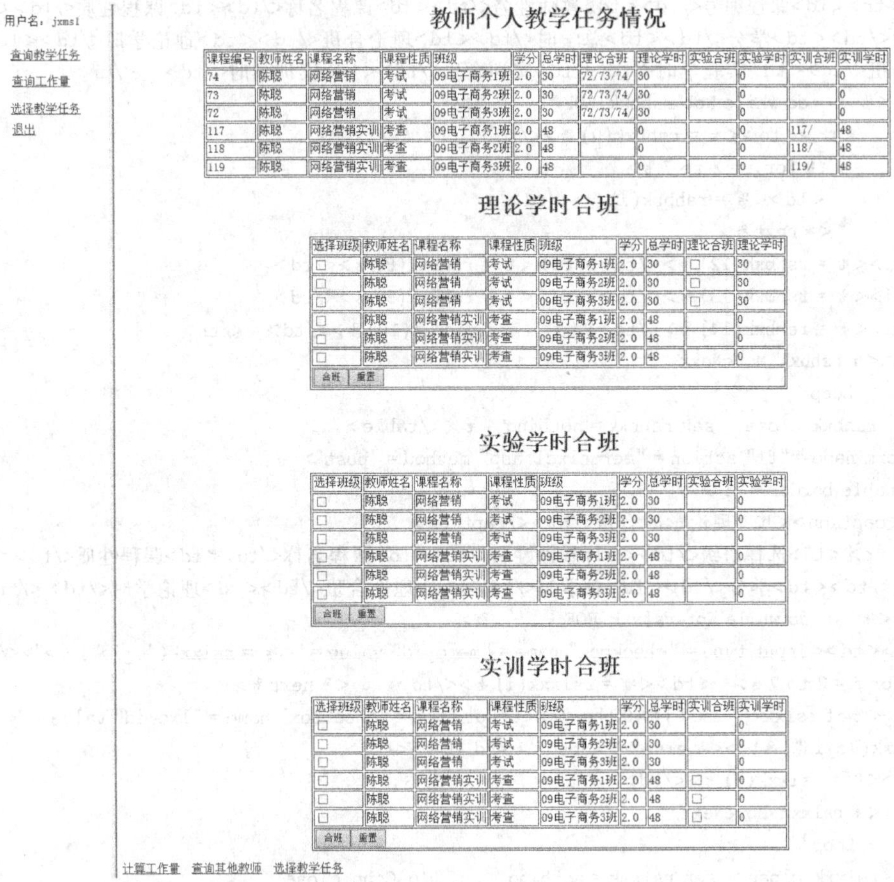

用户名：jxms1

查询教学任务

查询工作量

选择教学任务

退出

教师个人教学任务情况

课程编号	教师姓名	课程名称	课程性质	班级	学分	总学时	理论合班	理论学时	实验合班	实验学时	实训合班	实训学时
74	陈聪	网络营销	考试	09电子商务1班	2.0	30	72/73/74/	30		0		0
73	陈聪	网络营销	考试	09电子商务2班	2.0	30	72/73/74/	30		0		0
72	陈聪	网络营销	考试	09电子商务3班	2.0	30	72/73/74/	30		0		0
117	陈聪	网络营销实训	考查	09电子商务1班	2.0	48		0		0	117/	48
118	陈聪	网络营销实训	考查	09电子商务2班	2.0	48		0		0	118/	48
119	陈聪	网络营销实训	考查	09电子商务3班	2.0	48		0		0	119/	48

理论学时合班

选择班级	教师姓名	课程名称	课程性质	班级	学分	总学时	理论合班	理论学时
☐	陈聪	网络营销	考试	09电子商务1班	2.0	30	☐	30
☐	陈聪	网络营销	考试	09电子商务2班	2.0	30	☐	30
☐	陈聪	网络营销	考试	09电子商务3班	2.0	30		30
☐	陈聪	网络营销实训	考查	09电子商务1班	2.0	48		0
☐	陈聪	网络营销实训	考查	09电子商务2班	2.0	48		0
☐	陈聪	网络营销实训	考查	09电子商务3班	2.0	48		0

合班 重置

实验学时合班

选择班级	教师姓名	课程名称	课程性质	班级	学分	总学时	实验合班	实验学时
☐	陈聪	网络营销	考试	09电子商务1班	2.0	30		0
☐	陈聪	网络营销	考试	09电子商务2班	2.0	30		0
☐	陈聪	网络营销	考试	09电子商务3班	2.0	30		0
☐	陈聪	网络营销实训	考查	09电子商务1班	2.0	48		0
☐	陈聪	网络营销实训	考查	09电子商务2班	2.0	48		0
☐	陈聪	网络营销实训	考查	09电子商务3班	2.0	48		0

合班 重置

实训学时合班

选择班级	教师姓名	课程名称	课程性质	班级	学分	总学时	实训合班	实训学时
☐	陈聪	网络营销	考试	09电子商务1班	2.0	30		0
☐	陈聪	网络营销	考试	09电子商务2班	2.0	30		0
☐	陈聪	网络营销	考试	09电子商务3班	2.0	30		0
☐	陈聪	网络营销实训	考查	09电子商务1班	2.0	48	☐	0
☐	陈聪	网络营销实训	考查	09电子商务2班	2.0	48	☐	0
☐	陈聪	网络营销实训	考查	09电子商务3班	2.0	48	☐	0

合班 重置

计算工作量 查询其他教师 选择教学任务

图 11-15 按教师查询教学任务结果

（2）Merge.asp。

```
<html><head><title>合班</title><meta http-equiv = "Content-Type" content = "text/html;
charset = gb2312"></head>
<!-- # include file = "usercheck.asp" -->
<body><%
c_id = request("c_id")    tc_id = request("tc_id")    sp_c_id = split(c_id,",")
Set rshbxk = Server.CreateObject("ADODB.Recordset")
Set rslxxk = Server.CreateObject("ADODB.Recordset")
Set rssyxk = Server.CreateObject("ADODB.Recordset")
Set rssxxk = Server.CreateObject("ADODB.Recordset")
sqlhbxk = "Select * From merg where tc_id = "&cint(tc_id)
```

```
sqllxxk = "Select * From merg where tc_id = "&cint(tc_id)
sqlsyxk = "Select * From merg where tc_id = "&cint(tc_id)
sqlsxxk = "Select * From merg where tc_id = "&cint(tc_id)
rshbxk.Open sqllxxk,g_Conn,2,2    rslxxk.Open sqllxxk,g_Conn,2,2
rssyxk.Open sqlsyxk,g_Conn,2,2    rssxxk.Open sqlsxxk,g_Conn,2,2
%><center>
<table border="1"><caption><h1>教师个人教学任务情况</h1></caption>
    <tr><td>课程编号</td><td>教师姓名</td><td>课程名称</td><td>课程性质</td><td>
班级</td><td>学分</td><td>总学时</td><td>理论合班</td><td>理论学时</td><td>实
验合班</td><td>实验学时</td><td>实训合班</td><td>实训学时</td>    </tr>
    <%    do while Not rshbxk.EOF    %>
        <tr><td><%=rshbxk(0)%></td>
        <%for i = 2 to 7%>
         <td><%=rshbxk(i)%></td>
         <%next%>
<td><%=rshbxk(12)%></td><td><%=rshbxk(8)%></td>
<td><%=rshbxk(13)%></td><td><%=rshbxk(9)%></td>
<td><%=rshbxk(14)%></td><td><%=rshbxk(10)%></td>   </tr>
    <%rshbxk.MoveNext
      Loop
    rshbxk.close   set rshbxk = nothing  %></table>
<form name="f1" action="mergelxcl.asp" method="post">
 <table border="1">
  <caption><h1>理论学时合班</h1></caption>
    <tr><td>选择班级</td><td>教师姓名</td><td>课程名称</td><td>课程性质</td><td>
班级</td><td>学分</td><td>总学时</td><td>理论合班</td><td>理论学时</td></tr>
    <%    do while Not rslxxk.EOF    %>
<tr><td><input type="checkbox" name="merc_id" value="<%=rslxxk("c_id")%>"></td>
<%for i = 2 to 7%>   <td><%=rslxxk(i)%></td>    <%next%>
<td><% if rslxxk("lxxs")<>0 then %><input type="checkbox" name="lxc_id" value="<%=
rslxxk("c_id")%>"><%else%> <%end if%></td>
<td><%=rslxxk(8)%></td>   </tr>
    <%rslxxk.MoveNext
      Loop
    rslxxk.close   set rslxxk = nothing       'g_Conn.close
     'set g_Conn = nothing%>
  <tr><td colspan="15">
  <input type="hidden" name="c_id" value="<%=c_id%>">
  <input type="hidden" name="tc_id" value="<%=tc_id%>">
    <input type="submit" name="m1" value="合班"><input type="reset" name="r1" value
="重置"></td></tr>
 </table>
</form>
<form name="f2" action="mergesycl.asp" method="post">
  <table border="1">   <caption><h1>实验学时合班</h1></caption>
    <tr><td>选择班级</td><td>教师姓名</td><td>课程名称</td><td>课程性质</td><td>
班级</td><td>学分</td><td>总学时</td><td>实验合班</td><td>实验学时</td>   </tr>
    <%    do while Not rssyxk.EOF    %>
    <tr><td><input type="checkbox" name="merc_id" value="<%=rssyxk("c_id")%>">
```

```
</td>
  <% for i = 2 to 7 %>   <td><% = rssyxk(i) %></td>   <% next %>
  <td><% if rssyxk("syxs")<>0 then %><input type = "checkbox" name = "syc_id" value = "<%
 = rssyxk("c_id") %>"><% else %> <% end if %></td>            <td><% = rssyxk(9) %>
</td>   </tr>
      <% rssyxk.MoveNext
        Loop      rssyxk.close        set rssyxk = nothing %>
   <tr><td colspan = "15">
    <input type = "hidden" name = "c_id" value = "<% = c_id %>">
    <input type = "hidden" name = "tc_id" value = "<% = tc_id %>">
      <input type = "submit" name = "m1" value = "合班"><input type = "reset" name = "r1"
value = "重置"></td></tr>   </table></form>
<form name = "f3" action = "mergesxcl.asp" method = "post">
   <table border = "1">   <caption><h1>实训学时合班</h1></caption>
<tr>   <td>选择班级</td><td>教师姓名</td><td>课程名称</td><td>课程性质</td><td>
班级</td><td>学分</td><td>总学时</td><td>实训合班</td><td>实训学时</td></tr>
      <%     do while Not rssxxk.EOF       %>
   <tr><td><input type = "checkbox" name = "merc_id" value = "<% = rssxxk("c_id") %>"></td>
   <% for i = 2 to 7 %>   <td><% = rssxxk(i) %></td>   <% next %>
   <td><% if rssxxk("sxxs")<>0 then %><input type = "checkbox" name = "sxc_id" value = "<% =
rssxxk("c_id") %>"><% else %> <% end if %></td><td><% = rssxxk(9) %></td></tr>
      <% rssxxk.MoveNext
        Loop
      rssxxk.close    set rssxxk = nothing  %>
<tr><td colspan = "15">
    <input type = "hidden" name = "c_id" value = "<% = c_id %>">
    <input type = "hidden" name = "tc_id" value = "<% = tc_id %>">
      <input type = "submit" name = "m1" value = "合班"><input type = "reset" name = "r1" value
= "重置"></td></tr>   </table></form></center>
  <a href = "count.asp?tc_id = <% = tc_id %>">计算工作量</a>    <a href =
"teachercourse.asp">查询其他教师</a>    <a href = "choosecourse.asp">选择教学
任务</a> </BODY></HTML>
```

(3) Count.asp。

```
<html>
 <head><title>工作量计算</title></head>
<!-- # include file = "conn.asp" -->
<body><center><h1>教师个人工作量汇总</h1></center>
<% tc_id = request("tc_id")
   set rsgzl = Server.CreateObject("ADODB.Recordset")
   sqlgzl = "Select * from merg where tc_id = "&tc_id
   rsgzl.Open sqlgzl,g_Conn,2,2
   tcname = rsgzl(2)     lxgzl = 0      sygzl = 0     sxgzl = 0
   do while Not rsgzl.EOF
     if rsgzl(12)<>"" then
     lxsize = ubound(split(rsgzl(12),"/"))
     if lxsize = 1 then    gzlflag = 1
     elseif lxsize = 2 then   gzlflag = 1.6
     elseif lxsize = 3 then   gzlflag = 2.2
     elseif lxsize > 3 then   gzlflag = 2.5
```

```
            elseif lxsize = 0 then   lxsize = 1 gzlflag = 0
            end if
            lxgzl = lxgzl + cint(rsgzl(8)) * gzlflag/lxsize
            end if
         if rsgzl(13)<>"" then
            sysize = ubound(split(rsgzl(13),"/"))
            if sysize = 1 then        gzlflag = 1
            elseif sysize = 2 then        gzlflag = 1.6
            elseif sysize = 3 then        gzlflag = 2.2
            elseif sysize > 3 then        gzlflag = 2.5
            elseif sysize = 0 then        sysize = 1
             gzlflag = 0       end if
            sygzl = sygzl + cint(rsgzl(9)) * gzlflag/sysize
            end if
         if rsgzl(14)<>"" then
            sxsize = ubound(split(rsgzl(14),"/"))
            if sxsize = 1 then        gzlflag = 1
            elseif sxsize = 2 then        gzlflag = 1.6
            elseif sxsize = 3 then        gzlflag = 2.2
            elseif sxsize > 3 then        gzlflag = 2.5
            elseif sxsize = 0 then        sxsize = 1
             gzlflag = 0       end if
            sxgzl = sxgzl + cint(rsgzl(10)) * gzlflag/sxsize        end if
        rsgzl.MoveNext
      Loop
    set rsgzlupdate = Server.CreateObject("ADODB.Recordset")
    sqlgzlupdate = "Select * From gzlhz where tc_id = "&tc_id
    rsgzlupdate.Open sqlgzlupdate,g_Conn,2,2
      response.write "教     师: "&tcname&"< br >"
  response.write "理论学时: "&lxgzl&"< br >"
  response.write "实验学时: "&sygzl&"< br >"
  response.write "实训学时: "&sxgzl&"< br >"
    zgzl = lxgzl + sygzl + sxgzl
  response.write "总工作量: "&zgzl
    rsgzlupdate(1) = lxgzl   rsgzlupdate(2) = sygzl   rsgzlupdate(3) = sxgzl
    rsgzlupdate(5) = zgzl   rsgzlupdate.update   rsgzl.close
    set rsgzl = nothing   rsgzlupdate.close      set rsgzlupdate = nothing   %>
< a href = "merge.asp?tc_id = <% = tc_id %>">返回</a></BODY></HTML>
```

页面效果如图 11-16 所示。

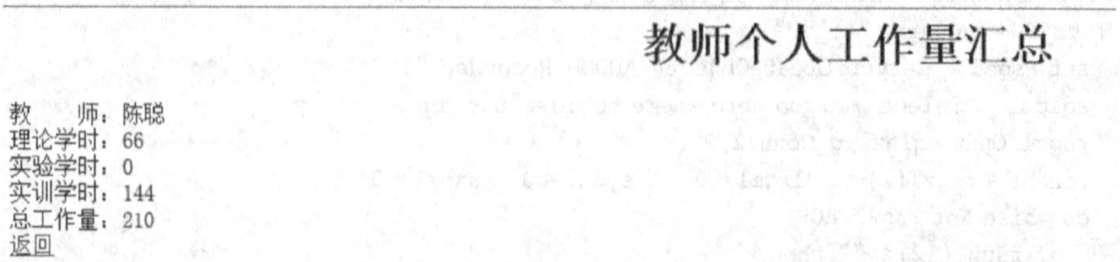

教师个人工作量汇总

教　　师: 陈聪
理论学时: 66
实验学时: 0
实训学时: 144
总工作量: 210
返回

图 11-16　教师个人工作量汇总

11.4.5 全体教师工作量查询

1. 功能描述

在主功能页面中,左框架里有一项链接"查询全体教师工作量",能够实现基于全体教师教学任务的工作量计算和显示(qtgzl.asp 文件),如图 11-17 所示。

用户名:jxms1

查询教学任务

查询全体教师工作量

选择教学任务
退出

全体教师教学工作量

教师姓名	理论学时	实验学时	实训学时	总学时
赵意	30	30	100.8	160.8
李晓婷	0	0	0	0
王娟	0	0	0	0
陈聪	66	0	144	210
朱华	132	61.6	52.8	246.4
石磊	48	48	0	96

图 11-17 全体教师教学工作量

2. 应用程序文件关键代码

Qtgzl.asp 的代码如下:

```
<html><head><title>合班</title></head>
<!-- #include file="usercheck.asp" -->
<body><% Set rsqtgzl = Server.CreateObject("ADODB.Recordset")
 sqlqtgzl = "Select * From gzl"
 rsqtgzl.Open sqlqtgzl,g_Conn,2,2 %><center>
<table border="1">
    <caption><h1>全体教师教学工作量</h1></caption>
    <tr><td>教师姓名</td><td>理论学时</td><td>实验学时</td><td>实训学时</td><td>
总学时</td></tr>
     <%     do while Not rsqtgzl.EOF        %>
<td><% = rsqtgzl(1) %></td><td><% = rsqtgzl(2) %></td>
<td><% = rsqtgzl(3) %></td><td><% = rsqtgzl(4) %></td>
        <td><% = rsqtgzl(6) %></td></tr>
    <% rsqtgzl.MoveNext
      Loop
rsqtgzl.close    set rsqtgzl = nothing  %>  </table></center></BODY></HTML>
```

11.5 实训

在教学任务管理系统已经实现功能的基础上,设计和实施"选择教学任务"功能,实现教学任务下达的需求,要求实现以下功能:

(1)教学秘书可以为每一位教师进行课程的选择。

(2)教学秘书可以为每一位教师选择的课程进行合班操作。

(3)教学秘书可以对每一位教师选择的课程进行修改。

小结

本章通过应用 ASP 技术和数据库技术来设计和实现一个简单的教学任务管理系统，讲解建立一个数据库应用系统的方法和步骤。

思考与习题

通过自主命题构建一个完整的 Web 数据库管理系统。要求进行需求分析，在此基础上进行数据库的设计。注意页面的规划和设计，尽量做到简洁大方、有吸引力。在整个系统实现的过程中，逐步掌握数据库管理系统设计的主要手段和方法。

第 12 章

SQL Server 2012 实验指导

1. 数据库系统概述

（1）设有关系模式 R（销售编号、商品编号、商品名称、类型编号、类型名称、类型描述、商品价格、库存数量、业务员编号、姓名、性别、销售数量、销售日期），该模式用于管理商品的销售信息。

如果规定每名业务员可以销售多种商品，每种商品可以被多名业务员销售，业务员每销售出一种商品就产生一个销售记录，包括销售编号、销售数量、销售日期。每种商品属于一种类型，每种类型有多种商品。依据该规则完成下列问题：

① 说明关系模式 R 是否满足 3NF，并说明理由。

② 将关系模式 R 进行规范化处理，使其满足 3NF。

③ 在分解后的每一个关系模式中标明主码与外码，并说明关系模式间的联系类型。

（2）设计一个在线论坛系统的数据库，规则如下：

① 每个主题帖有主题帖编号、标题、内容、发帖人、发布日期及版面编号等信息。

② 每个回复帖有回复帖编号、标题、内容、发帖人、发布日期信息。

③ 每个用户有用户编号、用户名、密码、性别、E-mail 信息。

④ 每个版本有版面编号、版面名称、版主、版面介绍信息。

⑤ 每个用户可以发布多个主题帖与回复帖，每个主题帖可以有多个回复帖。每个版面可以包括多个主题帖。

依据以上规则绘制 E-R 模型，并转换为关系模式，对关系模式进行规范化处理。

（3）浏览网上商城如京东、淘宝、卓越等，进行网上购物系统的数据库设计，绘制 E-R 模型，并转换为关系模式。

2. 数据库的创建与管理

（1）使用"对象资源管理器"完成下列数据库的创建与管理操作。

① 创建图书管理数据库 BookManageDB，存储在 D:\DBexperiment 下，主文件名为 BookManageDB，初始大小为 10MB，最大文件大小为 100MB，文件增量以 10% 增长；日志文

件名为 BookManageDB_log,初始大小为 5MB,最大文件大小不受限制,按 2MB 增长。

② 在 BookManageDB 数据库中添加一个文件组 Bookgroup,并向 Bookgroup 文件组中添加次要数据文件 BookManageDB2.ndf,初始大小为 5MB,最大文件大小不受限制,按 5% 增长,同样存放在 D:\DBexperiment 下。

③ 将次要数据文件 BookManageDB2 的初始大小修改为 8MB。

④ 删除次要数据文件 BookManageDB2 与文件组 Bookgroup。

⑤ 查看 BookManageDB 数据库的信息。

⑥ 分离 BookManageDB 数据库,并移动数据库到 D:\下。

⑦ 附加 D:\下的 BookManageDB 数据库。

⑧ 删除 BookManageDB 数据库。

(2) 使用 T-SQL 语句完成(1)①～⑤,写出相应的 T-SQL 语句。

3. 数据表的创建与管理

在图书管理数据库 BookManageDB 中有 4 个数据表,表结构如表 12-1 至表 12-4 所示。

表 12-1 Readers(读者信息表)

列　　名	含　　义	数据类型	长　　度	允 许 空	说　　明
Reader_Id	读者编号	Char	10		主键
Reader_Name	读者姓名	Char	8		
Type_Id	类型编号	Tinyint		√	
Department	读者系部	Char	20	√	
BorrowQuantity	已借数量	Tinyint		√	

表 12-2 Books(图书信息表)

列　　名	含　　义	数据类型	长　　度	允 许 空	说　　明
Book_Id	图书编号	Char	8		主键
Book_Name	图书名称	Char	30		
Author	作者	Char	20	√	
Publisher	出版社	Char	15	√	
PublishedDate	出版日期	Date		√	
Price	价格	Float		√	

表 12-3 Borrow(借阅信息表)

列　　名	含　义	数据类型	长　度	允许空	说　　明
Borrow_Id	借阅编号	Int			主键。标识列,初始值为1,增量为1
Reader_Id	读者编号	Char	10		
Book_Id	图书编号	Char	8		
BorrowDate	借阅日期	datetime			
ReturnDate	归还日期	datetime		√	
Memo	说明	VarChar	40	√	

表 12-4　ReadersType(读者类型表)

列　　名	含　　义	数据类型	长　度	允许空	说　明
Type_Id	类型编号	Tinyint			主键
Type_Name	类型名称	Char	6		
LimitQuantity	限借数量	Tinyint		√	
BorrowTerm	借阅期限(天)	int		√	

(1) 绘制 E-R 模型表示各表的联系。

(2) 创建 4 个表,其中 Readers 表、Books 表要求使用 T-SQL 语句创建(包括主键的设置)。Borrow 表与 ReadersType 表在"对象资源管理器"中创建(包括主键的设置)。

提示:Borrow 表中的 Borrow_Id 列为标识列,可以实现自动增长。需将列属性中的"(是标识)"设置为"是",标识种子与标识增量设置为1,如图 12-1 所示。

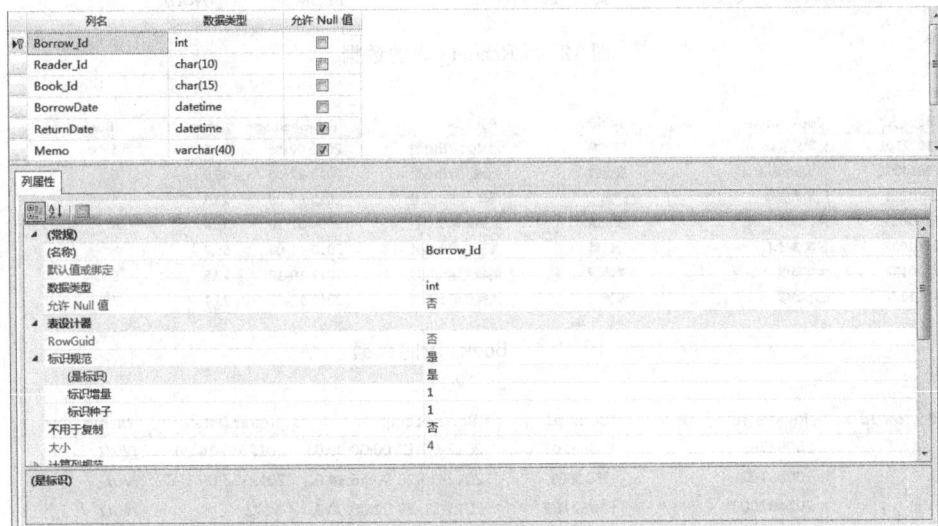

图 12-1　设置标识列

(3) 说明 4 个表间存在的外键约束,分别设置各表的外键约束,并写下在 readers 表中添加外键约束的 T-SQL 语句。

(4) 在 Books 表中 Price 列上添加 check 约束,要求 Price>=0。在 Readerstype 表中的 Borrowterm 列添加 check 约束,要求 BorrowTerm<=180。在 Borrow 表中 ReturnDate 列上添加 check 约束,要求 ReturnDate>BorrowDate,写出 T-SQL 语句。

(5) 为 Readers 表的 Type_Id 字段设置默认值2,写出 T-SQL 语句。

(6) 向 Readers 表中添加性别 Sex,Birthday 列,在 Books 表中添加图书库存量 BookNum 列(Tinyint),并设置 BookNum 列的值>=0。写出 Books 表中添加列的 T-SQL 语句。

(7) 将 Readers 表中 Reader_Name 列的长度改为 20,写出 T-SQL 语句。

(8) 举例说明如何操作会违反表的完整性(实体完整性、域完整性、参照完整性)。

4. 数据表的基本操作

（1）使用"对象资源管理器"向4个表中输入数据，如图12-2至图12-5所示。

Type_Id	Type_Name	LimitQuantity	BorrowTerm
1	教师	20	150
2	学生	15	90
3	其他人	10	30

图 12-2　ReadersType 表的数据

Reader_Id	Reader_Name	Sex	Birthday	Type_Id	Department	BorrowQuantity
20088702	王一帆	男	1978-12-08	1	教育系	*NULL*
2013010001	李启岩	男	1993-03-20	2	医学系	*NULL*
2014020001	张晓敏	女	1993-09-29	2	数学系	*NULL*
2014030006	李亚明	男	1994-04-30	2	法律系	*NULL*
2014030129	赵宏	女	1993-08-02	3	法律系	*NULL*

图 12-3　Readers 表的数据

Book_Id	Book_Name	Author	Publisher	Publisheddate	price	Booknum
F1002101	计算机基础	李志鸿	清华大学出版社	2012-09-06	25.6	5
F2010001	C语言程序设计	高玉祥	机械工业出版社	2013-12-05	39.8	6
G101001	网络数据库	卢菊	清华大学出版社	2012-07-20	28.5	5
G001029	网页设计	殷宏瑞	人民邮电出版社	2009-02-10	36.6	4
G001002	多媒体技术	孙晓梅	高等教育出版社	2010-11-08	55.7	3
K020102	大学英语	关明浩	清华大学出版社	2011-10-12	22.5	8
K011022	高等数学	李波	人民邮电出版社	2010-12-20	23.9	7

图 12-4　Books 表的数据

Borrow_Id	Reader_Id	Book_Id	BorrowDate	ReturnDate	Memo
1	20088702	F1002101	2012-05-12 00:00:00.0...	2012-06-14 00:0...	*NULL*
2	20088702	G101001	2012-06-25 09:56:34.0...	2012-07-09 10:2...	*NULL*
3	2014020001	F1002101	2014-11-29 00:00:00.0...	*NULL*	*NULL*
4	2013010001	G001029	2013-10-08 19:34:23.0...	2013-12-28 10:2...	*NULL*
5	2014030006	K020102	2014-11-20 00:00:00.0...	2014-12-12 16:2...	*NULL*

图 12-5　Borrow 表的数据

（2）使用 T-SQL 语句在 Readers 表中插入两行记录，如表12-5所示。

表 12-5　插入的数据

Reader_Id	Reader_Name	Sex	Birthday	Type_Id	Department	BorrowQuantity
2013010010	张会悦	女	1994-2-20	2	医学系	NULL
20059801	孙文	女	1974-12-10	1	数学系	NULL

（3）使用 T-SQL 语句将 ReadersType 表中"其他人"的限借数量修改为8，借阅期限修改为45天。

（4）使用 T-SQL 语句删除高玉祥主编的《C语言程序设计》的图书信息。

（5）使用 T-SQL 语句实现下列查询操作：

① 查询 Readers 表中的所有信息。

② 查询读者编号为"20088702"的读者信息。

③ 查询 Books 表中"清华大学出版社"出版的图书书名、作者、出版日期与价格。

④ 查询书名中包含"数据库"的图书信息。

⑤ 查询 Books 表中的信息，按出版日期降序排列。

⑥ 查询价格最高的前 3 本图书的图书编号、图书名称及价格。

⑦ 查询 Books 表中的图书库存总量，显示列别名为"图书总量"。

⑧ 查询清华大学出版社出版的图书信息，并存到新表 bookstsinghua 中。

⑨ 查询各系的读者人数，显示"系部""读者人数"。

⑩ 查询每年借出的图书数量（按 year(BorrowDate)分类）。

⑪ 查询"李志鸿"编写的图书借阅情况，显示图书名称、作者、出版日期、读者编号、借阅日期、归还日期。

⑫ 查询读者"张晓敏"的借阅情况，显示读者姓名、图书名称、借阅日期与归还日期。

⑬ 查询清华大学出版社出版图书的借阅情况，显示图书编号、读者编号、借阅日期、归还日期。

⑭ 查询所有教师类读者的借阅情况，显示读者姓名、图书名称、借阅日期、归还日期。

⑮ 查询定价大于所有图书平均定价的图书信息。

⑯ 查询没有借阅图书的读者信息。

⑰ 在 Borrow 表中删除读者"李亚明"的所有借阅信息。

5. T-SQL 语言

（1）写出下列函数的功能，每一个函数举一个例子，并对函数进行分类，分为数学函数、日期时间函数、字符串函数与转换函数。

例如，字符串函数：

LEFT()__从字符串左边返回指定数目的字符，LEFT('清华大学出版社',2)='清华'

RAND()、LEFT()、RIGHT()、POWER()、SUBSTRING()、LEN()、GETDATE()、STR()、DATEPART()、CONVERT()、UPPER()、LOWER()、LTRIM()

（2）查询 Readers 表中所有读者编号的前 4 个字符，显示为"入校年份"。

（3）定义变量 @c1、@c2，分别赋值为字符串"Welcome to""beijing"，并将 @c1＋@c2 的结果转换为大写字母输出。

（4）查询 Borrow 表中读者编号为"2014020001"的学生借阅次数并输出，或从未借阅过图书，则输出"该同学没有借阅记录！"。

（5）利用事务完成：将读者"张晓敏"的读者编号改为"2014020002"，并同时修改 Borrow 表中的读者编号，由"2014020001"改为"2014020002"。若修改成功，显示"读者编号已成功修改"；否则显示"无法完成此修改，已撤销所有操作"。

6. 视图与索引

（1）创建视图 booksview，用以查看图书编号、图书名称、作者与价格。

（2）创建视图 readersview，用以查看读者编号、读者姓名、读者年龄（age，根据当前日期与 birthday 字段生成）、读者类型名称、限借数量、已借数量。

（3）创建视图 readerstypeview，用于查询各类读者的数量。

（4）分别在上题中创建的 3 个视图上进行查询、插入、更新和删除操作。讨论哪些操作可以成功完成，哪些不能成功完成，并说明原因。

（5）在 books 表的图书名称 book_name 列上建立非聚集索引 ix_bookname。

（6）在 Readerstype 表的类型名称 type_name 列上建立唯一的非聚集索引 uix_typename。

（7）删除 Readerstype 表中 type_name 列上的索引 uix_typename。

7. 存储过程与用户自定义函数

（1）创建存储过程 Proc_Rborrow，参数为读者编号，用于查询某读者的借阅图书情况。包括读者编号、读者姓名、图书编号、图书名称、借阅日期及归还日期。调用此存储过程，查看读者编号为"2014020001"读者的借阅信息。

（2）创建存储过程 Proc_Borrowtime（加密的），用于统计借阅日期在某时间段内的图书借阅情况，显示此时间段内所有读者的编号、图书编号、借阅日期及归还日期，若此期间无记录，则显示"此期间无借阅信息"。调用此存储过程，查看 2014 年全年（1～12 月）的图书借阅信息。

（3）创建存储过程 Proc_LimitQuantity，参数是读者编号，根据读者类型表与读者表中的信息，判断读者的已借数量是否超出限借数量，如果超出，则显示"借书数量超出限借数量"；否则显示"正常借阅范围内"。修改读者表中的已借数量的值。调用该存储过程，查看"2013010001"读者的借阅情况。

（4）创建函数 Func_BorrowQuantity，参数为读者编号，返回值为该读者已借阅图书的数量。调用此函数，查看"20088702"读者的已借图书数量。

（5）创建函数 Func_BooksBorrow，参数为图书名称，返回值为该图书的借阅情况。包括读者编号、读者姓名、图书编号、图书名称、借阅日期及归还日期。调用此函数，查看图书《计算机基础》的借阅情况。

8. 触发器

（1）使用 UPDATE 语句，根据 Borrow 表中的数据，为 Readers 表中的 BorrowQuantity 字段赋值。并在 Borrow 表中创建触发器 Borrow_ins，当插入一条借阅信息时，Readers 表中该读者的已借数量 BorrowQuantity 列值自动加 1，Books 表中的库存数 Booknum 列值自动减 1。

（2）在 Borrow 表中创建触发器 Borrow_upd，当为一条借阅记录添加归还日期时，Readers 表中该读者的已借数量 BorrowQuantity 列值自动减 1，图书表中的库存数 Booknum 字段值自动加 1。

（3）在 Readers 表中创建一个触发器 Readers_del，若要删除的读者编号在 Borrow 表中存在时，不允许删除，如果 Borrow 表中不存在，则删除。

（4）创建一个 DDL 触发器 Database_dropt，不允许在 BookmanageDB 数据库中删除表。

（5）对（1）～（4）题中创建的触发器，验证其正确性。

（6）使用"对象资源管理器"禁用 Readers 表中的 Readers_del 触发器，使用 T-SQL 语句禁用 DDL 触发器 Database_dropt，并使用 T-SQL 语句重新启用这两个触发器。

（7）使用"对象资源管理器"删除 Readers_del 触发器，使用 T-SQL 语句删除 DDL 触发器 Database_dropt。

9. 数据库的安全管理

（1）使用"对象资源管理器"创建 SQL Server 登录账户 bookadmin，密码是 123，默认数据库为 BookManageDB。在 BookManageDB 数据库中创建 bookadmin 映射的数据库用户 bookadminuser，将数据库用户 bookadminuser 添加到固定数据库角色 db_owner 中，实现对该数据库的所有操作。

（2）使用 T-SQL 语句创建 SQL Server 登录账户 readerlogin，密码 123，默认数据库为 BookManageDB。在 BookManageDB 数据库中创建 readerlogin 映射的数据库用户 readeruser，为数据库用户 readeruser 授予对 Readers 表的插入、删除、更新、选择权限。

（3）在 BookManageDB 数据库中创建角色 visitorrole，授予对 Borrow 表的选择权限。

（4）创建 SQL Server 登录账户 visitorlogin，密码是 123，默认数据库为 BookManageDB。在 BookManageDB 数据库中创建 visitorlogin 映射的数据库用户 visitoruser，将该用户添加到角色 visitorrole 中。

（5）分别以 bookadmin、readerlogin、visitorlogin 登录名进行登录，验证其权限的正确性。

10. 数据库的备份、恢复与数据的导入、导出

（1）使用"对象资源管理器"在 D:\DBexperiment 文件夹下创建备份设备"BMdb 完整备份"，在此备份设备上创建 BookManageDB 数据库的完整备份。

（2）在 BookManageDB 数据库中新建数据表 test，结构、内容自定。使用 T-SQL 语句在 D:\DBexperiment 文件夹下创建备份设备"BMdb 差异备份"，在此备份设备上创建 BookManageDB 数据库的差异备份。

（3）使用 T-SQL 语句在 D:\DBexperiment 文件夹下创建备份设备"BMdb 事务日志备份"，在此备份设备上创建 BookManageDB 数据库的事务日志备份。

（4）使用"对象资源管理器"在 BookManageDB 数据库上执行完整备份还原。

（5）使用 T-SQL 语句在 BookManageDB 数据库上执行差异备份还原。

（6）将 BookManageDB 数据库中的 Readers 表、Readertype 表导出到新的数据库 Readermanagement 中。

（7）将 BookManageDB 数据库中的 Books 表、Borrow 表导出到新建的 Excel 文件 Bookinfo. xls 中。

（8）将 Excel 文件 Bookinfo. xls 中的 Books 工作表另存为 Books. txt 文件。将 Books. txt 中的数据导入到 Readermanagement 数据库中，表名为 Books。

（9）将 Excel 文件 Bookinfo. xls 中的 Borrow 工作表中的数据导入到 Readermanagement

数据库中,表名为 Borrow。

11. SQL Server 2012 综合应用实例

通过应用 ASP 技术设计并实现一个简单的图书管理系统,系统的功能主要包括:

- 用户管理:图书管理员身份认证、登录及注销功能的实现。
- 图书信息管理:按图书名称查看图书信息。
- 图书借阅管理:按读者编号查看该读者的借阅信息。

附 录

案卷号	
日期	

<项目名称>

数据库设计说明书

作　　者：_____

完成日期：_____

签 收 人：_____

签收日期：_____

修改情况记录：

版本号	修改批准人	修改人	安装日期	签收人

目　录

1 引言

1.1 编写目的

说明编写这份数据库设计说明书的目的,指出预期的读者范围。

1.2 背景

说明:

a. 待开发的数据库的名称和使用此数据库的软件系统的名称。

b. 列出本项目的任务提出者、开发者、用户以及将安装该软件和这个数据库的单位。

1.3 定义

列出本文件中用到的专门术语的定义和缩写词的原词组。

1.4 参考资料

列出要用到的参考资料,如:

a. 本项目的经核准的计划任务书或合同、上级机关的批文。

b. 属于本项目的其他已发表的文件。

c. 本文件中各处引用的文件、资料,包括所要用到的软件开发标准。

列出这些文件的标题、文件编号、发表日期和出版单位,说明能够得到这些文件资料的来源。

2 外部设计

2.1 标识符和状态

联系用途,详细说明用于唯一地标识该数据库的代码、名称或标识符,附加的描述性信息也要给出。如果该数据库属于尚在实验中、尚在测试中或是暂时使用的,则要说明这一特点及其有效时间范围。

2.2 使用它的程序

列出将要使用或访问此数据库的所有应用程序,对于这些应用程序的每一个,给出它的名称和版本号。

2.3 约定

陈述一个程序员或一个系统分析员为了能使用此数据库而需要了解的建立标号、标识的约定,如用于标识数据库的不同版本的约定和用于标识库内各个文卷、记录、数据项的命名约定等。

2.4 专门指导

向准备从事此数据库的生成、从事此数据库的测试、维护人员提供专门的指导,如将被送入数据库的数据的格式和标准、送入数据库的操作规程和步骤以及用于产生、修改、更新或使用这些数据文卷的操作指导。

如果这些指导的内容篇幅很长,列出可参阅的文件资料的名称和章条。

2.5 支持软件

简单介绍同此数据库直接有关的支持软件,如数据库管理系统、存储定位程序和用于装入、生成、修改、更新数据库的程序等。说明这些软件的名称、版本号和主要功能特性,如所用数据模型的类型、允许的数据容量等。列出这些支持软件的技术文件的标题、编号及来源。

3 结构设计

3.1 概念结构设计

说明本数据库将反映的现实世界中的实体、属性和它们之间的关系等的原始数据形式,包括各数据项、记录、系、文卷的标识符、定义、类型、度量单位和值域,建立本数据库的每一幅用户视图。

3.2 逻辑结构设计

说明把上述原始数据进行分解、合并后重新组织起来的数据库全局逻辑结构,包括所确定的关键字和属性、重新确定的记录结构和文卷结构、所建立的各个文卷之间的相互关系,形成本数据库的数据库管理员视图。

3.3 物理结构设计

建立系统程序员视图,包括:

a. 数据在内存中的安排,包括对索引区、缓冲区的设计。

b. 所使用的外存设备及外存空间的组织,包括索引区、数据块的组织与划分。

c. 访问数据的方式方法。

4 运用设计

4.1 数据字典设计

对数据库设计中涉及的各种项目,如数据项、记录、系、文卷、模式、子模式等一般要建立起数据字典,以说明它们的标识符、同义名及有关信息。在本节中要说明对此数据字典设计的基本考虑。

4.2 安全保密设计

说明在数据库的设计中,将如何通过区分不同的访问者、不同的访问类型和不同的数据对象,进行分别对待而获得的数据库安全保密的设计考虑。

参 考 文 献

[1] 康会光.SQL Server 2008 中文版标准教程[M].北京：清华大学出版社,2009.

[2] 吴戈．SQL Server 2008 学习笔记：日常维护、深入管理、性能优化[M].北京：人民邮电出版社,2009.

[3] 张宝华.SQL Server 2008 数据库管理项目教程[M].北京：化学工业出版社,2010.

[4] 高晓黎,韩晓霞.SQL Server 2008 案例教程[M].北京：清华大学出版社,2010.

[5] 姚一永,吕峻闽.SQL Server 2008 数据库实用教程[M].北京：电子工业出版社,2010.

[6] 祝红涛,李玺.SQL Server 2008 数据库应用简明教程[M].北京：清华大学出版社,2010.

[7] 刘琦曙.SQL Server 2008 数据库技术与应用[M].武汉：华中科技大学出版社,2010.

[8] 郑阿奇.SQL Server 2008 应用实践教程[M].北京：电子工业出版社,2010.

[9] 陈越,寇红召,费晓飞,等.数据库安全[M].北京：国防工业出版社,2011.

[10] 秦婧,刘存勇.21 天学通 SQL Server[M].北京：电子工业出版社,2011.

[11] Abraham Silberschatz,Henry F. Korth,S. Sudarshan.数据库系统概念[M].杨冬青,李红燕,唐世渭,译.北京：机械工业出版社,2012.

[12] 王英英,张少军.2012 SQL Server 从零开始学[M].北京：清华大学出版社,2012.

[13] 吴德胜,赵会东.SQL Server 入门经典[M].北京：机械工业出版社,2013.

[14] 陈会安.SQL Server 2012 数据库设计与开发实务[M].北京：清华大学出版社,2013.

[15] 俞榕刚.SQL Server 2012 实施与管理实战指南[M].北京：电子工业出版社,2013.

[16] 阿特金森,维埃拉.SQL Server 2012 编程入门经典[M].王军,牛志玲,译.4 版.北京：清华大学出版社,2013.

[17] 郑阿奇.SQL Server 实用教程[M].3 版.北京：电子工业出版社,2013.

[18] 刘金岭.数据库系统级应用教程：SQL Server 2008[M].北京：清华大学出版社,2013.

[19] 勒布兰克.SQL Server 2012 从入门到精通[M].潘玉琪,译.北京.清华大学出版社,2014.

[20] 孙岩.SQL Server 2008 数据库案例教程[M].北京：电子工业出版社,2014.